北大社普通高等教育“十三五”数字化建设规划教材

高等数学（下）

主　编　赵立军　宋　杰　吴奇峰
副主编　黄端山　孙宇锋　黄优良
　　　　呙立丹　郭树敏

北京大学出版社
PEKING UNIVERSITY PRESS

内 容 简 介

本教材是在适应国家教育教学改革的要求下，根据编者多年的教学实践经验和研究成果，结合应用型高等学校本科层次的教学要求编写而成的.

本书共有12章，分上、下两册. 上册内容包括函数、极限与连续、导数与微分、微分中值定理与导数的应用、一元函数的积分、微分方程与差分方程；下册内容包括向量与空间解析几何、多元函数微分学、微分法的应用及方向导数、多元函数的积分、曲线积分与曲面积分、无穷级数. 本书包含传统高等数学的内容，并增加了Matlab软件操作及数学实验的相关内容. 上册书末附有Matlab软件简介、初等数学常用公式、积分表和常用曲线，上、下册书末均附有习题参考答案.

本书可作为应用型高等学校本科非数学专业"高等数学"或"微积分"课程的教材，也可作为部分专科同类课程的教材.

前　言

随着教育改革的不断深入和高校规模的快速扩大，高等学校的层次加快分化，各学校学生的水平也存在明显差异，加之不同层次学校对学生的培养目标不同，使得原来一种或几种教材就能满足需要的时代早已不复存在，对于数学教材来说更是如此.正是在这种形势下，我们根据当前应用型高等学校本科非数学专业的人才培养方案和所开设的"高等数学"或"微积分"等课程的实际情况，参照教育部所规定教学内容的深度和广度，组织有关院校的专家学者，特别是工作在数学教学第一线的教学经验丰富的骨干教师，共同编写了这套适合应用型高等学校本科非数学专业学生使用的教材.希望这能够在一定程度上解决数学教学过程中教材针对性差、与学生情况不相适应的问题，从而更好地达到因材施教的目的.

本书的主要特点是：保证知识的科学性、系统性、严密性；坚持直观理解与严密逻辑的结合，深入浅出；力求以实例引入概念，淡化纯数学的抽象，侧重于计算及应用.本书根据应用型高等学校的特点，突出实用，通俗易懂，既注重培养学生解决实际问题的能力，又注意拓宽学生的知识面.

本书的编写分工如下：赵立军编写第1,2,3,4,7,8章，吴奇峰编写第5,6章，宋杰编写第9,10章，黄端山编写第11,12章.孙宇锋、黄优良、呙立丹、郭树敏等老师对本书的编写提出了许多宝贵建议，参加讨论编写的人员还有陈忠、罗静、盛维林、朱春娟、徐文锋、李萃萃、谢瑞芳、祝文康、祖力.苏文华、赵子平构思并设计了全书在线课程教学资源的结构与配置；吴浪、谷任盟编辑了教学资源内容，并编写了相关动画文字材料；余燕、贾华参与了动画制作及教学资源的信息化实现；袁晓辉、范军怀审查了全书配套在线课程的教学资源；苏文春、陈平、朱顺春提供了版式和装帧设计方案.在此一并表示感谢.

由于水平有限，书中难免有疏漏与错误之处，希望广大教师和学生多提宝贵建议.

编　者

2019年3月

目 录

第 7 章 向量与空间解析几何

本章主要介绍向量与空间解析几何的基础知识.

§7.1 空间解析几何简介

空间解析几何是用代数的方法来研究空间几何图形. 本节主要介绍空间直角坐标系、空间两点间的距离、空间曲面及其方程等. 这些内容是学习多元函数的微分学和积分学的基础.

一、空间直角坐标系

在空间内取定一点 O,过点 O 作三条两两相互垂直的实数轴(使三条实数轴的原点与点 O 重合),分别称为 **x 轴**(**横轴**)、**y 轴**(**纵轴**)、**z 轴**(**竖轴**),统称为**坐标轴**. 规定三条坐标轴的正向构成右手系,即将右手伸直,拇指朝上的方向为 z 轴的正向,其余四指的指向为 x 轴的正向,四指弯曲 90° 后的指向为 y 轴的正向,如图 7-1-1 所示. 由此构成一个**空间直角坐标系 $Oxyz$**,点 O 称为该坐标系的**原点**.

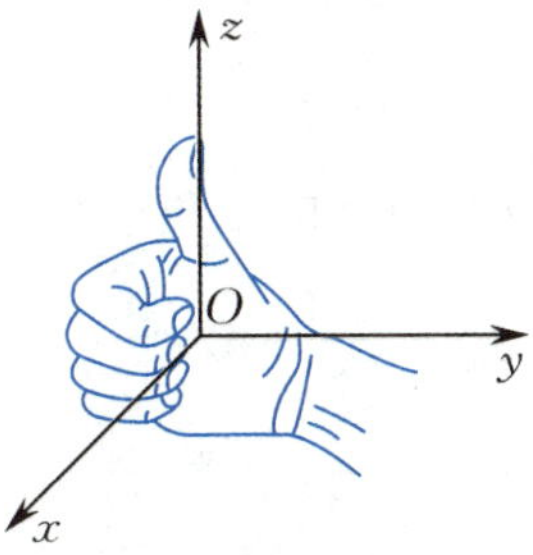

图 7-1-1

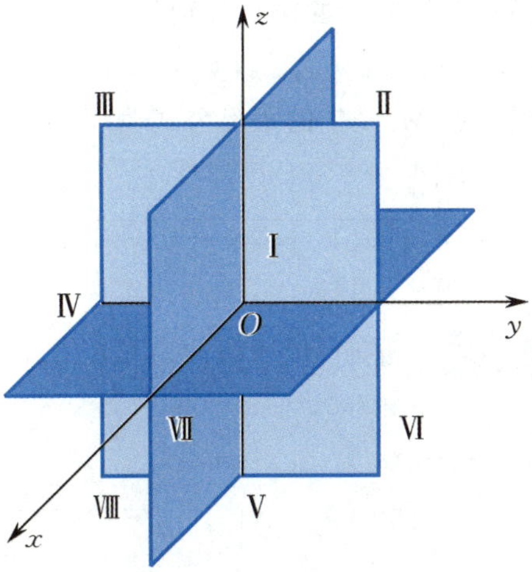

图 7-1-2

任意两条坐标轴都可以确定一个平面,称之为**坐标面**. 例如,由 x 轴和 y 轴确定的平面为一个坐标面,称之为 **xOy 面**. 类似地,有 **yOz 面**和 **zOx 面**. 这三个坐标面把空间分成八部分,每一部分称为一个**卦限**. 八个卦限分别用罗马数字 Ⅰ,Ⅱ,Ⅲ,Ⅳ,Ⅴ,Ⅵ,Ⅶ,Ⅷ 表示. 在 xOy

面上方，含有三个正半轴的卦限是第 Ⅰ 卦限；在 xOy 面上方，按逆时针方向分别排列着第 Ⅱ、第 Ⅲ、第 Ⅳ 卦限. 与之对应，在 xOy 面下方且在第 Ⅰ 卦限正下方的卦限为第 Ⅴ 卦限；在 xOy 面下方，按逆时针方向分别排列着第 Ⅵ、第 Ⅶ、第 Ⅷ 卦限，如图 7-1-2 所示.

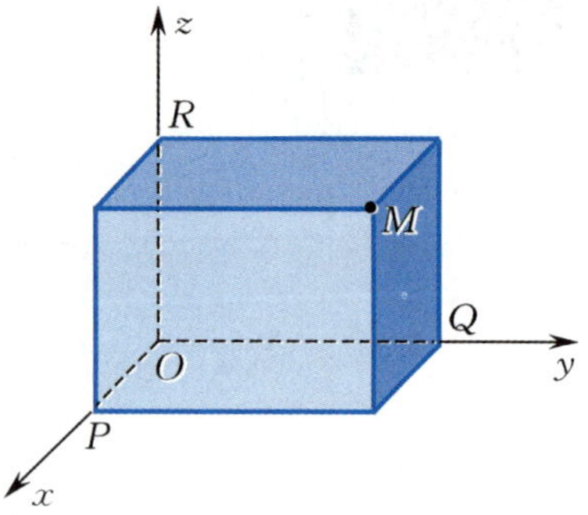

图 7-1-3

对于空间内的任一点 M，过点 M 作三个平面分别垂直于 x 轴、y 轴和 z 轴，并与 x 轴、y 轴和 z 轴的交点依次为 P,Q,R，如图 7-1-3 所示. 设这三个点在各坐标轴上对应的坐标分别为 x,y,z，于是点 M 唯一确定了一个三元有序数组 (x,y,z). 反之，任意给定一个三元有序数组 (x,y,z)，在 x 轴、y 轴和 z 轴上分别取点 P,Q,R，使其对应的坐标分别为 x,y,z，然后过点 P,Q,R 分别作与 x 轴、y 轴和 z 轴垂直的平面，于是这 3 个平面的交点 M 就是由三元有序数组 (x,y,z) 唯一确定的点. 因此，空间中的点 M 与三元有序数组 (x,y,z) 之间建立了一一对应的关系. 我们称 (x,y,z) 为点 M 的**坐标**，其中 x,y 和 z 依次称为**横坐标**、**纵坐标**和**竖坐标**. 点 M 可记为 $M(x,y,z)$.

显然，坐标系原点 O 的坐标为 $(0,0,0)$；x 轴上点的坐标为 $(x,0,0)$；y 轴上点的坐标为 $(0,y,0)$；z 轴上点的坐标为 $(0,0,z)$；xOy 面上点的坐标为 $(x,y,0)$；yOz 面上点的坐标为 $(0,y,z)$；zOx 面上点的坐标为 $(x,0,z)$.

二、空间两点间的距离

设 $M_1(x_1,y_1,z_1)$，$M_2(x_2,y_2,z_2)$ 是空间中任意两点. 分别过 M_1 和 M_2 作三个垂直于坐标轴的平面，这六个平面构成了以 M_1M_2 为对角线的长方体，如图 7-1-4 所示. 易知，该长方体的棱长分别是

$$|x_2-x_1|,\quad |y_2-y_1|,\quad |z_2-z_1|.$$

于是得到两点 M_1,M_2 的距离公式为

$$\begin{aligned}d&=|M_1M_2|\\&=\sqrt{(x_2-x_1)^2+(y_2-y_1)^2+(z_2-z_1)^2}.\end{aligned}$$

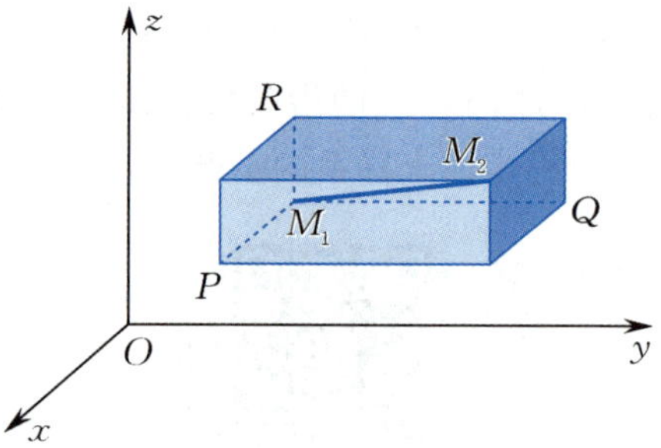

图 7-1-4

例 1 证明：以 $A(4,3,1)$，$B(7,1,2)$，$C(5,2,3)$ 这三点为顶点的三角形是等腰三角形.

证 因为

$$|AB|=\sqrt{(7-4)^2+(1-3)^2+(2-1)^2}=\sqrt{14},$$

$$|BC|=\sqrt{(5-7)^2+(2-1)^2+(3-2)^2}=\sqrt{6},$$

$$|CA|=\sqrt{(4-5)^2+(3-2)^2+(1-3)^2}=\sqrt{6},$$

所以 $|BC|=|CA|$. 故 $\triangle ABC$ 是等腰三角形.

三、空间曲面及其方程

与平面解析几何中建立曲线和二元方程 $F(x,y)=0$ 的对应关系一样，可以建立空间曲面与三元方程 $F(x,y,z)=0$ 的对应关系.

定义 1　在空间直角坐标系中，如果曲面 S 上任一点的坐标都满足方程 $F(x,y,z)=0$，而不在曲面 S 上的任何点的坐标都不满足该方程，则称方程 $F(x,y,z)=0$ 为**曲面 S 的方程**，而称曲面 S 为**方程 $F(x,y,z)=0$ 的图形**(或**曲面**)，如图 7-1-5 所示.

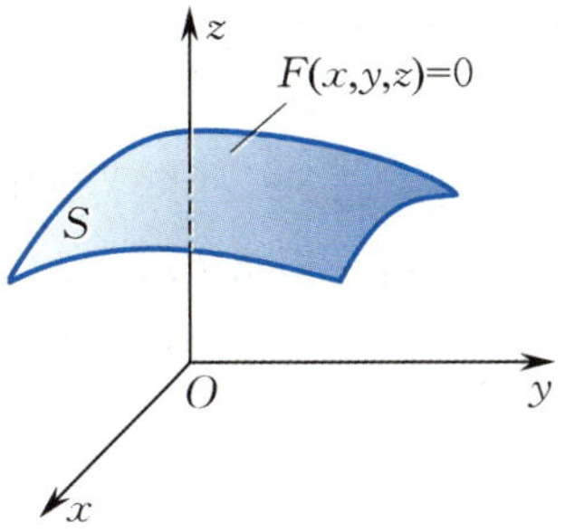

图 7-1-5

例 2　已知点 $M_1(1,-1,0)$，$M_2(2,0,-2)$，求线段 M_1M_2 的垂直平分面方程.

解　设 $M(x,y,z)$ 是所求垂直平分面上任意一点，则点 M 与点 M_1，M_2 的距离相等，即

$$|M_1M|=|M_2M|.$$

因此，有

$$\sqrt{(x-1)^2+(y+1)^2+(z-0)^2}=\sqrt{(x-2)^2+(y-0)^2+(z+2)^2},$$

化简后即得所求垂直平分面方程为

$$x+y-2z-3=0.$$

可以证明，空间直角坐标系中任一平面的方程都可以表示为三元一次方程

$$Ax+By+Cz+D=0$$

的形式；反之，任一三元一次方程 $Ax+By+Cz+D=0$ 在空间直角坐标系中的图形都是一个平面，其中 A,B,C,D 均为常数，且 A,B,C 不全为零. 方程

$$Ax+By+Cz+D=0$$

称为**平面的一般方程**.

例 3　求过点 $P(a,0,0)$，$Q(0,b,0)$，$R(0,0,c)$ 的平面方程($abc\neq 0$).

解　设所求平面方程为 $Ax+By+Cz+D=0$，且 A,B,C 不全为零. 由于点 P,Q,R 在该平面上，因此它们的坐标满足该平面方程，从而有

$$aA+D=0,\quad bB+D=0,\quad cC+D=0.$$

而 $abc\neq 0$，于是解得

$$A=-\frac{D}{a},\quad B=-\frac{D}{b},\quad C=-\frac{D}{c}.$$

因 A,B,C 不全为零，故 $D\neq 0$. 代入所设方程，整理后即得所求平面方程为

$$\frac{x}{a}+\frac{y}{b}+\frac{z}{c}=1.$$

上例所得的方程称为**平面的截距式方程**.

四、球面

例 4 求球心在点 $M_0(x_0,y_0,z_0)$、半径为 R 的球面方程.

解 设 $M(x,y,z)$ 是球面上的任意一点，则

$$|M_0M|=R,$$

从而

$$\sqrt{(x-x_0)^2+(y-y_0)^2+(z-z_0)^2}=R,$$

即球心在点 $M_0(x_0,y_0,z_0)$、半径为 R 的球面方程为

$$(x-x_0)^2+(y-y_0)^2+(z-z_0)^2=R^2.$$

特别地，球心在原点 O、半径为 R 的球面方程为

$$x^2+y^2+z^2=R^2.$$

而 $z=\sqrt{R^2-x^2-y^2}$ 表示该球面的上半部分，如图 7-1-6(a) 所示；$z=-\sqrt{R^2-x^2-y^2}$ 表示该球面的下半部分，如图 7-1-6(b) 所示.

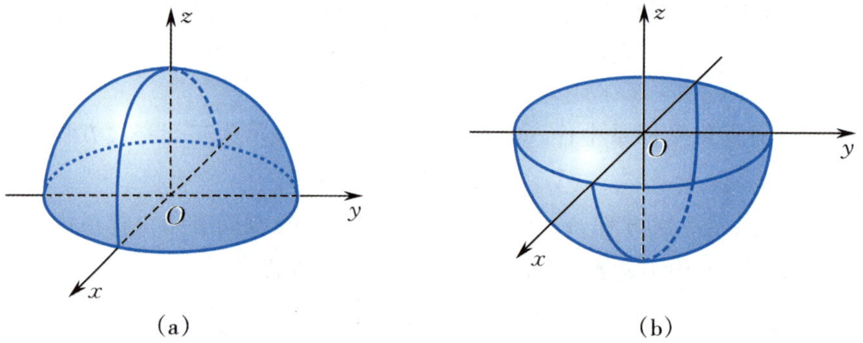

图 7-1-6

例 5 方程 $x^2+y^2+z^2-2x+4y+4=0$ 表示怎样的曲面？

解 通过配方，原方程可以化为

$$(x-1)^2+(y+2)^2+z^2=1,$$

故原方程表示球心在点 $M_0(1,-2,0)$、半径为 $R=1$ 的球面.

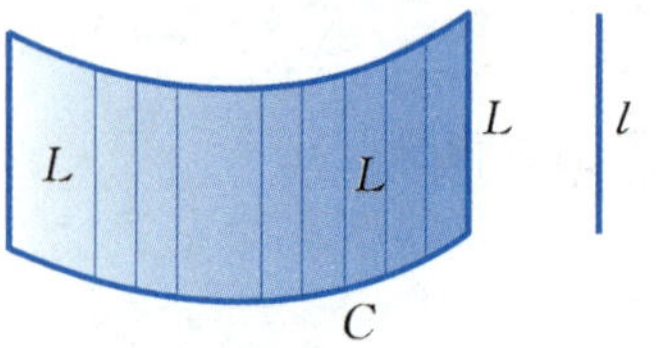

图 7-1-7

五、柱面

定义 2 平行于某定直线 l 并沿定曲线 C 移动的直线 L 所形成的曲面称为**柱面**，其中定曲线 C 称为该柱面的**准线**，动直线 L 称为该柱面的**母线**，如图 7-1-7 所示.

例 6　方程 $x^2+y^2=R^2$ 表示怎样的曲面？

解　在 xOy 面上，方程 $x^2+y^2=R^2$ 表示圆心在原点 O、半径为 R 的圆.

在空间直角坐标系中，方程 $x^2+y^2=R^2$ 不含竖坐标 z，所以不论空间点的竖坐标 z 怎样变化，只要 x 和 y 能满足方程 $x^2+y^2=R^2$，那么这些点就在这个曲面上.

于是，沿着 xOy 面上的圆 $x^2+y^2=R^2$ 且平行于 z 轴移动的直线所形成的柱面方程就是 $x^2+y^2=R^2$，如图 7-1-8 所示.

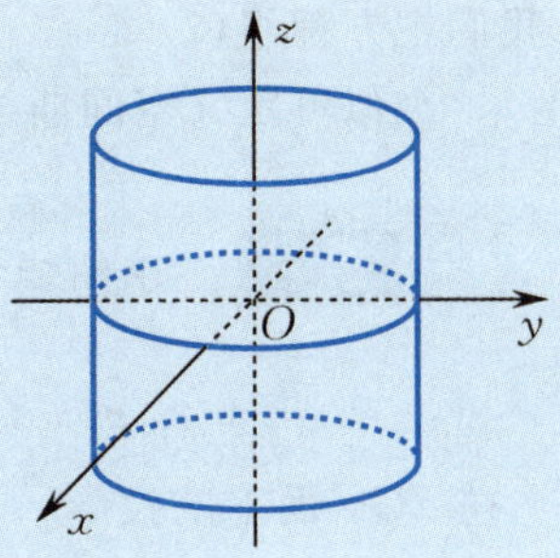

图 7-1-8

一般地，不含 z 的方程 $F(x,y)=0$，在空间直角坐标系中表示准线为 xOy 面上的曲线

$$C:\begin{cases}F(x,y)=0,\\ z=0,\end{cases}$$

母线平行于 z 轴的柱面.

类似地，方程 $G(y,z)=0$ 和 $R(z,x)=0$ 在空间直角坐标系中分别表示母线平行于 x 轴和 y 轴的柱面.

六、空间曲线在坐标面上的投影

1. 空间曲线的一般方程

空间曲线可以看作两个曲面的交线. 设

$$F(x,y,z)=0 \quad 和 \quad G(x,y,z)=0$$

表示的曲面分别为 S_1，S_2，则方程组

$$C:\begin{cases}F(x,y,z)=0,\\ G(x,y,z)=0\end{cases}$$

表示一条空间曲线，它是由曲面 S_1 和 S_2 相交而形成的（见图 7-1-9）. 该方程组称为空间曲线的**一般方程**.

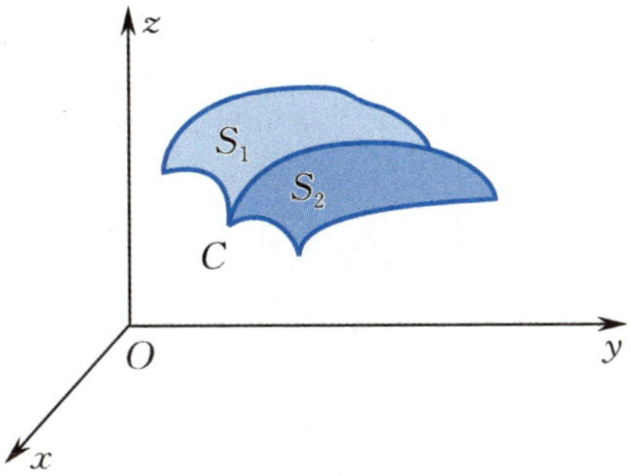

图 7-1-9

2. 空间曲线在坐标面上的投影

设空间曲线 C 的一般方程为

$$C:\begin{cases}F(x,y,z)=0,\\ G(x,y,z)=0,\end{cases} \tag{7-1-1}$$

由该方程组消去 z 得到的方程为

$$H(x,y)=0. \tag{7-1-2}$$

由于方程(7-1-2)是由方程组(7-1-1)消去 z 得到的，因此当点的坐标 (x,y,z) 满足方程组(7-1-1)时，它一定满足方程(7-1-2). 这说明，空间曲线 C 上的点都在方程(7-1-2)表示的曲面上.

我们已经知道，方程(7-1-2)表示准线为 $\begin{cases}H(x,y)=0,\\ z=0,\end{cases}$ 母线平行于 z 轴的柱面. 而由前面的讨论可知，这个柱面包含曲线 C.

柱面 $H(x,y)=0$ 和 xOy 面的交线为

$$\begin{cases}H(x,y)=0,\\ z=0.\end{cases} \tag{7-1-3}$$

我们把方程组(7-1-3)表示的曲线称为空间曲线 C 在 xOy 面上的**投影曲线**,简称**投影**.

类似可定义空间曲线 C 在 yOz 面和 zOx 面上的投影.

例 7 求曲线

$$C:\begin{cases} x^2+y^2+z^2=1, \\ x^2+(y-1)^2+(z-1)^2=1 \end{cases}$$

在 xOy 面上的投影.

解 两个方程相减并化简,得 $y+z=1$. 将 $z=1-y$ 代入第一个方程,得

$$x^2+2y^2-2y=0.$$

所以,曲线 C 在 xOy 面上的投影为

$$\begin{cases} x^2+2y^2-2y=0, \\ z=0. \end{cases}$$

练习 7.1

1. 在空间直角坐标系中,指出下列各点所在的卦限:

$$A(1,-1,1),\quad B(1,1,-1),\quad C(-1,-1,-1),\quad D(-1,-1,1).$$

2. 已知点 $M(1,2,3)$,求点 M 关于原点、各坐标轴及各坐标面的对称点的坐标.
3. 在空间直角坐标系中,指出下列各点所在的坐标轴或坐标面:

$$A(1,-1,0),\quad B(1,0,-1),\quad C(0,0,-1),\quad D(3,0,0).$$

4. 在 z 轴上求与点 $A(-4,1,7)$ 和 $B(3,5,-2)$ 等距离的点 C.
5. 求以点 $A(1,1,-1)$ 为球心,且经过原点的球面方程.
6. 指出下列方程在空间直角坐标系中分别表示什么样的几何图形:

(1) $x^2+y^2+z^2=1$; (2) $x^2+y^2=1$;

(3) $z^2=1$; (4) $x^2-y^2=0$;

(5) $x^2=2y$; (6) $x^2+y^2=0$.

7. 求曲线

$$C:\begin{cases} x^2+\dfrac{y^2}{9}+\dfrac{z^2}{4}=1, \\ z=\sqrt{3} \end{cases}$$

在 xOy 面上的投影.

§7.2 向量及其运算

一、向量及其线性运算

1. 向量的概念

我们把既有大小,又有方向的量称为**向量**或**矢量**. 例如,力、速度、加速度等都是向量.

在数学上,往往用一条有向线段来表示向量,其中有向线段的长度表示向量的大小,有

向线段的方向表示向量的方向. 如图 7－2－1 所示，以 M_1 为始点、M_2 为终点的有向线段所表示的向量，用记号 $\overrightarrow{M_1M_2}$ 来表示. 有时也用黑体字母或上面加箭头的字母来表示向量，如向量 $\boldsymbol{a}$，$\boldsymbol{b}$，$\boldsymbol{i}$，$\boldsymbol{j}$ 或 $\vec{a}$，$\vec{b}$，$\vec{i}$，$\vec{j}$ 等.

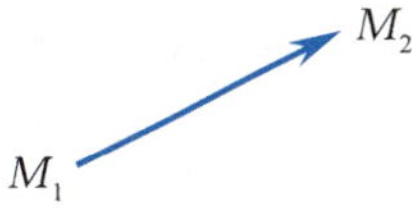

图 7－2－1

向量的大小称为**向量的模**. 向量 $\overrightarrow{M_1M_2}$，$\boldsymbol{a}$ 或 $\vec{a}$ 的模分别记为 $|\overrightarrow{M_1M_2}|$，$|\boldsymbol{a}|$ 或 $|\vec{a}|$.

在进行向量的运算时，将会用到以下几个特殊向量，以及向量相等与平行的概念：

(1) **自由向量**　可以平行移动的向量称为自由向量. 数学上只考虑向量的大小与方向，而不论它的始点在什么地方，即只考虑可以平行移动的向量.

(2) **单位向量**　模等于 1 的向量称为单位向量.

(3) **负向量**(或**逆向量**)　与向量 $\boldsymbol{a}$ 的模相等而方向相反的向量称为 $\boldsymbol{a}$ 的负向量或逆向量，记作 $-\boldsymbol{a}$.

(4) **零向量**　模等于 0 的向量称为零向量，记作 $\mathbf{0}$. 零向量的方向可以看作任意的.

(5) **向量相等**　如果两个向量 $\boldsymbol{a}$ 与 $\boldsymbol{b}$ 的模相等且方向相同，则称这两个向量相等，记作 $\boldsymbol{a}=\boldsymbol{b}$.

(6) **向量平行**　如果两个向量 $\boldsymbol{a}$ 与 $\boldsymbol{b}$ 的方向相同或相反，则称这两个向量平行，记作 $\boldsymbol{a}\,/\!/\,\boldsymbol{b}$. 两向量平行又称两向量**共线**.

(7) **向径**　以原点 O 为始点的向量 $\overrightarrow{OM}$ 称为点 M 对于点 O 的向径，常用 $\boldsymbol{r}$ 表示，即

$$\boldsymbol{r}=\overrightarrow{OM}.$$

2. 向量的线性运算

1) 向量的加、减法

定义 1　设 $\boldsymbol{a}$，$\boldsymbol{b}$ 为两个非零向量，把 $\boldsymbol{a}$，$\boldsymbol{b}$ 平行移动使它们的始点重合于点 M，并以 $\boldsymbol{a}$，$\boldsymbol{b}$ 为邻边作平行四边形，则称以点 M 为始点的对角线向量 $\overrightarrow{MN}$ 为 $\boldsymbol{a}$ 与 $\boldsymbol{b}$ 的**和向量**，记作 $\boldsymbol{a}+\boldsymbol{b}$(见图 7－2－2). 这样用平行四边形的对角线来定义两个向量和的方法，称为**向量加法的平行四边形法则**. 如果 $\boldsymbol{b}=\mathbf{0}$，则规定 $\boldsymbol{a}+\boldsymbol{b}=\boldsymbol{a}$.

由于平行四边形的对边平行且相等，因此由图 7－2－2 可以看出，$\boldsymbol{a}+\boldsymbol{b}$ 也可以这样得到：把 $\boldsymbol{b}$ 平行移动，使它的始点与 $\boldsymbol{a}$ 的终点重合，这时从 $\boldsymbol{a}$ 的始点到 $\boldsymbol{b}$ 的终点的有向线段就是向量 $\overrightarrow{MN}=\boldsymbol{a}+\boldsymbol{b}$(见图 7－2－3). 这个方法称为**向量加法的三角形法则**.

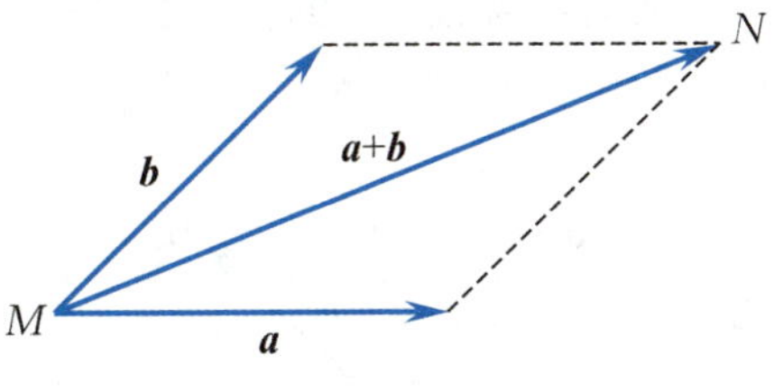

图 7－2－2

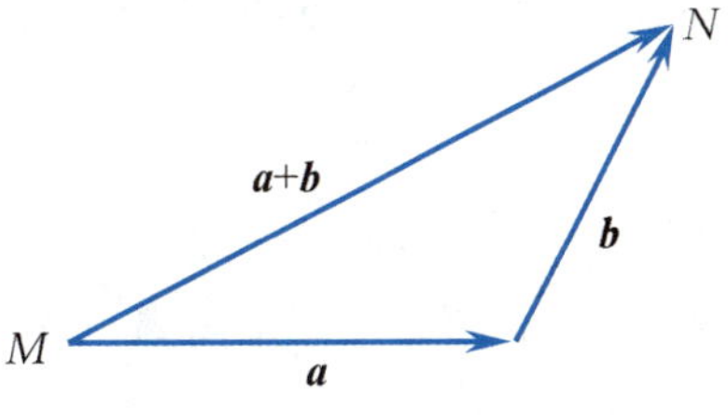

图 7－2－3

动画

定义 2　设 $\boldsymbol{a}$，$\boldsymbol{b}$ 为两个向量，$\boldsymbol{b}$ 的负向量为 $-\boldsymbol{b}$，则称 $\boldsymbol{a}$ 与 $-\boldsymbol{b}$ 的和向量为向量 $\boldsymbol{a}$ 与 $\boldsymbol{b}$ 的**差向量**，简称向量 $\boldsymbol{a}$ 与 $\boldsymbol{b}$ 的**差**，记为 $\boldsymbol{a}-\boldsymbol{b}$，即

$$\boldsymbol{a}-\boldsymbol{b}=\boldsymbol{a}+(-\boldsymbol{b}).$$

把向量 $\boldsymbol{a}$ 与 $\boldsymbol{b}$ 的始点放在一起，则由 $\boldsymbol{b}$ 的终点到 $\boldsymbol{a}$ 的终点的有向线段就是 $\boldsymbol{a}$ 与 $\boldsymbol{b}$ 的差向量

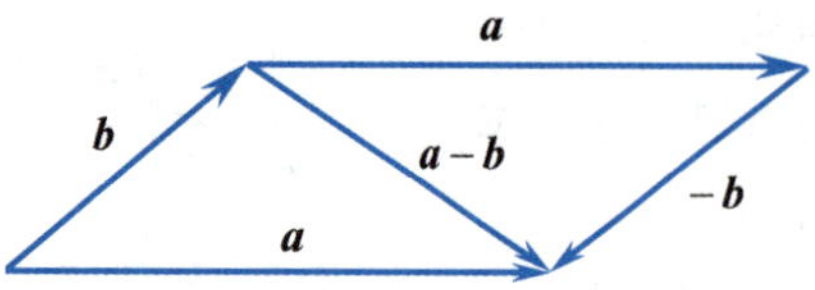

图 7-2-4

$\boldsymbol{a}-\boldsymbol{b}$(见图 7-2-4).

向量的加法满足下列运算律:

(1) $\boldsymbol{a}+\boldsymbol{b}=\boldsymbol{b}+\boldsymbol{a}$; (交换律)

(2) $(\boldsymbol{a}+\boldsymbol{b})+\boldsymbol{c}=\boldsymbol{a}+(\boldsymbol{b}+\boldsymbol{c})$; (结合律)

(3) $\boldsymbol{a}+\boldsymbol{0}=\boldsymbol{a},\boldsymbol{a}+(-\boldsymbol{a})=\boldsymbol{0}$.

2) 向量与数的乘法

定义 3 设 λ 是实数,$\boldsymbol{a}$ 是向量,规定 λ 与 $\boldsymbol{a}$ 的积 $\lambda\boldsymbol{a}$ 是一个向量,它的模为

$$|\lambda\boldsymbol{a}|=|\lambda||\boldsymbol{a}|,$$

它的方向当 $\lambda>0$ 时,与 $\boldsymbol{a}$ 相同;当 $\lambda<0$ 时,与 $\boldsymbol{a}$ 相反;当 $\lambda=0$ 时,是任意方向(因为 $|\lambda\boldsymbol{a}|=|\lambda||\boldsymbol{a}|=0$,即 $\lambda\boldsymbol{a}$ 为零向量).

向量与数的乘法满足下列运算律(λ,μ 为任意实数):

(1) $\lambda(\mu\boldsymbol{a})=\mu(\lambda\boldsymbol{a})=(\lambda\mu)\boldsymbol{a}$; (结合律)

(2) $(\lambda+\mu)\boldsymbol{a}=\lambda\boldsymbol{a}+\mu\boldsymbol{a}$; (分配律)

(3) $\lambda(\boldsymbol{a}+\boldsymbol{b})=\lambda\boldsymbol{a}+\lambda\boldsymbol{b}$. (分配律)

设 $\boldsymbol{e}_a$ 表示与非零向量 $\boldsymbol{a}$ 同方向的单位向量. 由于 $|\boldsymbol{a}|>0$,因此 $|\boldsymbol{a}|\boldsymbol{e}_a$ 与 $\boldsymbol{e}_a$ 同方向,从而 $\boldsymbol{a}$ 与 $|\boldsymbol{a}|\boldsymbol{e}_a$ 同方向. 又因为 $||\boldsymbol{a}|\boldsymbol{e}_a|=|\boldsymbol{a}||\boldsymbol{e}_a|=|\boldsymbol{a}|$,所以

$$\boldsymbol{a}=|\boldsymbol{a}|\boldsymbol{e}_a.$$

由此得

$$\boldsymbol{e}_a=\frac{1}{|\boldsymbol{a}|}\boldsymbol{a}=\frac{\boldsymbol{a}}{|\boldsymbol{a}|}.$$

这表示,一个非零向量乘以它的模的倒数,即可得到一个与它同方向的单位向量.

二、向量的坐标表示

1. 向量在数轴上的投影

为了在空间直角坐标系中研究向量,需引入向量在数轴上的投影的概念.

首先我们介绍数轴上的有向线段的值的概念.

设有一数轴 x,$\overrightarrow{AB}$ 是 x 轴上的有向线段. 如果数 λ 满足 $|\lambda|=|\overrightarrow{AB}|$,且当 $\overrightarrow{AB}$ 与 x 轴同向时,λ 是正的;当 $\overrightarrow{AB}$ 与 x 轴反向时,λ 是负的,则称数 λ 为 x 轴上**有向线段 $\overrightarrow{AB}$ 的值**,记作 AB,即 $\lambda=AB$.

1) 两向量的夹角

设 $\boldsymbol{a},\boldsymbol{b}$ 是两个非零向量,在空间内任取一点 O,作 $\overrightarrow{OA}=\boldsymbol{a}$,$\overrightarrow{OB}=\boldsymbol{b}$,则称 $\angle AOB$(规定其不超过 π)为**向量 $\boldsymbol{a}$ 与 $\boldsymbol{b}$ 的夹角**(见图 7-2-5),记作

$$\angle AOB=(\widehat{\boldsymbol{a},\boldsymbol{b}})$$

或

$$\angle AOB=(\widehat{\boldsymbol{b},\boldsymbol{a}}).$$

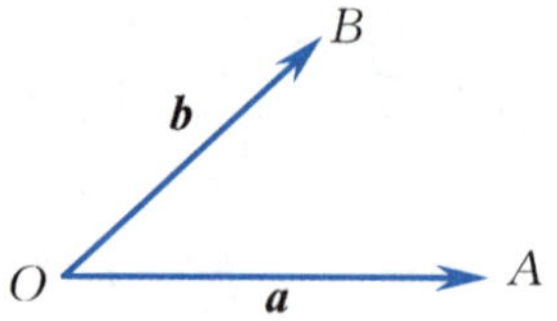

图 7-2-5

2) 点在 x 轴上的投影

过点 A 作与 x 轴垂直的平面,交 x 轴于点 A',则称点 A' 为**点 A 在 x 轴上的投影**(见图 7-2-6).

3）向量在 x 轴上的投影

设向量 $\overrightarrow{AB}$ 的两个端点 A，B 在 x 轴上的投影分别为 A'，B'（见图 7-2-7），则称 x 轴上有向线段 $\overrightarrow{A'B'}$ 的值 $A'B'$ 为**向量 $\overrightarrow{AB}$ 在 x 轴上的投影**，记作 $\mathrm{Prj}_x\overrightarrow{AB}$ 或 $(\overrightarrow{AB})_x$，即

$$\mathrm{Prj}_x\overrightarrow{AB}=A'B' \quad 或 \quad (\overrightarrow{AB})_x=A'B'.$$

它是一个数值，可以取正值，可以取负值，也可以取零.

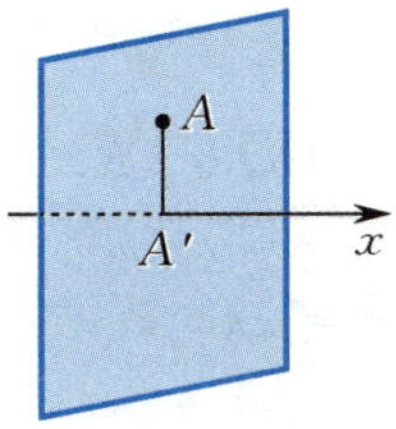

图 7-2-6

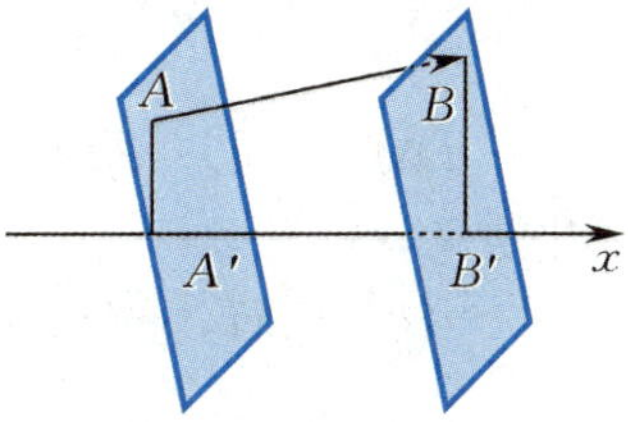

图 7-2-7

关于向量在 x 轴上的投影，有下面两个定理：

定理 1　**向量 $\overrightarrow{AB}$ 在 x 轴上的投影等于向量 $\overrightarrow{AB}$ 的模乘以 x 轴与向量 $\overrightarrow{AB}$ 夹角 θ 的余弦，即**

$$\mathrm{Prj}_x\overrightarrow{AB}=|\overrightarrow{AB}|\cos\theta.$$

证　过点 A 作与 x 轴平行，且有相同正向的 x' 轴，则 x 轴与向量 $\overrightarrow{AB}$ 的夹角 θ 等于 x' 轴与向量 $\overrightarrow{AB}$ 的夹角（见图 7-2-8），所以有

$$\mathrm{Prj}_x\overrightarrow{AB}=A'B'=AB''=\mathrm{Prj}_{x'}\overrightarrow{AB}=|\overrightarrow{AB}|\cos\theta.$$

可见，当 θ 是锐角时，投影 $\mathrm{Prj}_x\overrightarrow{AB}$ 为正值；当 θ 是钝角时，投影 $\mathrm{Prj}_x\overrightarrow{AB}$ 为负值；当 θ 是直角时，投影 $\mathrm{Prj}_x\overrightarrow{AB}$ 为零.

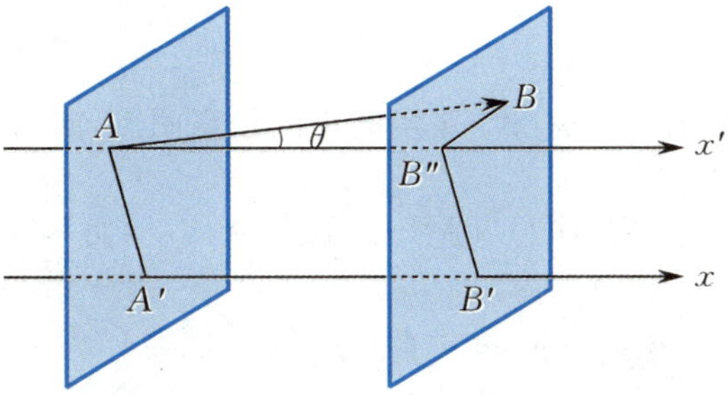

图 7-2-8

定理 2　**两个向量的和在一数轴上的投影等于这两个向量在该数轴上的投影之和，即**

$$\mathrm{Prj}_x(\boldsymbol{a}_1+\boldsymbol{a}_2)=\mathrm{Prj}_x\boldsymbol{a}_1+\mathrm{Prj}_x\boldsymbol{a}_2.$$

证明从略.

定理 2 可以推广到有限个向量的情形，即

$$\mathrm{Prj}_x(\boldsymbol{a}_1+\boldsymbol{a}_2+\cdots+\boldsymbol{a}_n)=\mathrm{Prj}_x\boldsymbol{a}_1+\mathrm{Prj}_x\boldsymbol{a}_2+\cdots+\mathrm{Prj}_x\boldsymbol{a}_n.$$

设向量 $\boldsymbol{b}$ 在 x 轴上，且与 x 轴同方向. 我们定义**向量 $\boldsymbol{a}$ 在向量 $\boldsymbol{b}$ 上的投影**为向量 $\boldsymbol{a}$ 在 x 轴上的投影，记为 $\mathrm{Prj}_{\boldsymbol{b}}\boldsymbol{a}$. 由定理 1 有

$$\mathrm{Prj}_{\boldsymbol{b}}\boldsymbol{a}=|\boldsymbol{a}|\cos(\widehat{\boldsymbol{a},\boldsymbol{b}}).$$

2. 向量的坐标表示

1）向量的分解

在空间直角坐标系 $Oxyz$ 中，用 $\boldsymbol{i}$，$\boldsymbol{j}$，$\boldsymbol{k}$ 分别表示沿 x 轴、y 轴、z 轴正向的单位向量，并称它

们为这一坐标系的**基本单位向量**.

设向径 $\overrightarrow{OM}$ 的终点 M 的坐标为(x,y,z). 过点 M 分别作与三条坐标轴垂直的平面,依次交 x 轴、y 轴、z 轴于点 P,Q,R(见图 7-2-9). 根据向量的加法,有

$$\boldsymbol{r}=\overrightarrow{OM}=\overrightarrow{OQ}+\overrightarrow{QM}.$$

而

$$\overrightarrow{QM}=\overrightarrow{OP}+\overrightarrow{OR},$$

所以

$$\boldsymbol{r}=\overrightarrow{OM}=\overrightarrow{OQ}+\overrightarrow{OP}+\overrightarrow{OR}=\overrightarrow{OP}+\overrightarrow{OQ}+\overrightarrow{OR}.$$

又根据数与向量的乘法定义,得

$$\overrightarrow{OP}=x\boldsymbol{i},\quad \overrightarrow{OQ}=y\boldsymbol{j},\quad \overrightarrow{OR}=z\boldsymbol{k},$$

从而有

$$\boldsymbol{r}=\overrightarrow{OM}=x\boldsymbol{i}+y\boldsymbol{j}+z\boldsymbol{k}.$$

这就是**向量 $\boldsymbol{r}=\overrightarrow{OM}$ 按基本单位向量的分解式**,其中 x,y,z 是向量 $\boldsymbol{r}=\overrightarrow{OM}$ 分别在 x 轴、y 轴、z 轴上的投影.

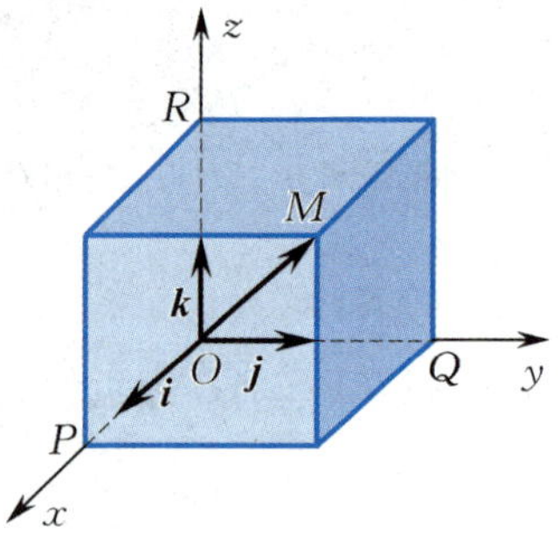

图 7-2-9

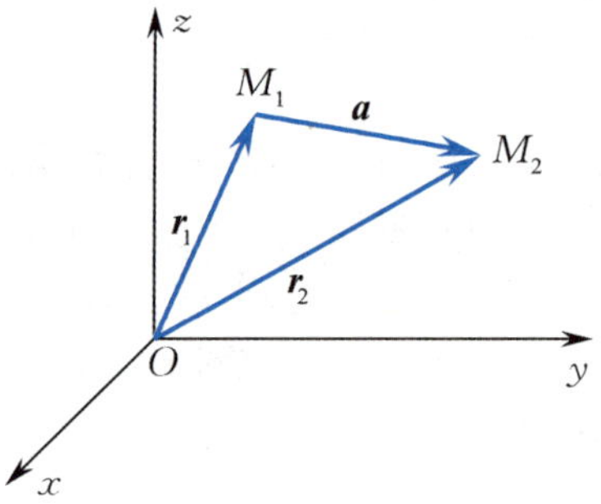

图 7-2-10

设 $M_1(x_1,y_1,z_1)$ 和 $M_2(x_2,y_2,z_2)$ 是空间中的任意两点,向量 $\boldsymbol{a}=\overrightarrow{M_1M_2}$,如图 7-2-10 所示. 因为

$$\overrightarrow{M_1M_2}=\overrightarrow{OM_2}-\overrightarrow{OM_1}=\boldsymbol{r}_2-\boldsymbol{r}_1,$$

而

$$\boldsymbol{r}_1=x_1\boldsymbol{i}+y_1\boldsymbol{j}+z_1\boldsymbol{k},$$
$$\boldsymbol{r}_2=x_2\boldsymbol{i}+y_2\boldsymbol{j}+z_2\boldsymbol{k},$$

所以

$$\begin{aligned}\boldsymbol{a}=\overrightarrow{M_1M_2}&=(x_2\boldsymbol{i}+y_2\boldsymbol{j}+z_2\boldsymbol{k})-(x_1\boldsymbol{i}+y_1\boldsymbol{j}+z_1\boldsymbol{k})\\&=(x_2-x_1)\boldsymbol{i}+(y_2-y_1)\boldsymbol{j}+(z_2-z_1)\boldsymbol{k}\\&=a_x\boldsymbol{i}+a_y\boldsymbol{j}+a_z\boldsymbol{k}.\end{aligned}$$

上式称为**向量 $\boldsymbol{a}=\overrightarrow{M_1M_2}$ 按基本单位向量的分解式**,其中

$$a_x=x_2-x_1,\quad a_y=y_2-y_1,\quad a_z=z_2-z_1$$

是向量 $\boldsymbol{a}=\overrightarrow{M_1M_2}$ 分别在 x 轴、y 轴、z 轴上的投影.

我们可以将向量 $\boldsymbol{a}$ 写成

$$\boldsymbol{a}=a_x\boldsymbol{i}+a_y\boldsymbol{j}+a_z\boldsymbol{k}\quad 或\quad \boldsymbol{a}=(a_x,a_y,a_z).$$

向量 $\boldsymbol{a}=\overrightarrow{M_1M_2}$ 在三条坐标轴上的投影 a_x,a_y,a_z 称为**向量 $\boldsymbol{a}$ 的坐标**.

由于

$$\boldsymbol{i}=1\boldsymbol{i}+0\boldsymbol{j}+0\boldsymbol{k},\quad \boldsymbol{j}=0\boldsymbol{i}+1\boldsymbol{j}+0\boldsymbol{k},\quad \boldsymbol{k}=0\boldsymbol{i}+0\boldsymbol{j}+1\boldsymbol{k},$$

因此基本单位向量的坐标表示式分别为

$$\boldsymbol{i}=(1,0,0),\quad \boldsymbol{j}=(0,1,0),\quad \boldsymbol{k}=(0,0,1).$$

2) 用坐标进行向量的线性运算

设 λ 是实数, $\boldsymbol{a}=a_x\boldsymbol{i}+a_y\boldsymbol{j}+a_z\boldsymbol{k}$, $\boldsymbol{b}=b_x\boldsymbol{i}+b_y\boldsymbol{j}+b_z\boldsymbol{k}$,则

$$\boldsymbol{a}\pm\boldsymbol{b}=(a_x\pm b_x)\boldsymbol{i}+(a_y\pm b_y)\boldsymbol{j}+(a_z\pm b_z)\boldsymbol{k},$$
$$\lambda\boldsymbol{a}=\lambda a_x\boldsymbol{i}+\lambda a_y\boldsymbol{j}+\lambda a_z\boldsymbol{k}$$

或

$$\boldsymbol{a}\pm\boldsymbol{b}=(a_x\pm b_x,a_y\pm b_y,a_z\pm b_z),$$
$$\lambda\boldsymbol{a}=(\lambda a_x,\lambda a_y,\lambda a_z).$$

3. 向量的模与方向余弦的坐标表示

向量可以用它的坐标来表示,也可以用它的模与方向角来表示.下面给出向量的坐标与向量的模、方向角之间的联系.

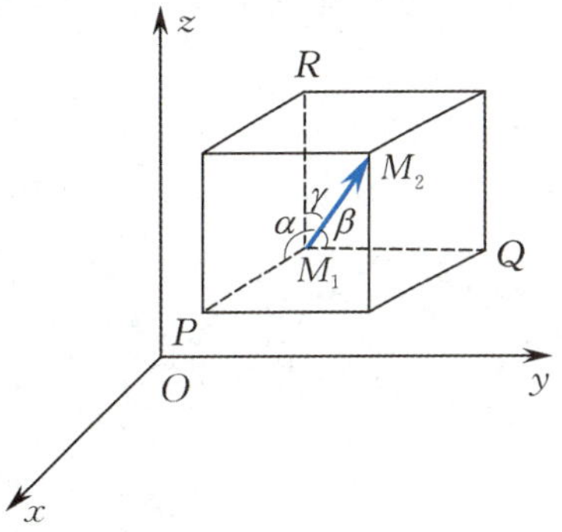

图 7-2-11

对于非零向量 $\boldsymbol{a}=\overrightarrow{M_1M_2}$,设它与 x 轴、y 轴、z 轴正向所成的夹角分别为 $\alpha,\beta,\gamma(0\leqslant\alpha\leqslant\pi,0\leqslant\beta\leqslant\pi,0\leqslant\gamma\leqslant\pi)$(见图 7-2-11),则称 α,β,γ 为非零向量 $\boldsymbol{a}$ 的**方向角**.

因为向量的坐标就是向量在坐标轴上的投影,所以有

$$\begin{cases} a_x=|\overrightarrow{M_1M_2}|\cos\alpha=|\boldsymbol{a}|\cos\alpha,\\ a_y=|\overrightarrow{M_1M_2}|\cos\beta=|\boldsymbol{a}|\cos\beta,\\ a_z=|\overrightarrow{M_1M_2}|\cos\gamma=|\boldsymbol{a}|\cos\gamma.\end{cases}\tag{7-2-1}$$

我们把 $\cos\alpha,\cos\beta,\cos\gamma$ 称为向量 $\boldsymbol{a}$ 的**方向余弦**.

由图 7-2-11 可以看出,向量 $\boldsymbol{a}$ 的模为

$$|\boldsymbol{a}|=|\overrightarrow{M_1M_2}|=\sqrt{|M_1P|^2+|M_1Q|^2+|M_1R|^2}.$$

又因为 $a_x=M_1P$, $a_y=M_1Q$, $a_z=M_1R$,所以

$$|\boldsymbol{a}|=\sqrt{a_x^2+a_y^2+a_z^2}.\tag{7-2-2}$$

把(7-2-2)式代入(7-2-1)式,得

$$\begin{cases} \cos\alpha=\dfrac{a_x}{\sqrt{a_x^2+a_y^2+a_z^2}},\\ \cos\beta=\dfrac{a_y}{\sqrt{a_x^2+a_y^2+a_z^2}},\\ \cos\gamma=\dfrac{a_z}{\sqrt{a_x^2+a_y^2+a_z^2}}.\end{cases}\tag{7-2-3}$$

(7-2-2)式和(7-2-3)式分别是用向量的坐标表示向量的模和方向余弦的公式.

由(7-2-3)式得

$$\cos^2\alpha+\cos^2\beta+\cos^2\gamma=\frac{a_x^2+a_y^2+a_z^2}{a_x^2+a_y^2+a_z^2}=1.$$

上式说明,任一向量的方向余弦的平方和等于 1.

由(7-2-1)式知,与非零向量 $\boldsymbol{a}$ 同方向的单位向量为

$$\boldsymbol{e}_a=\frac{1}{|\boldsymbol{a}|}\boldsymbol{a}=\frac{1}{|\boldsymbol{a}|}(a_x,a_y,a_z)=(\cos\alpha,\cos\beta,\cos\gamma),$$

即与非零向量 $\boldsymbol{a}$ 同方向的单位向量可用其方向余弦来表示.

例 1 已知点 $M_1(2,2,\sqrt{2})$ 和 $M_2(1,3,0)$，试求：

（1）向量 $\overrightarrow{M_1M_2}$ 在三条坐标轴上的投影；

（2）向量 $\overrightarrow{M_1M_2}$ 的模；

（3）向量 $\overrightarrow{M_1M_2}$ 的方向余弦和方向角；

（4）与向量 $\boldsymbol{a}=\overrightarrow{M_1M_2}$ 平行的单位向量.

解 （1）因为

$$\overrightarrow{M_1M_2}=(1-2,3-2,0-\sqrt{2})=(-1,1,-\sqrt{2}),$$

所以向量 $\overrightarrow{M_1M_2}$ 在 x 轴、y 轴、z 轴上的投影分别为 $-1,1,-\sqrt{2}$.

（2）$|\overrightarrow{M_1M_2}|=\sqrt{(-1)^2+1^2+(-\sqrt{2})^2}=2$.

（3）由公式(7-2-3)可得向量 $\overrightarrow{M_1M_2}$ 的方向余弦为

$$\cos\alpha=-\frac{1}{2},\quad \cos\beta=\frac{1}{2},\quad \cos\gamma=-\frac{\sqrt{2}}{2};$$

方向角为

$$\alpha=\frac{2\pi}{3},\quad \beta=\frac{\pi}{3},\quad \gamma=\frac{3\pi}{4}.$$

（4）因为与向量 $\boldsymbol{a}=\overrightarrow{M_1M_2}$ 同方向的单位向量为

$$\boldsymbol{e}_a=(\cos\alpha,\cos\beta,\cos\gamma)=\left(-\frac{1}{2},\frac{1}{2},-\frac{\sqrt{2}}{2}\right),$$

所以与向量 $\boldsymbol{a}=\overrightarrow{M_1M_2}$ 平行的单位向量为 $\pm\left(-\frac{1}{2},\frac{1}{2},-\frac{\sqrt{2}}{2}\right)$.

例 2 已知向量 $\overrightarrow{AB}$ 与向量 $\boldsymbol{a}=(8,9,-12)$ 的方向相同，$|\overrightarrow{AB}|=34$，向量 $\overrightarrow{AB}$ 的始点为 $A(2,-1,7)$，求点 B 的坐标.

解 因为向量 $\overrightarrow{AB}$ 与向量 $\boldsymbol{a}=(8,9,-12)$ 的方向相同，所以它们的方向余弦相同. 设 $\boldsymbol{a}$ 的方向角为 α,β,γ，而

$$|\boldsymbol{a}|=\sqrt{8^2+9^2+(-12)^2}=17,$$

故有

$$\cos\alpha=\frac{8}{17},\quad \cos\beta=\frac{9}{17},\quad \cos\gamma=-\frac{12}{17},$$

从而向量 $\overrightarrow{AB}$ 在 x 轴、y 轴、z 轴上的投影分别为

$$|\overrightarrow{AB}|\cos\alpha=34\times\frac{8}{17}=16,$$

$$|\overrightarrow{AB}|\cos\beta=34\times\frac{9}{17}=18,$$

$$|\overrightarrow{AB}|\cos\gamma=34\times\left(-\frac{12}{17}\right)=-24.$$

设点 B 的坐标为 (x,y,z)，由于 $\overrightarrow{AB}$ 的始点为 $A(2,-1,7)$，因此

$$x-2=16,\quad y-(-1)=18,\quad z-7=-24,$$

于是得 $x=18,y=17,z=-17$，即点 B 的坐标为 $(18,17,-17)$.

三、向量的数量积与向量积

1. 两向量的数量积

设一物体在常力 $\boldsymbol{F}$ 的作用下沿直线从点 A 移动到点 B，力 $\boldsymbol{F}$ 与位移 $\overrightarrow{AB}$ 的夹角为 θ，则由物理学知识知道，力 $\boldsymbol{F}$ 所做的功为

$$W = |\boldsymbol{F}|\,|\overrightarrow{AB}|\cos\theta.$$

这样，由两个向量 $\boldsymbol{F}$ 与 $\overrightarrow{AB}$ 就可确定一个数量 $|\boldsymbol{F}|\,|\overrightarrow{AB}|\cos\theta$. 根据这一背景可定义两向量的数量积.

定义 4　向量 $\boldsymbol{a}$ 与 $\boldsymbol{b}$ 的模与它们夹角余弦的乘积称为向量 $\boldsymbol{a}$ 与 $\boldsymbol{b}$ 的**数量积**或**内积**，记作 $\boldsymbol{a}\cdot\boldsymbol{b}$，即

$$\boldsymbol{a}\cdot\boldsymbol{b} = |\boldsymbol{a}|\,|\boldsymbol{b}|\cos(\widehat{\boldsymbol{a},\boldsymbol{b}}).$$

由于 $|\boldsymbol{b}|\cos(\widehat{\boldsymbol{a},\boldsymbol{b}})$ 是向量 $\boldsymbol{b}$ 在向量 $\boldsymbol{a}$ 上的投影，因此

$$\boldsymbol{a}\cdot\boldsymbol{b} = |\boldsymbol{a}|\,\mathrm{Prj}_{\boldsymbol{a}}\boldsymbol{b} \quad (\boldsymbol{a}\neq\boldsymbol{0}).$$

同理，有

$$\boldsymbol{a}\cdot\boldsymbol{b} = |\boldsymbol{b}|\,\mathrm{Prj}_{\boldsymbol{b}}\boldsymbol{a} \quad (\boldsymbol{b}\neq\boldsymbol{0}).$$

向量的数量积满足下列**运算律**：

(1) $\boldsymbol{a}\cdot\boldsymbol{b} = \boldsymbol{b}\cdot\boldsymbol{a}$;　　(交换律)

(2) $\boldsymbol{a}\cdot(\boldsymbol{b}+\boldsymbol{c}) = \boldsymbol{a}\cdot\boldsymbol{b}+\boldsymbol{a}\cdot\boldsymbol{c}$;　　(分配律)

(3) $(\lambda\boldsymbol{a})\cdot(\mu\boldsymbol{b}) = (\mu\boldsymbol{a})\cdot(\lambda\boldsymbol{b}) = (\lambda\mu)(\boldsymbol{a}\cdot\boldsymbol{b})$　(λ,μ 为任意常数).　(结合律)

根据数量积的定义，可以得出下列结论：

(1) $\boldsymbol{a}\cdot\boldsymbol{a} = |\boldsymbol{a}|^2$;

(2) 向量 $\boldsymbol{a}$ 与 $\boldsymbol{b}$ 互相垂直的充要条件是：$\boldsymbol{a}\cdot\boldsymbol{b} = 0$.

2. 向量的数量积的坐标表示式

设 $\boldsymbol{a} = a_x\boldsymbol{i}+a_y\boldsymbol{j}+a_z\boldsymbol{k}$，$\boldsymbol{b} = b_x\boldsymbol{i}+b_y\boldsymbol{j}+b_z\boldsymbol{k}$. 按数量积的运算律，得

$$\begin{aligned}\boldsymbol{a}\cdot\boldsymbol{b} &= (a_x\boldsymbol{i}+a_y\boldsymbol{j}+a_z\boldsymbol{k})\cdot(b_x\boldsymbol{i}+b_y\boldsymbol{j}+b_z\boldsymbol{k})\\ &= (a_x\boldsymbol{i}+a_y\boldsymbol{j}+a_z\boldsymbol{k})\cdot b_x\boldsymbol{i}+(a_x\boldsymbol{i}+a_y\boldsymbol{j}+a_z\boldsymbol{k})\cdot b_y\boldsymbol{j}\\ &\quad+(a_x\boldsymbol{i}+a_y\boldsymbol{j}+a_z\boldsymbol{k})\cdot b_z\boldsymbol{k}\\ &= a_xb_x\boldsymbol{i}\cdot\boldsymbol{i}+a_yb_x\boldsymbol{j}\cdot\boldsymbol{i}+a_zb_x\boldsymbol{k}\cdot\boldsymbol{i}+a_xb_y\boldsymbol{i}\cdot\boldsymbol{j}+a_yb_y\boldsymbol{j}\cdot\boldsymbol{j}\\ &\quad+a_zb_y\boldsymbol{k}\cdot\boldsymbol{j}+a_xb_z\boldsymbol{i}\cdot\boldsymbol{k}+a_yb_z\boldsymbol{j}\cdot\boldsymbol{k}+a_zb_z\boldsymbol{k}\cdot\boldsymbol{k}.\end{aligned}$$

又因为

$$\begin{aligned}&\boldsymbol{i}\cdot\boldsymbol{i} = \boldsymbol{j}\cdot\boldsymbol{j} = \boldsymbol{k}\cdot\boldsymbol{k} = 1,\\ &\boldsymbol{i}\cdot\boldsymbol{j} = \boldsymbol{j}\cdot\boldsymbol{i} = \boldsymbol{j}\cdot\boldsymbol{k} = \boldsymbol{k}\cdot\boldsymbol{j} = \boldsymbol{i}\cdot\boldsymbol{k} = \boldsymbol{k}\cdot\boldsymbol{i} = 0,\end{aligned}$$

所以

$$\boldsymbol{a}\cdot\boldsymbol{b} = a_xb_x+a_yb_y+a_zb_z.$$

这就是两向量的**数量积的坐标表示式**.

当向量 $\boldsymbol{a}$ 与 $\boldsymbol{b}$ 都不为零时，由 $\boldsymbol{a}\cdot\boldsymbol{b} = |\boldsymbol{a}|\,|\boldsymbol{b}|\cos(\widehat{\boldsymbol{a},\boldsymbol{b}})$ 得

$$\cos(\widehat{\boldsymbol{a},\boldsymbol{b}})=\frac{\boldsymbol{a}\cdot\boldsymbol{b}}{|\boldsymbol{a}||\boldsymbol{b}|}=\frac{a_xb_x+a_yb_y+a_zb_z}{\sqrt{a_x^2+a_y^2+a_z^2}\cdot\sqrt{b_x^2+b_y^2+b_z^2}}.$$

由此可以看出,向量 $\boldsymbol{a}$ 与 $\boldsymbol{b}$ 互相垂直的充要条件是:

$$a_xb_x+a_yb_y+a_zb_z=0.$$

例 3 试用向量证明三角形的余弦定理.

证 如图 7-2-12 所示,在 $\triangle ABC$ 中,记 $\overrightarrow{CB}=\boldsymbol{a}$, $\overrightarrow{CA}=\boldsymbol{b}$, $\overrightarrow{AB}=\boldsymbol{c}$, $\angle ACB=\theta$. 要证的结论为

$$|\boldsymbol{c}|^2=|\boldsymbol{a}|^2+|\boldsymbol{b}|^2-2|\boldsymbol{a}||\boldsymbol{b}|\cos\theta.$$

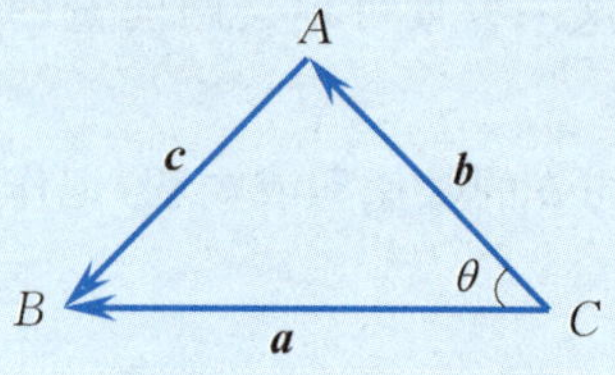

图 7-2-12

由数量积的定义及性质,得

$$\begin{aligned}|\boldsymbol{c}|^2&=\boldsymbol{c}\cdot\boldsymbol{c}=(\boldsymbol{a}-\boldsymbol{b})\cdot(\boldsymbol{a}-\boldsymbol{b})\\&=\boldsymbol{a}\cdot\boldsymbol{a}+\boldsymbol{b}\cdot\boldsymbol{b}-2\boldsymbol{a}\cdot\boldsymbol{b}\\&=|\boldsymbol{a}|^2+|\boldsymbol{b}|^2-2|\boldsymbol{a}||\boldsymbol{b}|\cos(\widehat{\boldsymbol{a},\boldsymbol{b}})\\&=|\boldsymbol{a}|^2+|\boldsymbol{b}|^2-2|\boldsymbol{a}||\boldsymbol{b}|\cos\theta.\end{aligned}$$

例 4 已知点 $M(1,1,1)$, $A(2,2,1)$, $B(2,1,2)$,求 $\angle BMA$.

解 作向量 $\overrightarrow{MA}$ 和 $\overrightarrow{MB}$,则 $\angle BMA$ 就是向量 $\overrightarrow{MA}$ 和 $\overrightarrow{MB}$ 的夹角. 因为

$$\overrightarrow{MA}=(2-1,2-1,1-1)=(1,1,0),$$
$$\overrightarrow{MB}=(2-1,1-1,2-1)=(1,0,1),$$
$$\overrightarrow{MA}\cdot\overrightarrow{MB}=1\times1+1\times0+0\times1=1,$$
$$|\overrightarrow{MA}|=\sqrt{1^2+1^2+0^2}=\sqrt{2},$$
$$|\overrightarrow{MB}|=\sqrt{1^2+0^2+1^2}=\sqrt{2},$$

所以

$$\cos\angle BMA=\frac{\overrightarrow{MA}\cdot\overrightarrow{MB}}{|\overrightarrow{MA}||\overrightarrow{MB}|}=\frac{1}{2}.$$

故 $\angle BMA=\dfrac{\pi}{3}$.

3. 两向量的向量积

由物理学知识知道,力 $\boldsymbol{F}$ 对支点 O 的力矩是一个向量 $\boldsymbol{M}$(见图 7-2-13),它的大小为

$$|\boldsymbol{M}|=|OR||\boldsymbol{F}|=|\overrightarrow{OP}||\boldsymbol{F}|\sin\theta;$$

它的方向垂直于 $\overrightarrow{OP}$ 与力 $\boldsymbol{F}$ 所在的平面,且满足从 $\overrightarrow{OP}$ 到 $\boldsymbol{F}$ 的右手法则,即当右手的四指从 $\overrightarrow{OP}$ 的方向以不超过 π 的角度转向 $\boldsymbol{F}$ 的方向时,大拇指的指向就是 $\boldsymbol{M}$ 的方向.

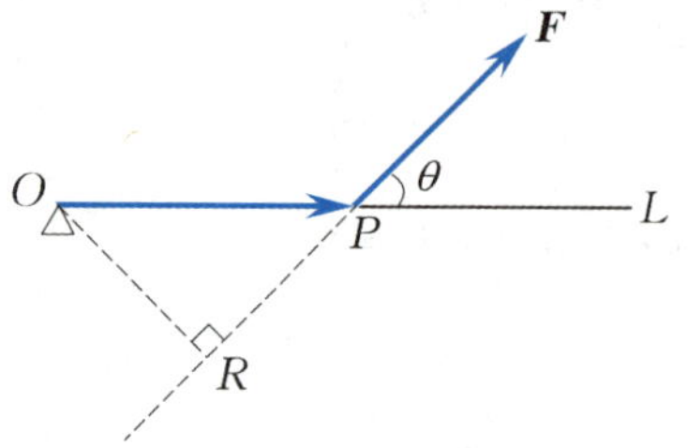

图 7-2-13

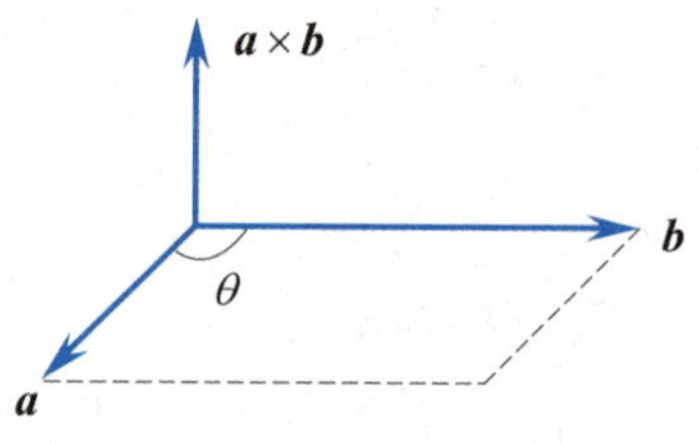

图 7-2-14

由两个已知向量按上述法则来确定另一个向量,在其他物理学问题中也会遇到,将其抽

象出来，就是两向量的向量积的概念.

定义 5　设 $\boldsymbol{a}$ 与 $\boldsymbol{b}$ 是两个已知的向量. 若向量 $\boldsymbol{c}$ 由 $\boldsymbol{a}$ 与 $\boldsymbol{b}$ 按下列方式给出：

(1) $|\boldsymbol{c}| = |\boldsymbol{a}||\boldsymbol{b}|\sin(\widehat{\boldsymbol{a},\boldsymbol{b}})$；

(2) $\boldsymbol{c}$ 的方向垂直于 $\boldsymbol{a}$ 与 $\boldsymbol{b}$ 所确定的平面，并且 $\boldsymbol{c}$ 的方向按从 $\boldsymbol{a}$ 指向 $\boldsymbol{b}$ 的右手法则来确定，即当右手的四指从 $\boldsymbol{a}$ 的方向以不超过 π 的角度转向 $\boldsymbol{b}$ 的方向时，大拇指的指向为 $\boldsymbol{c}$ 的方向，则称向量 $\boldsymbol{c}$ 为 $\boldsymbol{a}$ 与 $\boldsymbol{b}$ 的**向量积**或**外积**，记作 $\boldsymbol{a}\times\boldsymbol{b}$(见图 7-2-14).

向量的向量积满足下列**运算律**：

(1) $\boldsymbol{a}\times\boldsymbol{b} = -\boldsymbol{b}\times\boldsymbol{a}$；

(2) $(\boldsymbol{a}+\boldsymbol{b})\times\boldsymbol{c} = \boldsymbol{a}\times\boldsymbol{c}+\boldsymbol{b}\times\boldsymbol{c}, \boldsymbol{c}\times(\boldsymbol{a}+\boldsymbol{b}) = \boldsymbol{c}\times\boldsymbol{a}+\boldsymbol{c}\times\boldsymbol{b}$；

(3) $(\lambda\boldsymbol{a})\times(\mu\boldsymbol{b}) = (\mu\boldsymbol{a})\times(\lambda\boldsymbol{b}) = (\lambda\mu)(\boldsymbol{a}\times\boldsymbol{b})$ (λ,μ 为任意实数).

根据向量积的定义，容易得出下列结论：

(1) $\boldsymbol{a}\times\boldsymbol{a} = \boldsymbol{0}$；

(2) 非零向量 $\boldsymbol{a}$ 与 $\boldsymbol{b}$ 互相平行的充要条件是：$\boldsymbol{a}\times\boldsymbol{b} = \boldsymbol{0}$.

如果规定零向量平行于任何向量，则上面结论(2) 对于任何向量 $\boldsymbol{a}$ 与 $\boldsymbol{b}$ 都成立.

4. 向量积的坐标表示式

设 $\boldsymbol{a} = a_x\boldsymbol{i}+a_y\boldsymbol{j}+a_z\boldsymbol{k}, \boldsymbol{b} = b_x\boldsymbol{i}+b_y\boldsymbol{j}+b_z\boldsymbol{k}$. 按向量积的运算律，得

$$\begin{aligned}\boldsymbol{a}\times\boldsymbol{b} &= (a_x\boldsymbol{i}+a_y\boldsymbol{j}+a_z\boldsymbol{k})\times(b_x\boldsymbol{i}+b_y\boldsymbol{j}+b_z\boldsymbol{k})\\ &= a_x\boldsymbol{i}\times(b_x\boldsymbol{i}+b_y\boldsymbol{j}+b_z\boldsymbol{k})+a_y\boldsymbol{j}\times(b_x\boldsymbol{i}+b_y\boldsymbol{j}+b_z\boldsymbol{k})\\ &\quad +a_z\boldsymbol{k}\times(b_x\boldsymbol{i}+b_y\boldsymbol{j}+b_z\boldsymbol{k})\\ &= a_xb_x(\boldsymbol{i}\times\boldsymbol{i})+a_xb_y(\boldsymbol{i}\times\boldsymbol{j})+a_xb_z(\boldsymbol{i}\times\boldsymbol{k})+a_yb_x(\boldsymbol{j}\times\boldsymbol{i})\\ &\quad +a_yb_y(\boldsymbol{j}\times\boldsymbol{j})+a_yb_z(\boldsymbol{j}\times\boldsymbol{k})+a_zb_x(\boldsymbol{k}\times\boldsymbol{i})+a_zb_y(\boldsymbol{k}\times\boldsymbol{j})\\ &\quad +a_zb_z(\boldsymbol{k}\times\boldsymbol{k}).\end{aligned}$$

因为

$$\begin{gathered}\boldsymbol{i}\times\boldsymbol{i} = \boldsymbol{j}\times\boldsymbol{j} = \boldsymbol{k}\times\boldsymbol{k} = \boldsymbol{0},\\ \boldsymbol{i}\times\boldsymbol{j} = \boldsymbol{k},\quad \boldsymbol{j}\times\boldsymbol{k} = \boldsymbol{i},\quad \boldsymbol{k}\times\boldsymbol{i} = \boldsymbol{j},\\ \boldsymbol{j}\times\boldsymbol{i} = -\boldsymbol{k},\quad \boldsymbol{k}\times\boldsymbol{j} = -\boldsymbol{i},\quad \boldsymbol{i}\times\boldsymbol{k} = -\boldsymbol{j},\end{gathered}$$

所以

$$\boldsymbol{a}\times\boldsymbol{b} = (a_yb_z-a_zb_y)\boldsymbol{i}+(a_zb_x-a_xb_z)\boldsymbol{j}+(a_xb_y-a_yb_x)\boldsymbol{k}.$$

为了便于记忆，利用行列式，上式可以写成

$$\boldsymbol{a}\times\boldsymbol{b} = \begin{vmatrix}\boldsymbol{i} & \boldsymbol{j} & \boldsymbol{k}\\ a_x & a_y & a_z\\ b_x & b_y & b_z\end{vmatrix}.$$

这就是两向量的**向量积的坐标表示式**.

若向量 $\boldsymbol{a}$ 与 $\boldsymbol{b}$ 平行，则 $\boldsymbol{a}\times\boldsymbol{b} = \boldsymbol{0}$，即

$$\boldsymbol{a}\times\boldsymbol{b} = (a_yb_z-a_zb_y)\boldsymbol{i}+(a_zb_x-a_xb_z)\boldsymbol{j}+(a_xb_y-a_yb_x)\boldsymbol{k} = \boldsymbol{0},$$

从而得

$$a_yb_z-a_zb_y = 0,\quad a_zb_x-a_xb_z = 0,\quad a_xb_y-a_yb_x = 0.$$

由上式推得，非零向量 $\boldsymbol{a} = a_x\boldsymbol{i}+a_y\boldsymbol{j}+a_z\boldsymbol{k}$ 与 $\boldsymbol{b} = b_x\boldsymbol{i}+b_y\boldsymbol{j}+b_z\boldsymbol{k}$ 平行的充要条件是：

$$\frac{a_x}{b_x} = \frac{a_y}{b_y} = \frac{a_z}{b_z},$$

其中当分母为零时，约定分子也为零，如当 $b_y = 0$ 时，应有 $a_y = 0, \dfrac{a_x}{b_x} = \dfrac{a_z}{b_z}$.

例 5 设向量 $\boldsymbol{a}=2\boldsymbol{i}+\boldsymbol{j}-\boldsymbol{k}$，$\boldsymbol{b}=\boldsymbol{i}-\boldsymbol{j}+2\boldsymbol{k}$，计算 $\boldsymbol{a}\times\boldsymbol{b}$.

解
$$\boldsymbol{a}\times\boldsymbol{b}=\begin{vmatrix}\boldsymbol{i} & \boldsymbol{j} & \boldsymbol{k}\\ 2 & 1 & -1\\ 1 & -1 & 2\end{vmatrix}$$
$$=\begin{vmatrix}1 & -1\\ -1 & 2\end{vmatrix}\boldsymbol{i}-\begin{vmatrix}2 & -1\\ 1 & 2\end{vmatrix}\boldsymbol{j}+\begin{vmatrix}2 & 1\\ 1 & -1\end{vmatrix}\boldsymbol{k}$$
$$=\boldsymbol{i}-5\boldsymbol{j}-3\boldsymbol{k}.$$

例 6 求以点 $A(1,2,3)$，$B(3,4,5)$，$C(2,4,7)$ 为顶点的三角形的面积.

解 根据向量积的定义，$\triangle ABC$ 的面积为
$$S_{\triangle ABC}=\frac{1}{2}|\overrightarrow{AB}||\overrightarrow{AC}|\sin\angle BAC=\frac{1}{2}|\overrightarrow{AB}\times\overrightarrow{AC}|.$$
因为 $\overrightarrow{AB}=(2,2,2)$，$\overrightarrow{AC}=(1,2,4)$，所以
$$\overrightarrow{AB}\times\overrightarrow{AC}=\begin{vmatrix}\boldsymbol{i} & \boldsymbol{j} & \boldsymbol{k}\\ 2 & 2 & 2\\ 1 & 2 & 4\end{vmatrix}=4\boldsymbol{i}-6\boldsymbol{j}+2\boldsymbol{k}.$$
于是 $|\overrightarrow{AB}\times\overrightarrow{AC}|=\sqrt{4^2+(-6)^2+2^2}=2\sqrt{14}$，从而
$$S_{\triangle ABC}=\frac{1}{2}|\overrightarrow{AB}\times\overrightarrow{AC}|=\sqrt{14}.$$

例 7 已知向量 $\boldsymbol{a}=\boldsymbol{i}+\boldsymbol{j}+\boldsymbol{k}$，$\boldsymbol{b}=\boldsymbol{j}$，求与 $\boldsymbol{a},\boldsymbol{b}$ 都垂直的单位向量.

解 设 $\boldsymbol{c}=\boldsymbol{a}\times\boldsymbol{b}$，则
$$\boldsymbol{c}=\boldsymbol{a}\times\boldsymbol{b}=\begin{vmatrix}\boldsymbol{i} & \boldsymbol{j} & \boldsymbol{k}\\ 1 & 1 & 1\\ 0 & 1 & 0\end{vmatrix}=-\boldsymbol{i}+\boldsymbol{k}=(-1,0,1).$$
于是 $|\boldsymbol{c}|=\sqrt{(-1)^2+0^2+1^2}=\sqrt{2}$，从而与 $\boldsymbol{a},\boldsymbol{b}$ 都垂直的单位向量为
$$\boldsymbol{e}_c=\frac{1}{|\boldsymbol{c}|}\boldsymbol{c}=\frac{1}{\sqrt{2}}(-1,0,1)=\left(-\frac{\sqrt{2}}{2},0,\frac{\sqrt{2}}{2}\right)$$
和
$$-\boldsymbol{e}_c=\left(\frac{\sqrt{2}}{2},0,-\frac{\sqrt{2}}{2}\right).$$

练习 7.2

1. 一向量的始点为 $A(-2,3,0)$，且该向量在 x 轴、y 轴、z 轴上的投影分别为 $4,-4,7$，求该向量终点 B 的坐标.

2. 已知两点 $A(0,1,2)$ 和 $B(1,-1,0)$，试用坐标表示向量 $\overrightarrow{AB}$ 和 $-3\overrightarrow{AB}$.

3. 已知两点 $A(4,\sqrt{2},1)$ 和 $B(3,0,2)$，求向量 $\overrightarrow{AB}$ 的模、方向余弦和方向角.

4. 已知向量 $\boldsymbol{a}=2\boldsymbol{i}-3\boldsymbol{j}+5\boldsymbol{k}$，$\boldsymbol{e}_a$ 是与 $\boldsymbol{a}$ 同方向的单位向量，试用向量 $\boldsymbol{e}_a$ 表示 $\boldsymbol{a}$.

5. 设向量
$$\boldsymbol{m}=3\boldsymbol{i}+5\boldsymbol{j}+8\boldsymbol{k},\quad \boldsymbol{n}=2\boldsymbol{i}-4\boldsymbol{j}-7\boldsymbol{k},\quad \boldsymbol{p}=5\boldsymbol{i}+\boldsymbol{j}-4\boldsymbol{k},$$
求向量 $\boldsymbol{a}=4\boldsymbol{m}+3\boldsymbol{n}-\boldsymbol{p}$ 在 x 轴上的投影及其在 y 轴上的分量.

6. 求平行于向量 $\boldsymbol{a}=(-3,4,\sqrt{11})$ 的单位向量.

7. 设向量 $\boldsymbol{a}=(3,-1,-2)$，$\boldsymbol{b}=(1,2,-1)$，求：

(1) $(-2\boldsymbol{a})\cdot 3\boldsymbol{b}$；　(2) $\boldsymbol{a}\times 2\boldsymbol{b}$；　(3) $\boldsymbol{a}$ 与 $\boldsymbol{b}$ 的夹角余弦.

8. 求向量 $\boldsymbol{a}=(2,2,1)$ 在向量 $\boldsymbol{b}=(4,-3,0)$ 上的投影.

9. 已知点 $A(1,-1,2)$，$B(3,3,1)$，$C(3,1,3)$，求与 $\overrightarrow{AB}$ 及 $\overrightarrow{BC}$ 同时垂直的单位向量.

10. 已知向量 $\boldsymbol{a}=(2,-3,1)$，$\boldsymbol{b}=(1,-1,3)$，$\boldsymbol{c}=(1,-2,0)$，计算：

(1) $(\boldsymbol{a}\cdot\boldsymbol{b})\boldsymbol{c}-(\boldsymbol{a}\cdot\boldsymbol{c})\boldsymbol{b}$；　(2) $(\boldsymbol{a}+\boldsymbol{b})\times(\boldsymbol{b}+\boldsymbol{c})$；

(3) $(\boldsymbol{a}\times\boldsymbol{b})\cdot\boldsymbol{c}$.

11. 已知向量 $\overrightarrow{OA}=(1,0,3)$，$\overrightarrow{OB}=(0,1,3)$，求 $\triangle OAB$ 的面积.

12. 试用向量证明：在一个圆中，直径所对的圆周角是直角.

13. 设 $\boldsymbol{a},\boldsymbol{b},\boldsymbol{c}$ 都是单位向量，且满足 $\boldsymbol{a}+\boldsymbol{b}+\boldsymbol{c}=\boldsymbol{0}$，证明：

$$\boldsymbol{a}\cdot\boldsymbol{b}+\boldsymbol{b}\cdot\boldsymbol{c}+\boldsymbol{c}\cdot\boldsymbol{a}=-\frac{3}{2}.$$

14. 设向量 $\boldsymbol{a}=(a_x,a_y,a_z)$，$\boldsymbol{b}=(b_x,b_y,b_z)$，$\boldsymbol{c}=(c_x,c_y,c_z)$，证明：

(1) $(\boldsymbol{a}\times\boldsymbol{b})\cdot\boldsymbol{c}=\begin{vmatrix} a_x & a_y & a_z \\ b_x & b_y & b_z \\ c_x & c_y & c_z \end{vmatrix}$；

(2) 向量 $\boldsymbol{a},\boldsymbol{b},\boldsymbol{c}$ 共面的充要条件是：$\begin{vmatrix} a_x & a_y & a_z \\ b_x & b_y & b_z \\ c_x & c_y & c_z \end{vmatrix}=0$.

§7.3　空间平面与直线

一、平面及其方程

垂直于平面的非零向量称为该平面的**法向量**. 显然，一平面上的任一向量都垂直于该平面的法向量.

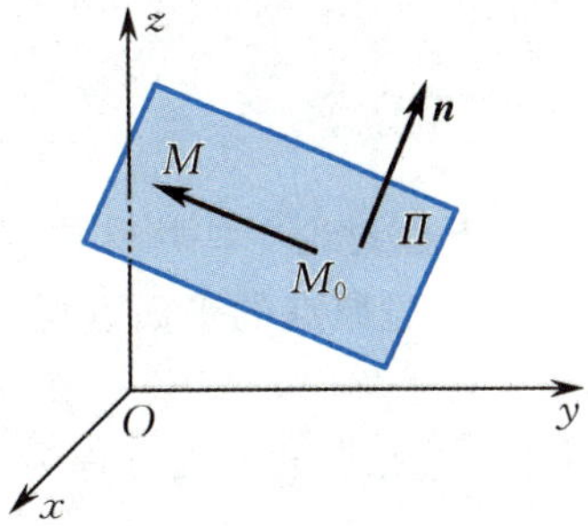

图 7-3-1

已知平面 Π 上一点 $M_0(x_0,y_0,z_0)$ 和它的法向量 $\boldsymbol{n}=(A,B,C)$，下面来建立平面 Π 的方程.

设 $M(x,y,z)$ 是平面 Π 上任一异于 M_0 的点，那么向量 $\overrightarrow{M_0M}$ 必垂直于它的法向量 $\boldsymbol{n}$（见图 7-3-1），从而它们的数量积等于零，即 $\boldsymbol{n}\cdot\overrightarrow{M_0M}=0$. 又因为

$$\overrightarrow{M_0M}=(x-x_0,y-y_0,z-z_0),$$
$$\boldsymbol{n}=(A,B,C),$$

所以

$$A(x-x_0)+B(y-y_0)+C(z-z_0)=0. \tag{7-3-1}$$

方程(7-3-1)就是平面 Π 的方程，称为该平面的**点法式方程**.

将方程(7-3-1)化简，得

$$Ax+By+Cz+D=0, \tag{7-3-2}$$

其中 $D=-Ax_0-By_0-Cz_0$. 由此我们知道,任何平面都可以用一个三元一次方程来表示.

反过来,任意给定一个三元一次方程(7-3-2),我们取满足它的一组解 x_0,y_0,z_0,则

$$Ax_0+By_0+Cz_0+D=0. \tag{7-3-3}$$

用方程(7-3-2)减去方程(7-3-3),得

$$A(x-x_0)+B(y-y_0)+C(z-z_0)=0. \tag{7-3-4}$$

由于方程(7-3-4)表示过点 $M_0(x_0,y_0,z_0)$,且以 $\boldsymbol{n}=(A,B,C)$ 为法向量的平面,而方程(7-3-2)与方程(7-3-4)同解,因此任何一个三元一次方程(7-3-2)都表示一个平面. 方程(7-3-2)称为平面的**一般方程**.

注:给出平面 Π:$Ax+By+Cz+D=0$,应熟记向量 $\boldsymbol{n}=(A,B,C)$ 是平面 Π 的一个法向量.

例 1 已知平面 Π 过点 $A(1,0,0)$,$B(0,2,0)$,$C(0,0,3)$(见图 7-3-2),求平面 Π 的方程.

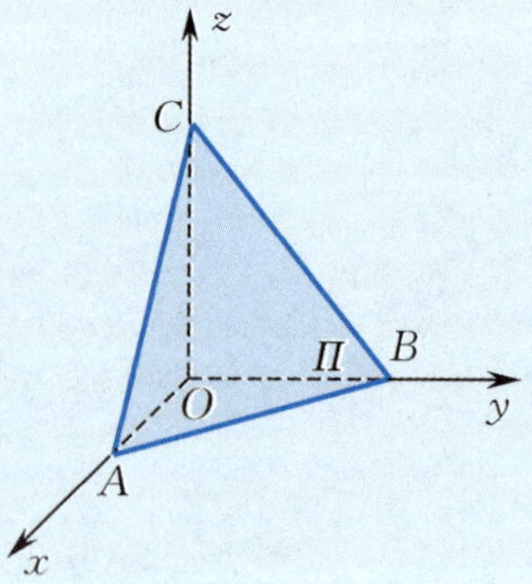

图 7-3-2

解 因为向量 $\overrightarrow{AB}\times\overrightarrow{AC}$ 垂直于平面 Π,所以 $\overrightarrow{AB}\times\overrightarrow{AC}$ 可作为平面 Π 的法向量. 由于 $\overrightarrow{AB}=(-1,2,0)$,$\overrightarrow{AC}=(-1,0,3)$,因此

$$\overrightarrow{AB}\times\overrightarrow{AC}=\begin{vmatrix}\boldsymbol{i}&\boldsymbol{j}&\boldsymbol{k}\\-1&2&0\\-1&0&3\end{vmatrix}=(6,3,2).$$

由平面的点法式方程知,平面 Π 的方程为

$$6(x-1)+3(y-0)+2(z-0)=0,$$

即

$$6x+3y+2z-6=0 \quad 或 \quad x+\frac{y}{2}+\frac{z}{3}=1.$$

例 2 求过点 $A(2,-1,4)$,且与平面 $14x+9y-z=1$ 平行的平面 Π 的方程.

解 由于平面 $14x+9y-z=1$ 的法向量为 $\boldsymbol{n}=(14,9,-1)$,而所求的平面 Π 平行于平面 $14x+9y-z=1$,因此 $\boldsymbol{n}=(14,9,-1)$ 可以作为平面 Π 的法向量. 由平面的点法式方程知,所求平面 Π 的方程为

$$14(x-2)+9(y+1)-(z-4)=0,$$

即

$$14x+9y-z-15=0.$$

下面讨论一些特殊位置的平面方程:

1) 过原点的平面方程

若平面 $Ax+By+Cz+D=0$ 过原点 $O(0,0,0)$,将原点的坐标代入该方程,得 $D=0$. 所以,过原点的平面方程为

$$Ax+By+Cz=0.$$

2) 平行于坐标轴的平面方程

若平面 $Ax+By+Cz+D=0$ 平行于 x 轴,则其法向量 $\boldsymbol{n}=(A,B,C)$ 垂直于向量 $\boldsymbol{i}=(1,0,0)$,从而 $1A+0B+0C=0$,得 $A=0$. 故平行于 x 轴的平面方程为

$$By+Cz+D=0.$$

类似可得,平行于 y 轴、z 轴的平面方程分别为

$$Ax + Cz + D = 0,\quad Ax + By + D = 0.$$

3) 过坐标轴的平面方程

由于过 x 轴的平面必平行于 x 轴，因此该平面方程为 $By + Cz + D = 0$. 又因为过 x 轴的平面必过原点，所以 $D = 0$. 故过 x 轴的平面方程为

$$By + Cz = 0.$$

类似可得，过 y 轴，z 轴的平面方程分别为

$$Ax + Cz = 0,\quad Ax + By = 0.$$

(4) 垂直于坐标轴的平面方程.

如果一平面垂直于 x 轴，则该平面必平行于 y 轴和 z 轴，故 $B = C = 0$. 所以，垂直于 x 轴的平面方程为

$$Ax + D = 0.$$

类似可得，垂直于 y 轴、z 轴的平面方程分别为

$$By + D = 0,\quad Cz + D = 0.$$

例 3　求过 x 轴及点 $(4, -3, -1)$ 的平面方程.

解　由于所求平面过 x 轴，因此可设所求平面方程为

$$By + Cz = 0.$$

将点 $(4, -3, -1)$ 代入该方程，得

$$-3B - C = 0,$$

即 $C = -3B$. 将 $C = -3B$ 代入方程 $By + Cz = 0$ 并约去 $B(B \neq 0)$，得所求平面方程为

$$y - 3z = 0.$$

二、空间直线的方程

在平面解析几何中，过一个定点且平行于已知直线的直线是可以确定的. 在空间解析几何中，也是一样的.

如果一个非零向量平行于一条已知直线，则称这个向量为这条直线的**方向向量**. 根据定义知道，一条直线的方向向量有无穷多个.

已知直线 L 过点 $M_0(x_0, y_0, z_0)$，且其方向向量为 $\boldsymbol{s} = (m, n, p)$，下面来建立直线 L 的方程.

设点 $M(x, y, z)(\neq M_0(x_0, y_0, z_0))$ 是直线 L 上的任一点，那么向量 $\overrightarrow{M_0M}$ 与直线 L 的方向向量 $\boldsymbol{s}$ 平行(见图 7-3-3)，所以两向量的对应坐标成比例. 又因为

$$\overrightarrow{M_0M} = (x - x_0, y - y_0, z - z_0),$$

$$\boldsymbol{s} = (m, n, p),$$

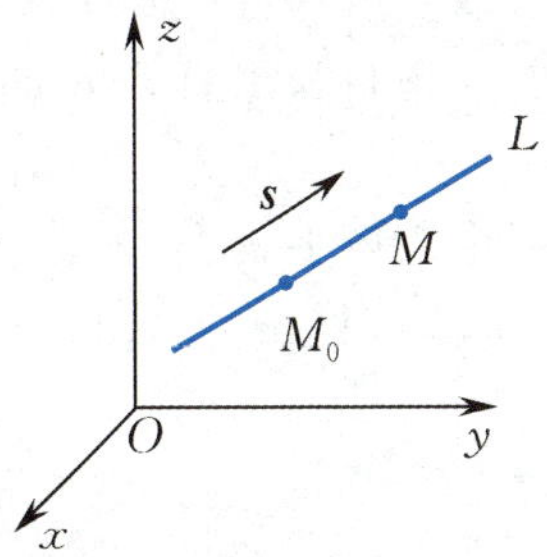

图 7-3-3

所以直线 L 的方程为

$$\frac{x - x_0}{m} = \frac{y - y_0}{n} = \frac{z - z_0}{p}. \tag{7-3-5}$$

方程(7-3-5)称为直线 L 的**点向式方程**(或**对称式方程**).

注:(1) 当 m,n,p 中有一个为零,例如 $m=0$,而 $np\neq 0$ 时,方程(7-3-5)应理解为

$$\begin{cases} x-x_0=0, \\ \dfrac{y-y_0}{n}=\dfrac{z-z_0}{p}; \end{cases}$$

(2) 当 m,n,p 中有两个为零,例如 $m=n=0$,而 $p\neq 0$ 时,方程(7-3-5)应理解为

$$\begin{cases} x-x_0=0, \\ y-y_0=0. \end{cases}$$

如果设

$$\frac{x-x_0}{m}=\frac{y-y_0}{n}=\frac{z-z_0}{p}=t,$$

则可导出直线 L 的**参数方程**为

$$\begin{cases} x=x_0+mt, \\ y=y_0+nt, \quad (t\text{ 为参数}). \\ z=z_0+pt \end{cases} \tag{7-3-6}$$

我们知道,空间两个相交的平面 Π_1 和 Π_2 的交线是一条直线 L. 设 Π_1 和 Π_2 的方程分别为

$$A_1x+B_1y+C_1z+D_1=0 \quad 和 \quad A_2x+B_2y+C_2z+D_2=0.$$

将它们联立得到的方程组

$$\begin{cases} A_1x+B_1y+C_1z+D_1=0, \\ A_2x+B_2y+C_2z+D_2=0 \end{cases} \tag{7-3-7}$$

称为空间直线 L 的**一般方程**.

例 4 将下面直线 L 的一般方程写成对称式方程和参数方程:

$$L:\begin{cases} x+y+z+2=0, \\ 2x-y+3z+4=0. \end{cases}$$

解 先在直线 L 上找出一点 (x_0,y_0,z_0). 取 $z_0=0$,代入直线 L 的一般方程,得

$$\begin{cases} x+y+2=0, \\ 2x-y+4=0. \end{cases}$$

解上面的二元一次方程组,得

$$x_0=-2, \quad y_0=0.$$

故 $(-2,0,0)$ 是直线 L 上的一点.

再找出直线 L 的一个方向向量 $\boldsymbol{s}$. 已知直线 L 是下面两平面的交线:

$$\Pi_1: x+y+z+2=0, \quad \Pi_2: 2x-y+3z+4=0.$$

由于两平面的交线与这两平面的法向量都垂直,而 Π_1 与 Π_2 的法向量分别为 $\boldsymbol{n}_1=(1,1,1)$, $\boldsymbol{n}_2=(2,-1,3)$,因此直线 L 的方向向量可取为

$$\boldsymbol{s}=\boldsymbol{n}_1\times\boldsymbol{n}_2=\begin{vmatrix} \boldsymbol{i} & \boldsymbol{j} & \boldsymbol{k} \\ 1 & 1 & 1 \\ 2 & -1 & 3 \end{vmatrix}=(4,-1,-3).$$

故直线 L 的对称式方程为

$$\frac{x+2}{4}=\frac{y}{-1}=\frac{z}{-3}.$$

若令

$$\frac{x+2}{4}=\frac{y}{-1}=\frac{z}{-3}=t,$$

则得直线 L 的参数方程为

$$\begin{cases}x=-2+4t,\\ y=-t,\\ z=-3t.\end{cases}$$

三、平面之间、直线之间及直线与平面之间的位置关系

1. 两平面的夹角

两平面的法向量(不考虑方向)所成的不超过 $\frac{\pi}{2}$ 的角称为**两平面的夹角**.

设平面 Π_1 和 Π_2 的法向量分别为

$$\boldsymbol{n}_1=(A_1,B_1,C_1)\quad 和\quad \boldsymbol{n}_2=(A_2,B_2,C_2),$$

动画

那么 Π_1 和 Π_2 的夹角 θ(见图 7-3-4) 应是 $(\widehat{\boldsymbol{n}_1,\boldsymbol{n}_2})$ 和 $(\widehat{-\boldsymbol{n}_1,\boldsymbol{n}_2})=\pi-(\widehat{\boldsymbol{n}_1,\boldsymbol{n}_2})$ 中的锐角,所以

$$\cos\theta=|\cos(\widehat{\boldsymbol{n}_1,\boldsymbol{n}_2})|.$$

于是,根据两向量夹角的余弦公式,平面 Π_1 和 Π_2 的夹角 θ 由下式确定:

$$\cos\theta=\frac{|A_1A_2+B_1B_2+C_1C_2|}{\sqrt{A_1^2+B_1^2+C_1^2}\cdot\sqrt{A_2^2+B_2^2+C_2^2}}.\qquad(7-3-8)$$

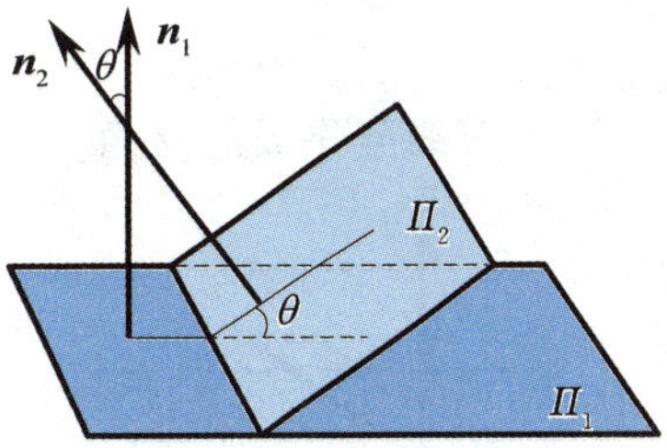

图 7-3-4

根据两个向量垂直、平行的充要条件可推得下列结论:

平面 Π_1 和 Π_2 互相垂直 $\Leftrightarrow A_1A_2+B_1B_2+C_1C_2=0$;

平面 Π_1 和 Π_2 互相平行 $\Leftrightarrow \frac{A_1}{A_2}=\frac{B_1}{B_2}=\frac{C_1}{C_2}$.

例 5　求平面 $x-y+2z-5=0$ 与平面 $2x+y+z-3=0$ 的夹角.

解　由于这两个平面的法向量分别为 $\boldsymbol{n}_1=(1,-1,2)$ 和 $\boldsymbol{n}_2=(2,1,1)$,因此由公式(7-3-8)得

$$\cos\theta=\frac{|1\times2+(-1)\times1+2\times1|}{\sqrt{1^2+(-1)^2+2^2}\cdot\sqrt{2^2+1^2+1^2}}=\frac{1}{2}.$$

所以,这两个平面的夹角为 $\theta=\frac{\pi}{3}$.

2. 两直线的夹角

两直线的方向向量(不考虑方向)所成的不超过 $\frac{\pi}{2}$ 的角称为**两直线的夹角**.

设直线 L_1 和 L_2 的方向向量分别为

$$\boldsymbol{s}_1=(m_1,n_1,p_1)\quad 和\quad \boldsymbol{s}_2=(m_2,n_2,p_2),$$

那么 L_1 和 L_2 的夹角 θ 应是 $(\widehat{\boldsymbol{s}_1,\boldsymbol{s}_2})$ 和 $(\widehat{-\boldsymbol{s}_1,\boldsymbol{s}_2}) = \pi - (\widehat{\boldsymbol{s}_1,\boldsymbol{s}_2})$ 中的锐角，所以 $\cos\theta = |\cos(\widehat{\boldsymbol{s}_1,\boldsymbol{s}_2})|$. 于是，根据两向量夹角的余弦公式，直线 L_1 和 L_2 的夹角 θ 由下式确定：

$$\cos\theta = \frac{|m_1m_2 + n_1n_2 + p_1p_2|}{\sqrt{m_1^2+n_1^2+p_1^2}\cdot\sqrt{m_2^2+n_2^2+p_2^2}}. \quad (7-3-9)$$

根据两个向量垂直、平行的充要条件可推得下列结论：

直线 L_1 和 L_2 互相垂直 $\Leftrightarrow m_1m_2 + n_1n_2 + p_1p_2 = 0$；

直线 L_1 和 L_2 互相平行 $\Leftrightarrow \dfrac{m_1}{m_2} = \dfrac{n_1}{n_2} = \dfrac{p_1}{p_2}$.

例 6 求直线 $L_1:\dfrac{x-1}{1} = \dfrac{y+2}{-4} = \dfrac{z}{1}$ 和直线 $L_2:\dfrac{x+1}{2} = \dfrac{y}{-2} = \dfrac{z-1}{-1}$ 的夹角.

解 设直线 L_1 和 L_2 的夹角为 θ. 由已知条件知，直线 L_1 和 L_2 的方向向量分别为 $\boldsymbol{s}_1 = (1,-4,1)$ 和 $\boldsymbol{s}_2 = (2,-2,-1)$. 于是，由公式(7-3-9)得

$$\cos\theta = \frac{|1\times2+(-4)\times(-2)+1\times(-1)|}{\sqrt{1^2+(-4)^2+1^2}\cdot\sqrt{2^2+(-2)^2+(-1)^2}} = \frac{\sqrt{2}}{2}.$$

所以，这两条直线的夹角为 $\theta = \dfrac{\pi}{4}$.

3. 直线与平面的夹角

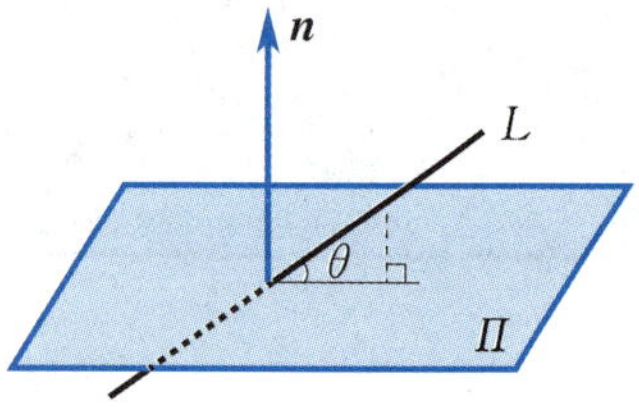

图 7-3-5

当直线与平面不垂直时，直线和它在平面上的投影直线的夹角 $\theta\left(0 \leqslant \theta < \dfrac{\pi}{2}\right)$ 称为**直线与平面的夹角**（见图 7-3-5）. 当直线与平面垂直时，规定直线与平面的夹角为 $\theta = \dfrac{\pi}{2}$.

设直线 L 的方向向量为 $\boldsymbol{s} = (m,n,p)$，平面 Π 的法向量为 $\boldsymbol{n} = (A,B,C)$，直线 L 与平面 Π 的夹角为 θ，则

$$\cos\left(\frac{\pi}{2}-\theta\right) = |\cos(\widehat{\boldsymbol{n},\boldsymbol{s}})| = \frac{|\boldsymbol{n}\cdot\boldsymbol{s}|}{|\boldsymbol{n}|\,|\boldsymbol{s}|},$$

从而

$$\sin\theta = \frac{|Am+Bn+Cp|}{\sqrt{A^2+B^2+C^2}\cdot\sqrt{m^2+n^2+p^2}}. \quad (7-3-10)$$

因为直线与平面平行相当于直线的方向向量垂直于平面的法向量，所以直线与平面平行的充要条件是：

$$Am + Bn + Cp = 0.$$

因为直线与平面垂直相当于直线的方向向量平行于平面的法向量，所以直线与平面垂直的充要条件是：

$$\frac{A}{m} = \frac{B}{n} = \frac{C}{p}.$$

例 7 设 $P_0(x_0,y_0,z_0)$ 是平面 $\Pi: Ax+By+Cz+D=0$ 外一点，求点 P_0 到平面 Π 的距离.

解　在平面 Π 上任取一点 $P_1(x_1,y_1,z_1)$，并作平面 Π 的法向量 $\boldsymbol{n}$(见图 7-3-6). 考虑到 $\overrightarrow{P_1P_0}$ 与 $\boldsymbol{n}$ 的夹角可能是钝角，故所求的距离为

$$d=\left|\mathrm{Prj}_{\boldsymbol{n}}\overrightarrow{P_1P_0}\right|=\left|\frac{\boldsymbol{n}\cdot\overrightarrow{P_1P_0}}{|\boldsymbol{n}|}\right|$$

$$=\frac{\left|\boldsymbol{n}\cdot\overrightarrow{P_1P_0}\right|}{|\boldsymbol{n}|}.$$

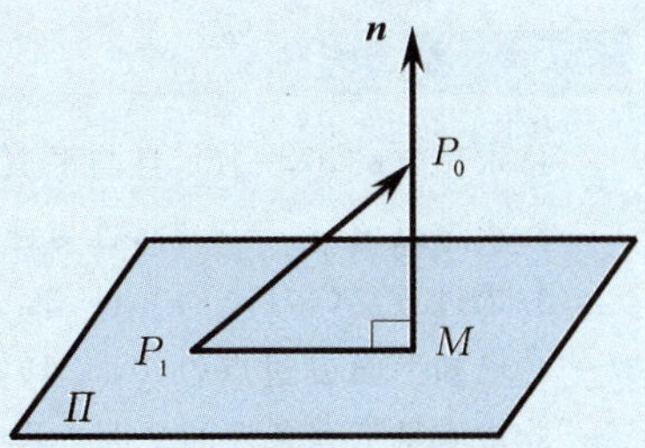

图 7-3-6

由于

$$\overrightarrow{P_1P_0}=(x_0-x_1,y_0-y_1,z_0-z_1),\quad \boldsymbol{n}=(A,B,C),$$

因此

$$\begin{aligned}\boldsymbol{n}\cdot\overrightarrow{P_1P_0}&=A(x_0-x_1)+B(y_0-y_1)+C(z_0-z_1)\\&=(Ax_0+By_0+Cz_0)-(Ax_1+By_1+Cz_1).\end{aligned}$$

因为 $P_1(x_1,y_1,z_1)$ 在平面 Π 上，所以 $Ax_1+By_1+Cz_1=-D$. 代入上式，得

$$\boldsymbol{n}\cdot\overrightarrow{P_1P_0}=Ax_0+By_0+Cz_0+D,$$

从而

$$d=\frac{\left|\boldsymbol{n}\cdot\overrightarrow{P_1P_0}\right|}{|\boldsymbol{n}|}=\frac{|Ax_0+By_0+Cz_0+D|}{\sqrt{A^2+B^2+C^2}}.\qquad(7-3-11)$$

公式(7-3-11)称为**点到平面的距离公式**.

例 8　求过点 $A(2,1,3)$，且与直线 l: $\frac{x+1}{1}=\frac{y-1}{2}=\frac{z}{-1}$ 垂直相交的直线方程.

解　先求过点 A 且与直线 l 垂直的平面 Π. 易知，Π 的方程为

$$1(x-2)+2(y-1)-(z-3)=0,$$

即

$$x+2y-z-1=0.$$

再把直线 l 写成参数方程形式，即

$$\begin{cases}x=-1+t,\\y=1+2t,\\z=-t.\end{cases}$$

将直线 l 的参数方程代入平面 Π 的方程 $x+2y-z-1=0$，得

$$(-1+t)+2(1+2t)+t-1=0,$$

解得 $t=0$. 代入直线 l 的参数方程，得平面 Π 与直线 l 的交点为 $B(-1,1,0)$，从而求得

$$\overrightarrow{BA}=(2-(-1),1-1,3-0)=(3,0,3).$$

显然，过 A,B 两点的直线方程即为所求直线方程：

$$\frac{x+1}{3}=\frac{y-1}{0}=\frac{z}{3},$$

即

$$\begin{cases}y=1,\\x-z+1=0.\end{cases}$$

练习 7.3

1. 求过点$(3,0,-1)$,且与平面 $3x-7y+5z+7=0$ 平行的平面方程.

2. 求过点 $A(1,-2,3)$,且与连接原点及点 A 的线段 OA 垂直的平面方程.

3. 求过三点$(1,1,-1)$,$(-2,-2,2)$,$(1,-1,2)$ 的平面方程.

4. 已知平面 Π 过点$(1,0,-1)$,且平行于向量 $\boldsymbol{a}=(2,1,1)$,$\boldsymbol{b}=(1,-1,0)$,求平面 Π 的方程.

5. 求满足下列条件的平面方程:

(1) 平行于 xOy 面,且过点$(1,-6,2)$;

(2) 过 z 轴和点$(-3,1,5)$;

(3) 平行于 x 轴,且经过两点$(4,0,-2)$,$(5,1,7)$.

6. 求平面 $2x-2y+z+5=0$ 与各坐标面的夹角余弦.

7. 求点$(2,1,1)$ 到平面 $x+y-z+1=0$ 的距离.

8. 求过点$(2,-1,3)$,且平行于直线$\dfrac{x-1}{2}=\dfrac{y-5}{1}=\dfrac{z}{3}$ 的直线方程.

9. 求过点 $A(3,-2,1)$ 和 $B(-1,0,2)$ 的直线方程.

10. 用对称式方程及参数方程表示直线

$$l:\begin{cases}x-y+z=1,\\2x+y+z=4.\end{cases}$$

11. 求过点$(2,0,-1)$,且与直线

$$l:\begin{cases}x-2y+4z-3=0,\\3x+5y-2z-1=0\end{cases}$$

垂直的平面方程.

12. 求过点$(1,0,-1)$,且与两平面 $x+2z=1$ 和 $y-3z=2$ 都平行的直线方程.

13. 试确定下列各组中的直线与平面间的关系:

(1) $\dfrac{x-1}{-2}=\dfrac{y+3}{-7}=\dfrac{z}{3}$ 和 $4x-2y-2z=1$;

(2) $\dfrac{x+1}{1}=\dfrac{y-3}{-2}=\dfrac{z}{3}$ 和 $2x-4y+6z=3$;

(3) $\dfrac{x-2}{2}=\dfrac{y+1}{1}=\dfrac{z-1}{-3}$ 和 $x+y+z=2$.

§7.4 空间曲面与曲线

一、旋转曲面

平面上的曲线 C 绕着该平面内的一定直线 l 旋转一周所形成的曲面,称为**旋转曲面**.曲线 C 称为该旋转曲面的**母线**,直线 l 称为该旋转曲面的**旋转轴**.

设 yOz 面上有一已知曲线

$$C:\begin{cases}f(y,z)=0,\\x=0,\end{cases}$$

它绕 z 轴旋转一周就得到一个以 z 轴为旋转轴的旋转曲面(见图 7-4-1). 现在来求这个旋转曲面方程.

在上述旋转曲面上任取一点 $M(x,y,z)$,过 M 作垂直于 z 轴的平面,设该平面与 z 轴交于点 $P(0,0,z_1)$,与曲线 C 交于点 $M_0(0,y_0,z_0)$,则

$$z=z_1=z_0.$$

因为 M,M_0 两点在以 P 为圆心的圆周上,所以 $|PM|=|PM_0|$. 故

$$\sqrt{x^2+y^2}=|y_0|,$$

从而

$$y_0=\pm\sqrt{x^2+y^2}.$$

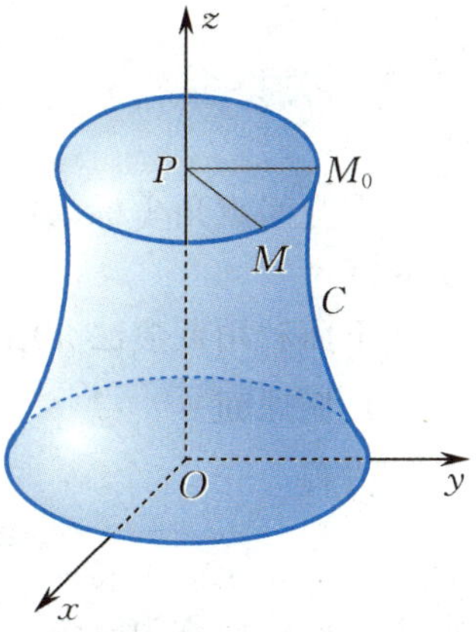

图 7-4-1

而点 M_0 在曲线 C 上,故 $f(y_0,z_0)=0$. 将 $y_0=\pm\sqrt{x^2+y^2}$,$z_0=z$ 代入 $f(y_0,z_0)=0$,得所求旋转曲面方程为

$$f(\pm\sqrt{x^2+y^2},z)=0. \tag{7-4-1}$$

由此可知,在曲线 C 的方程 $f(y,z)=0$ 中,将 y 换成 $\pm\sqrt{x^2+y^2}$,z 不变,便得到曲线 C 绕 z 轴旋转一周所成的旋转曲面方程.

类似可求得曲线 C 绕 y 轴旋转一周所成的旋转曲面方程为

$$f(y,\pm\sqrt{x^2+z^2})=0. \tag{7-4-2}$$

类似地,可以讨论 xOy 面上的曲线绕 x 轴或 y 轴旋转一周,或者 zOx 面上的曲线绕 x 轴或 z 轴旋转一周所成的旋转曲面的方程.

例 1 直线 L 绕另一条与 L 相交的直线旋转一周所得的旋转曲面,称为**圆锥面**(见图 7-4-2). 试求 yOz 面上的直线 $z=ky(k\neq 0)$ 绕 z 轴旋转一周所得的圆锥面方程.

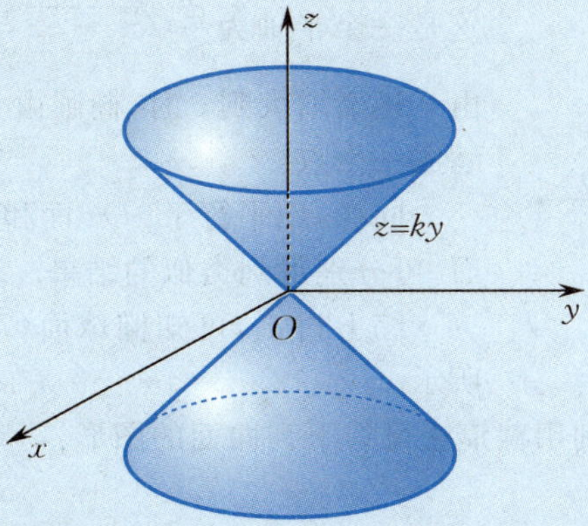

图 7-4-2

解 由公式(7-4-1)得所求圆锥面方程为

$$z=k(\pm\sqrt{x^2+y^2}),$$

即

$$z^2=k^2(x^2+y^2)\quad (k\neq 0).$$

二、二次曲面

在空间直角坐标系中,我们把三元二次方程所表示的曲面称为二次曲面,把平面称为一次曲面.

下面利用截痕法介绍几个特殊的曲面.

1. 椭球面

方程

$$\frac{x^2}{a^2}+\frac{y^2}{b^2}+\frac{z^2}{c^2}=1\quad(a>0,b>0,c>0)\tag{7-4-3}$$

所表示的曲面称为椭球面.

由方程(7-4-3)可知

$$\frac{x^2}{a^2}\leqslant 1,\quad \frac{y^2}{b^2}\leqslant 1,\quad \frac{z^2}{c^2}\leqslant 1,$$

即

$$|x|\leqslant a,\quad |y|\leqslant b,\quad |z|\leqslant c.$$

这说明,椭球面(7-4-3)完全包含在 $x=\pm a,y=\pm b,z=\pm c$ 这六个平面所围成的长方体内. a,b,c 称为该椭球面的半轴.

用三个坐标面去截这个椭球面得到的截痕都是椭圆,它们的方程分别为

$$\begin{cases}\dfrac{x^2}{a^2}+\dfrac{y^2}{b^2}=1,\\ z=0;\end{cases}\quad \begin{cases}\dfrac{y^2}{b^2}+\dfrac{z^2}{c^2}=1,\\ x=0;\end{cases}\quad \begin{cases}\dfrac{x^2}{a^2}+\dfrac{z^2}{c^2}=1,\\ y=0.\end{cases}$$

用平行于 xOy 面的平面 $z=k(|k|\leqslant c)$ 去截上述椭球面,得到的交线方程为

$$\begin{cases}\dfrac{x^2}{\frac{a^2}{c^2}(c^2-k^2)}+\dfrac{y^2}{\frac{b^2}{c^2}(c^2-k^2)}=1,\\ z=k.\end{cases}$$

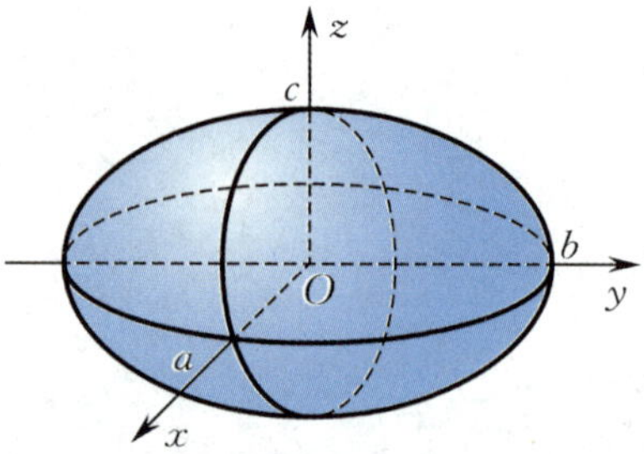

图 7-4-3

这是一个半轴为 $\frac{a}{c}\sqrt{c^2-k^2}$ 与 $\frac{b}{c}\sqrt{c^2-k^2}$ 的椭圆. 当 $|k|$ 由 0 逐渐增大到 c 时,椭圆由大变小,最后(当 $|k|=c$ 时)缩成一个点.

同样,用平行于 yOz 面和 zOx 面的平面去截上述椭球面,可分别得到类似的结果.

综上讨论,可知椭球面(7-4-3)的图形如图 7-4-3 所示.

同椭球面的分析类似,利用截痕法可得下列曲面的图形:

2. 椭圆抛物面

方程

$$z=\frac{x^2}{2p}+\frac{y^2}{2q}\quad(p\text{ 与 }q\text{ 同号})$$

所表示的曲面称为椭圆抛物面.

对如图 7-4-4(a) 所示的椭圆抛物面($p>0,q>0$),用平行于 xOy 面的平面 $z=k(k>0)$ 去截这个曲面得到的截痕是椭圆(该曲面与 xOy 面的交点为原点);用平行于 yOz

面和 zOx 面的平面去截这个曲面得到的截痕为抛物线.

3. 双曲抛物面(马鞍面)

方程

$$\frac{x^2}{a^2}-\frac{y^2}{b^2}=z \quad (a>0,b>0)$$

所表示的曲面称为**双曲抛物面**或**马鞍面**,它的图形如图 7-4-4(b) 所示.

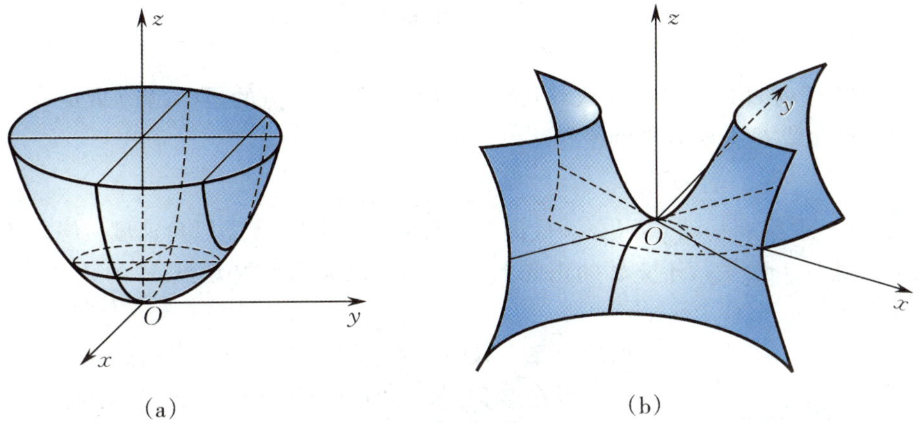

图 7-4-4

4. 单叶双曲面

方程

$$\frac{x^2}{a^2}+\frac{y^2}{b^2}-\frac{z^2}{c^2}=1 \quad (a>0,b>0,c>0)$$

所表示的曲面称为**单叶双曲面**,它的图形如图 7-4-5(a) 所示.

5. 双叶双曲面

方程

$$\frac{x^2}{a^2}+\frac{y^2}{b^2}-\frac{z^2}{c^2}=-1 \quad (a>0,b>0,c>0)$$

所表示的曲面称为**双叶双曲面**,它的图形如图 7-4-5(b) 所示.

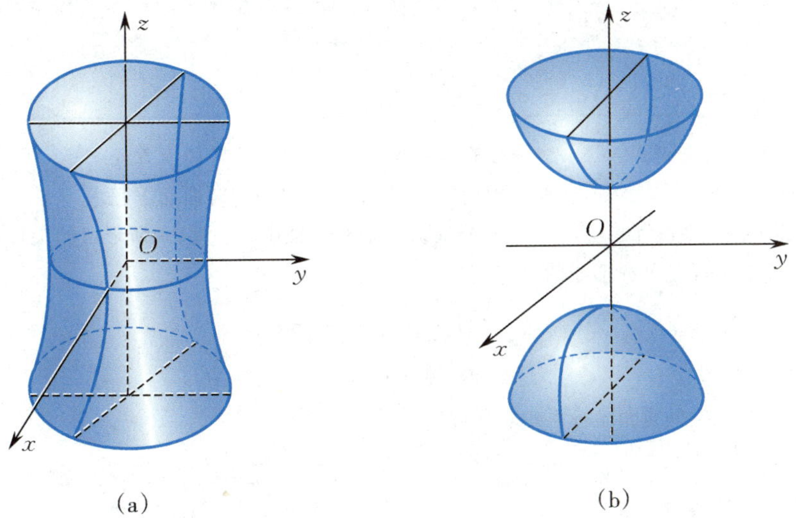

图 7-4-5

三、曲线的参数方程

空间曲线 C 除了可用一般方程(两曲面的交线)表示外,还可以用参数方程表示.如果将曲线 C 上的动点坐标 x,y,z 表示为参数 t 的函数:

$$\begin{cases} x = x(t), \\ y = y(t), \quad (t_1 \leqslant t \leqslant t_2), \\ z = z(t) \end{cases} \tag{7-4-4}$$

则当 t 取一个定值时,由(7-4-4)式就可得到曲线 C 上一个点的坐标;当 t 取遍$[t_1,t_2]$上所有值时,就得到曲线 C 上所有点的坐标.

例 2 设空间一动点 M 在圆柱面 $x^2+y^2=a^2(a>0)$ 上以角速度 ω 绕 z 轴旋转,同时又以线速度 v 沿平行于 z 轴的正向上升(ω,v 都是常数),则动点 M 的轨迹称为**螺旋线**.试求螺旋线方程.

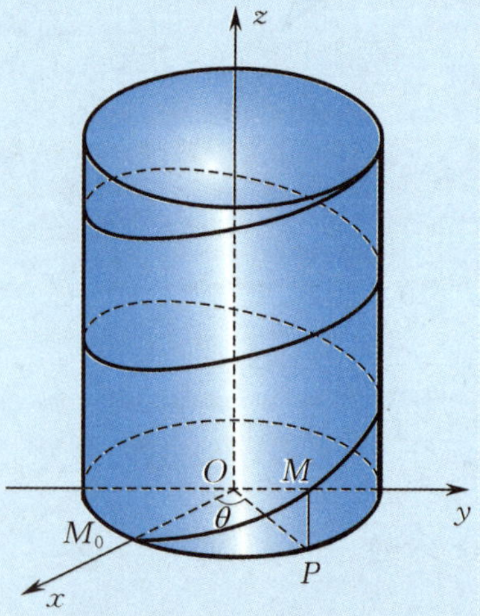

图 7-4-6

解 取时间 t 为参数,设运动开始时($t=0$)动点 M 的位置在点 $M_0(a,0,0)$,经过时间 t,动点 M 在点(x,y,z)处(见图 7-4-6),它在 xOy 面上的投影为 $P(x,y,0)$.因为 $\angle M_0OP=\omega t$,所以螺旋线的参数方程为

$$\begin{cases} x = a\cos\omega t, \\ y = a\sin\omega t, \\ z = vt. \end{cases}$$

令 $\theta=\omega t$,把 θ 当作参数,则螺旋线的参数方程为

$$\begin{cases} x = a\cos\theta, \\ y = a\sin\theta, \\ z = b\theta, \end{cases}$$

其中 $b=\dfrac{v}{\omega}$.

练习 7.4

1. 将 zOx 面上的抛物线 $z^2=3x$ 绕 x 轴旋转一周,求所形成的旋转曲面方程.
2. 将 zOx 面上的圆 $x^2+z^2=25$ 绕 z 轴旋转一周,求所形成的旋转曲面方程.
3. 将 xOy 面上的双曲线 $4x^2-5y^2=20$ 分别绕 x 轴及 y 轴旋转一周,求所形成的旋转曲面方程.
4. 说明下列旋转曲面是怎样形成的:

(1) $\dfrac{x^2}{4}+\dfrac{y^2}{6}+\dfrac{z^2}{6}=1$; (2) $x^2-\dfrac{y^2}{9}+z^2=1$;

(3) $x^2-y^2-z^2=1$; (4) $(z-1)^2=x^2+y^2$.

5. 指出下列方程在空间直角坐标系中表示哪种图形:

(1) $x^2+y^2+z^2=1$; (2) $x^2+y^2-3z=0$;

(3) $x^2-y^2=0$; (4) $x^2+y^2=0$;

(5) $xyz=0$; (6) $y-2z=0$;

(7) $x^2-3x+2=0$;　　(8) $4x^2+5y^2=20$;

(9) $x^2-y^2=1$;　　(10) $z^2=x^2+y^2$.

6. 画出下列方程所表示的曲面图形：

(1) $\frac{x^2}{4}+\frac{y^2}{9}=z$;　　(2) $9x^2+4y^2-z^2=36$.

7. 指出曲线

$$C:\begin{cases}y^2+z^2-2x=0,\\ z=3\end{cases}$$

是什么曲线，并求曲线 C 在 xOy 面上的投影曲线方程.

习　题　7

(A)

1. 在 y 轴上求与点 $A(1,-3,7)$ 和点 $B(5,7,-5)$ 距离相等的点.

2. 试用向量证明：三角形任意两边中点的连线均平行于第三边，且其长度等于第三边长度的一半.

3. 设向量 $\boldsymbol{a}=(3,-5,8)$，$\boldsymbol{b}=(-1,1,z)$，且满足 $|\boldsymbol{a}+\boldsymbol{b}|=|\boldsymbol{a}-\boldsymbol{b}|$，求 z.

4. 设向量 $\boldsymbol{a},\boldsymbol{b}$ 满足 $|\boldsymbol{a}|=\sqrt{3}$，$|\boldsymbol{b}|=1$，$(\widehat{\boldsymbol{a},\boldsymbol{b}})=\frac{\pi}{6}$. 令 $\boldsymbol{m}=\boldsymbol{a}+\boldsymbol{b}$，$\boldsymbol{n}=\boldsymbol{a}-\boldsymbol{b}$，求 $\cos(\widehat{\boldsymbol{m},\boldsymbol{n}})$.

5. 设向量 $\boldsymbol{a},\boldsymbol{b}$ 满足 $|\boldsymbol{a}|=4$，$|\boldsymbol{b}|=3$，$(\widehat{\boldsymbol{a},\boldsymbol{b}})=\frac{\pi}{6}$，求以 $\boldsymbol{a}+2\boldsymbol{b}$ 和 $\boldsymbol{a}-3\boldsymbol{b}$ 为边的平行四边形的面积.

6. 已知平面 Π 过点 $A(1,1,1)$ 和点 $B(0,1,-1)$，且垂直于平面 $x+y+z=0$，求平面 Π 的方程.

7. 求与平面 $x-4z=3$ 和 $2x-y-5z=1$ 的交线平行，且过点 $(2,-1,3)$ 的直线方程.

(B)

1. 已知直线 $L:\frac{x-2}{1}=\frac{y-3}{1}=\frac{z-4}{2}$ 与平面 $\Pi:2x+y+z-6=0$，求：

(1) 直线 L 与平面 Π 的交点；

(2) 直线 L 在平面 Π 上的投影直线方程.

2. 求通过直线 $\frac{x-4}{5}=\frac{y+3}{2}=\frac{z}{1}$ 和点 $(3,1,-2)$ 的平面方程.

3. 求过点 $(1,2,1)$，且与直线

$$\begin{cases}x+2y-z+1=0,\\ x-y+z-1=0\end{cases}\quad 和\quad \begin{cases}2x-y+z=0,\\ x-y+z=0\end{cases}$$

都平行的平面方程.

4. 求点 $M(3,-1,2)$ 到直线

$$\begin{cases}x+y-z+1=0,\\ 2x-y+z-4=0\end{cases}$$

的距离.

5. 求曲线

$$\begin{cases}z=2-x^2-y^2,\\ z=(x-1)^2+(y-1)^2\end{cases}$$

在三个坐标面上的投影曲线方程.

第7章数学实验　用Matlab进行向量运算及空间绘图

Matlab具有强大的空间向量的运算能力和空间曲线与曲面的作图能力.在Matlab中,用数组格式表示空间向量,可以对其进行求和、数量积、向量积等运算,还可以求向量的模、向量的夹角及空间曲线与曲面的方程等.利用命令函数plot3( )和mesh( )可以作出空间曲线与曲面的图形.常见运算和作图的命令函数的调用格式和功能说明如表1所示.

表1

调用格式	功能说明
a = [x,y,z]	建立向量a,其中x,y,z为其三个坐标分量.
a + b	求向量a与b的和.
dot(a,b)	求向量a与b的数量积a·b.
cross(a,b)	求向量a与b的向量积a×b.
plot3(x,y,z)	绘制三维曲线图形.参数x,y,z分别定义曲线的三个坐标向量,它可以是向量,也可以是矩阵.若是向量,则表示绘制一条三维曲线;若是矩阵,则表示绘制多条曲线.
plot3(x1,y1,z1,s1,x2,y2,z2,s2,…)	绘制多条三维曲线图形.参数xi,yi,zi分别定义曲线的三个坐标,si用来定义曲线的颜色或线型.
mesh(x,y,z,c)	绘制三维网格曲面.参数x,y,z都是矩阵,其中矩阵x定义图形的x坐标,矩阵y定义图形的y坐标,矩阵z定义图形的z坐标.若x,y均省略,则三维网格数据矩阵取值x = 1:n,y = 1:m.参数c表示网格曲面的颜色分布,若省略,则网格曲面的颜色亮度与z方向上的高度值成正比.

例1　已知向量$\boldsymbol{a}=\boldsymbol{i}+\boldsymbol{j}-3\boldsymbol{k}$,计算该向量的模、方向余弦和方向角.

解　[Matlab操作命令]

```
>> a = [1,1,-3];
>> MO = sqrt(dot(a,a))
```

[Matlab输出结果]

```
MO =
      0.3166
```

[Matlab操作命令]

```
>> Cx = 1/MO;Cy = 1/MO;Cz =-3/MO;
>> c = [Cx,Cy,Cz]
```

[Matlab输出结果]

```
c =
    0.3015    0.3015    -0.9045
```

[Matlab 操作命令]

```
>> Ax = acos(Cx);Ay = acos(Cy);Az = acos(Cz);
>> A = [Ax,Ay,Az]
```

[Matlab 输出结果]

```
A =
    1.2645    1.2645    2.7011
```

例 2　已知向量 $\boldsymbol{a}=\boldsymbol{i}+\boldsymbol{j}-3\boldsymbol{k}$，$\boldsymbol{b}=2\boldsymbol{i}-3\boldsymbol{j}+\boldsymbol{k}$，计算 $\boldsymbol{a}+\boldsymbol{b}$，$\boldsymbol{a}-\boldsymbol{b}$，$\boldsymbol{a}\cdot\boldsymbol{b}$，$\boldsymbol{a}\times\boldsymbol{b}$.

解　[Matlab 操作命令]

```
>> a = [1,1,-3];b = [2,-3,1];
>> a+b
```

[Matlab 输出结果]

```
ans =
    3   -2   -2
```

[Matlab 操作命令]

```
>> a-b
```

[Matlab 输出结果]

```
ans =
    -1   4   -4
```

[Matlab 操作命令]

```
>> dot(a,b)
```

[Matlab 输出结果]

```
ans =
    -4
```

[Matlab 操作命令]

```
>> cross(a,b)
```

[Matlab 输出结果]

```
ans =
    -8   -7   -5
```

例 3　求点(1，－1，3)到平面 $x+y+z-4=0$ 的距离.

解　利用点到平面的距离公式编程.

[Matlab 操作命令]

```
>> p = [1,-1,3];s = [1,1,1];
>> d = abs(sum(p.*s)-4)/sqrt(sum(s.^2))
```

[Matlab 输出结果]

```
d =
    0.5774
```

例 4　计算直线 $\frac{x-2}{3}=y+1=\frac{z-2}{-1}$ 和直线 $\frac{x}{2}=\frac{y-3}{2}=\frac{z+1}{-4}$ 的夹角余弦.

解　利用直线与直线的夹角公式编程.

[Matlab 操作命令]

```
>> lin1 = [3,1,-1];lin2 = [2,2,-4];
>> c = abs(dot(lin1,lin2))/(sqrt(dot(lin1,lin1)) * sqrt(dot(lin2,lin2)))
```

[Matlab 输出结果]

```
c =
    0.7385
```

例 5 求由点 $A(1,-1,3)$,$B(1,0,2)$,$C(-1,1,0)$ 所确定的平面方程.

解 首先利用向量的向量积找到该平面的法向量,再运用平面的点法式方程,写出平面方程.

[Matlab 操作命令]

```
>> syms x y z
>> D = [x,y,z];
>> A = [1,-1,3];B = [1,0,2];C = [-1,1,0];
>> E = cross(A-B,A-C)
>> dot(E,D-A)
```

[Matlab 输出结果]

```
ans =
    -x-3+2*y+2*z
```

[Matlab 操作命令]

```
>> fprintf('-x-3+2*y+2*z = 0')
```

[Matlab 输出结果]

```
-x-3+2*y+2*z = 0
```

例 6 绘制螺旋线 $\begin{cases} x = \cos t, \\ y = \sin t, \\ z = t \end{cases}$ $(t \in [0,10\pi])$ 的图形.

解 [Matlab 操作命令]

```
>> t = 0:0.1:10*pi;
>> x = cos(t);y = sin(t);z = t;
>> plot3(x,y,z)
```

运行结果如图 1 所示.

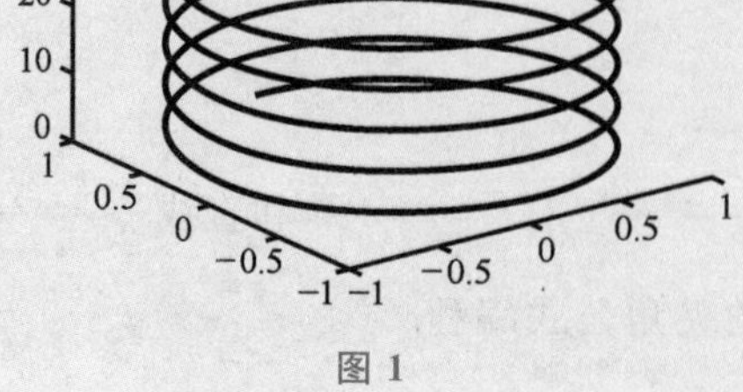

图 1

例 7　绘制函数 $z = x^2 + y^2$ 的图形.

解　[Matlab 操作命令]

```
>> x =- 4:4;
>> y = x;
>> [X,Y] = meshgrid(x,y);
>> Z = X.^2 + Y.^2;
>> mesh(X,Y,Z)
```

运行结果如图 2 所示.

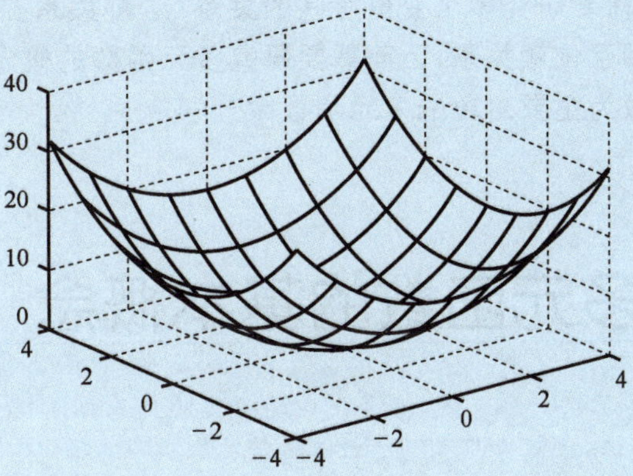

图 2

第 8 章

多元函数微分学

知识框图

在实际问题中,经常需要研究多个变量之间的关系.这种关系在数学上表现为一个变量与另外多个变量之间的相互依赖关系,因而需要研究多元函数的概念及其微分、积分问题.

本章讨论以二元函数为主要对象的多元函数微分学.

§8.1 多元函数的基本概念

一、平面区域

1. 邻域

设 $P_0(x_0,y_0)$ 是 xOy 面上的一个点,δ 是某一正数,则称 xOy 面上与点 $P_0(x_0,y_0)$ 距离小于 δ 的点 $P(x,y)$ 的全体为**点 P_0 的 δ 邻域**,简称**邻域**,记为 $U(P_0,\delta)$,即

$$U(P_0,\delta)=\{P \mid |PP_0|<\delta\}$$

或

$$U(P_0,\delta)=\{(x,y) \mid \sqrt{(x-x_0)^2+(y-y_0)^2}<\delta\},$$

其中 δ 称为该**邻域的半径**.

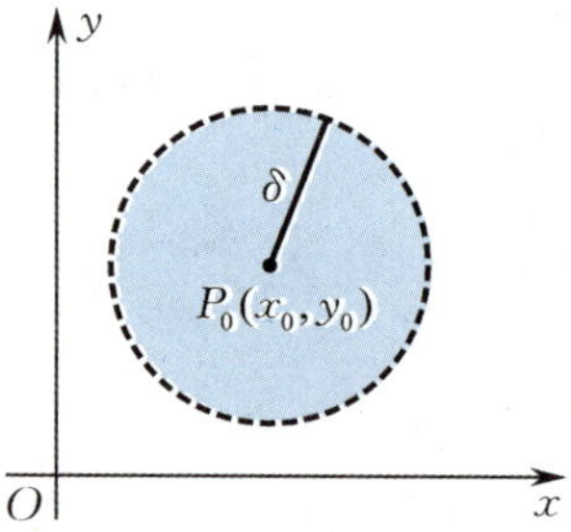

图 8-1-1

注:邻域 $U(P_0,\delta)$ 的几何意义是 xOy 面上以点 $P_0(x_0,y_0)$ 为中心、以 $\delta(\delta>0)$ 为半径的圆内部的点 $P(x,y)$ 的全体,如图 8-1-1 所示.

邻域 $U(P_0,\delta)$ 中除去点 P_0 后的部分称为**点 P_0 的去心 δ 邻域**,记作 $\mathring{U}(P_0,\delta)$,即

$$\mathring{U}(P_0,\delta)=\{P \mid 0<|P_0P|<\delta\}.$$

注:如果不需要强调邻域的半径 δ,则用 $U(P_0)$ 或 $\mathring{U}(P_0)$ 分别表示点 P_0 的某个邻域或去心邻域.

2. 区域

设 E 是平面上的一个点集,P 是平面上的任意一点.

(1) **内点** 如果存在点 P 的某一邻域 $U(P)$,使得 $U(P)\subset E$,则称 P 为 E 的内点.显然,E 的内点属于 E,如图 8-1-2 所示.

(2) **边界点** 如果点 P 的任一邻域内既有属于 E 的点,也有不属于 E 的点,则称 P 为 E

的边界点，如图 8-1-3 所示.

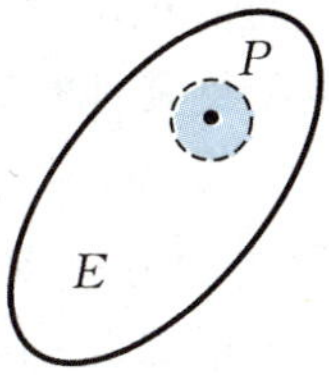

图 8-1-2

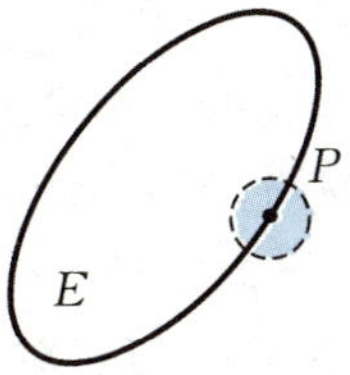

图 8-1-3

E 的边界点的全体，称为 E 的**边界**. E 的边界点可能属于 E，也可能不属于 E.

(3) **聚点**　如果对于任意给定的 $\delta>0$，点 P 的去心 δ 邻域 $\mathring{U}(P,\delta)$ 内总有 E 中的点，则称 P 为 E 的聚点. 聚点 P 本身可以属于 E，也可以不属于 E.

例如，设平面点集 $E=\{(x,y)\mid 1<x^2+y^2\leqslant 4\}$，则满足 $1<x^2+y^2<4$ 的一切点 (x,y) 都是 E 的内点；满足 $x^2+y^2=1$ 的一切点 (x,y) 都是 E 的边界点，同时也是 E 的聚点，它们都不属于 E；满足 $x^2+y^2=4$ 的一切点 (x,y) 都是 E 的边界点，同时也是 E 的聚点，它们都属于 E；E 的边界为 $\{(x,y)\mid x^2+y^2=1$ 或 $x^2+y^2=4\}$. 点集 E 的内点也都是 E 的聚点.

(4) **区域**　如果点集 E 中的点都是内点，则称 E 为**开集**. 若点集 E 中任何两点都可用完全属于 E 的折线连接起来，则称 E 为**连通的**. 连通的开集称为**区域**或**开区域**. 开区域连同它的边界一起称为**闭区域**.

例如，点集 $\{(x,y)\mid 1<x^2+y^2<4\}$ 是开区域，如图 8-1-4(a) 所示，而点集 $\{(x,y)\mid 1\leqslant x^2+y^2\leqslant 4\}$ 是闭区域.

对于点集 E，若存在一个正数 K，使得区域 E 内的任何点 P 与某一定点 A 的距离都不超过 K，则称 E 为**有界点集**；否则，称为**无界点集**.

例如，点集 $\{(x,y)\mid 1\leqslant x^2+y^2\leqslant 4\}$ 是有界闭区域；点集 $\{(x,y)\mid 1<x^2+y^2<4\}$ 是有界开区域，如图 8-1-4(a) 所示；点集 $\{(x,y)\mid x+y>0\}$ 是无界开区域，如图 8-1-4(b) 所示.

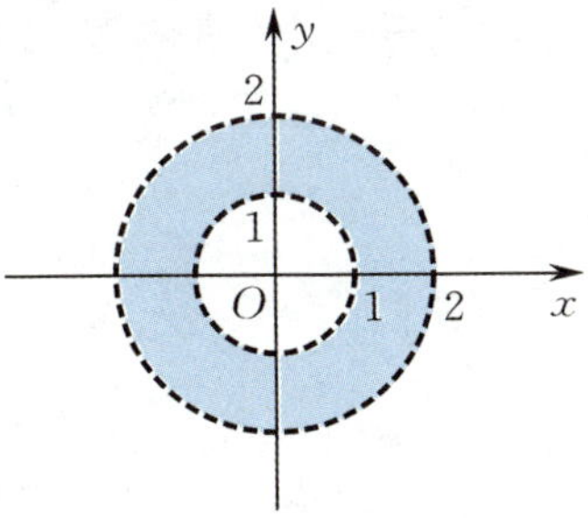

(a)

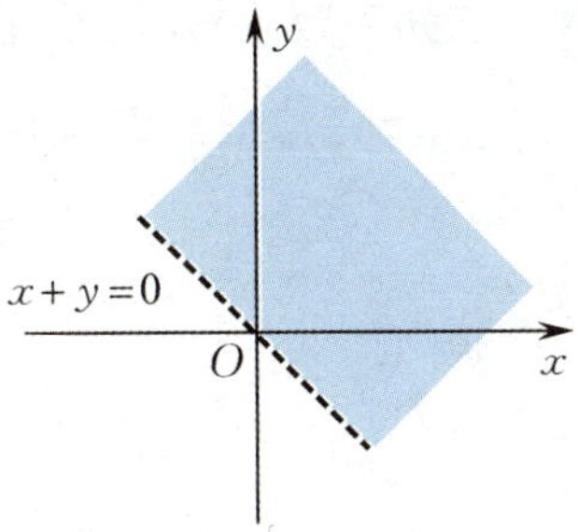

(b)

图 8-1-4

以上概念均可推广到 n 维空间 $\mathbf{R}^n=\{(x_1,x_2,\cdots,x_n)\mid x_i\in\mathbf{R},i=1,2,\cdots,n\}$ 中.

二、多元函数的基本概念

在很多实际问题中，需要研究多个变量之间的依赖关系. 例如，圆柱体的体积 V 和它的底半径 r、高 h 之间的关系为

$$V=\pi r^2 h,$$

即当 r,h 在点集 $\{(r,h)\mid r>0,h>0\}$ 内取一组定值时，V 的值也随之唯一确定. 又如，某种商品的市场需求量不仅与价格有关，而且还与消费者的收入及其他代用品的价格等因素有关. 要研究这类问题，就需要引入多元函数的概念.

定义 1 设 D 是平面上的一个非空点集. 如果对于 D 内的每一点 $P(x,y)$，按照某种法则 f，都有唯一确定的实数 z 与它对应，则称 f 是定义在 D 上的**二元函数**，记为

$$z=f(x,y) \quad \text{或} \quad z=f(P),$$

其中 x,y 称为**自变量**，z 称为**因变量**，点集 D 称为该函数的**定义域**，数集

$$\{z\mid z=f(x,y),(x,y)\in D\}$$

称为该函数的**值域**.

类似地，可定义三元及三元以上的函数. 我们把二元及二元以上的函数统称为**多元函数**.

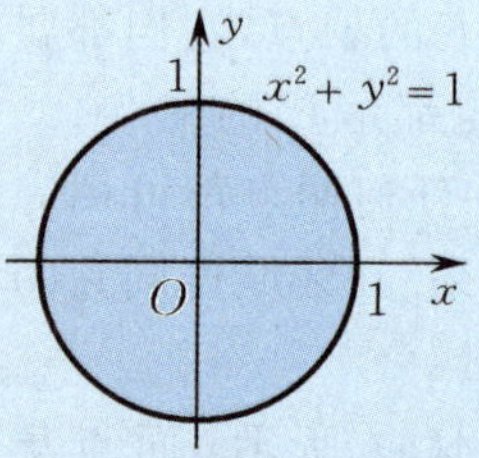

图 8-1-5

例 1 求函数 $z=\sqrt{1-x^2-y^2}$ 的定义域.

解 若要使该函数有意义，则需满足

$$1-x^2-y^2\geqslant 0.$$

故该函数的定义域为

$$\{(x,y)\mid x^2+y^2\leqslant 1\}.$$

它在几何上表示为：圆心在原点、半径为 1 的单位圆内部及边界上所有点的集合. 这是一个有界闭区域，如图 8-1-5 所示.

例 2 求函数 $z=\ln(x+y)$ 的定义域.

解 若要使该函数有意义，则需满足 $x+y>0$. 故该函数的定义域为

$$\{(x,y)\mid x+y>0\}.$$

它是 xOy 面上位于直线 $y=-x$ 上方的半平面，不包括直线 $y=-x$ 本身.

例 3 已知函数 $f(x,y)$ 满足 $f(x+y,x-y)=\dfrac{x^2-y^2}{x^2+y^2}$，求函数 $f(x,y)$.

解 设 $u=x+y,v=x-y$，则

$$x=\frac{u+v}{2},\quad y=\frac{u-v}{2}.$$

代入已知等式，得

$$f(u,v)=\frac{\left(\dfrac{u+v}{2}\right)^2-\left(\dfrac{u-v}{2}\right)^2}{\left(\dfrac{u+v}{2}\right)^2+\left(\dfrac{u-v}{2}\right)^2}=\frac{2uv}{u^2+v^2},$$

故有

$$f(x,y)=\frac{2xy}{x^2+y^2}.$$

由第 7 章可知，二元函数 $z=f(x,y)$ 在空间直角坐标系中的图形通常是一个曲面. 例如，函数 $z=x+y-1$ 的图形是一个平面，函数 $z=\sqrt{R^2-x^2-y^2}$ 的图形是球面的上半部分，而函数 $z=-\sqrt{R^2-x^2-y^2}$ 的图形是球面的下半部分.

三、二元函数的极限

定义 2　设函数 $z=f(x,y)$ 在点 $P_0(x_0,y_0)$ 的附近有定义(点 P_0 可除外). 如果当点 $P(x,y)$ 以任何方式无限趋于点 $P_0(x_0,y_0)$ 时,函数 $f(x,y)$ 都无限趋于一个常数 A,则称 A 为**函数 $z=f(x,y)$ 当 $(x,y)\to(x_0,y_0)$ 时的极限**,记为

$$\lim_{(x,y)\to(x_0,y_0)} f(x,y)=A \quad 或 \quad \lim_{\substack{x\to x_0\\ y\to y_0}} f(x,y)=A,$$

或者

$$f(x,y)\to A \quad ((x,y)\to(x_0,y_0)),$$

也记作

$$\lim_{P\to P_0} f(P)=A \quad 或 \quad f(P)\to A\ (P\to P_0).$$

二元函数极限的精确定义如下:

定义 2′　设函数 $z=f(x,y)$ 在区域 D 内有定义,点 $P_0(x_0,y_0)$ 是 D 的聚点. 如果存在常数 A,对于任意给定的正数 ε(无论多么小),总存在正数 $\delta>0$,使得当 $P(x,y)\in D\cap\mathring{U}(P_0,\delta)$ 时,不等式

$$|f(x,y)-A|<\varepsilon$$

都成立,则称常数 A 为**函数 $z=f(x,y)$ 当 $(x,y)\to(x_0,y_0)$ 时的极限**.

二元函数的极限与一元函数的极限具有相同的性质和运算法则. 为了区别于一元函数的极限,我们把二元函数的极限称为**二重极限**.

注: 二重极限存在,是指动点 $P(x,y)$ 以任何方式趋于点 $P_0(x_0,y_0)$ 时,函数 $f(x,y)$ 的值都无限趋于同一个常数 A. 如果当动点 $P(x,y)$ 以不同的方式趋于 $P_0(x_0,y_0)$ 时,函数 $f(x,y)$ 趋于不同的值,则可以断定函数 $f(x,y)$ 在点 $P_0(x_0,y_0)$ 处极限不存在.

二元函数的极限定义及相关结论均可推广到 $n(n\geqslant 3)$ 元函数上.

例 4　求 $\lim\limits_{\substack{x\to 0\\ y\to 0}}(x^2+y^2)\sin\dfrac{1}{x^2+y^2}$.

解　由于当 $(x,y)\to(0,0)$ 时,$x^2+y^2\to 0$,即 x^2+y^2 是无穷小量,而 $\sin\dfrac{1}{x^2+y^2}$ 是有界量,因此

$$\lim_{\substack{x\to 0\\ y\to 0}}(x^2+y^2)\sin\frac{1}{x^2+y^2}=0.$$

例 5　求 $\lim\limits_{(x,y)\to(0,2)}\dfrac{\sin(xy)}{x}$.

解

$$\lim_{(x,y)\to(0,2)}\frac{\sin(xy)}{x}=\lim_{(x,y)\to(0,2)} y\frac{\sin(xy)}{xy}=\lim_{(x,y)\to(0,2)} y\cdot\lim_{(x,y)\to(0,2)}\frac{\sin(xy)}{xy}$$
$$=2\times 1=2.$$

例 6　讨论函数

$$f(x,y)=\begin{cases}\dfrac{xy}{x^2+y^2}, & x^2+y^2\neq 0,\\ 0, & x^2+y^2=0\end{cases}$$

在点(0,0)处的极限的存在性.

解 当动点 $P(x,y)$ 沿直线 $y=kx$ 趋于点(0,0)时，有

$$\lim_{(x,y)\to(0,0)}\frac{xy}{x^2+y^2}=\lim_{x\to 0}\frac{kx^2}{x^2+k^2x^2}=\frac{k}{1+k^2}.$$

由于函数 $f(x,y)$ 的极限值随 k 的值不同而不同，因此函数 $f(x,y)$ 在点(0,0)处的极限不存在.

四、二元函数的连续性

定义 3 设二元函数 $z=f(x,y)$ 在点 $P_0(x_0,y_0)$ 的某一邻域内有定义. 如果

$$\lim_{\substack{x\to x_0\\ y\to y_0}}f(x,y)=f(x_0,y_0),$$

则称函数 $f(x,y)$ **在点 $P_0(x_0,y_0)$ 处连续**，并称点 $P_0(x_0,y_0)$ 为**连续点**.

如果二元函数 $z=f(x,y)$ 在点 $P_0(x_0,y_0)$ 处不连续，则称**函数 $f(x,y)$ 在点 $P_0(x_0,y_0)$ 处间断**，并称点 $P_0(x_0,y_0)$ 为**间断点**.

如果二元函数 $z=f(x,y)$ 在平面区域 D 内每一点都连续，则称**函数 $f(x,y)$ 在区域 D 内连续**.

例 7 讨论函数

$$f(x,y)=\begin{cases}\dfrac{\sin(x^2+y^2)}{x^2+y^2}, & x^2+y^2\neq 0,\\ 0, & x^2+y^2=0\end{cases}$$

在点 $O(0,0)$ 处是否连续.

解 因为

$$\lim_{\substack{x\to 0\\ y\to 0}}f(x,y)=\lim_{\substack{x\to 0\\ y\to 0}}\frac{\sin(x^2+y^2)}{x^2+y^2}=1,$$

而 $f(0,0)=0$，于是 $\lim\limits_{\substack{x\to 0\\ y\to 0}}f(x,y)\neq f(0,0)$，所以 $f(x,y)$ 在点 $O(0,0)$ 处不连续.

由 x 和 y 的基本初等函数经过有限次的四则运算和复合运算所构成的可用一个式子表示的二元函数称为**二元初等函数**. 例如，$\dfrac{y+\sin(xy^2)}{1+x^2}$，$\ln(1+\sqrt{x^2+y^2})$，$2^{xy}$ 等都是二元初等函数. 类似地，可定义三元及三元以上的初等函数.

与一元函数类似，多元连续函数经过四则运算和复合运算后仍为多元连续函数. 由此可得结论：一切多元初等函数在其定义区域内是连续的. 所谓**定义区域**，是指包含在定义域内的区域或闭区域.

例 8 求 $\lim\limits_{\substack{x\to 0\\ y\to 0}}\dfrac{\sqrt{xy+4}-2}{xy}$.

解 $$\lim_{\substack{x\to 0\\ y\to 0}}\frac{\sqrt{xy+4}-2}{xy}=\lim_{\substack{x\to 0\\ y\to 0}}\frac{(\sqrt{xy+4}-2)(\sqrt{xy+4}+2)}{xy(\sqrt{xy+4}+2)}$$

$$=\lim_{\substack{x\to 0\\ y\to 0}}\frac{xy+4-4}{xy(\sqrt{xy+4}+2)}$$

$$=\lim_{\substack{x\to 0\\ y\to 0}}\frac{1}{\sqrt{xy+4}+2}=\frac{1}{4}.$$

我们知道，闭区间上连续的一元函数具有一些特殊的性质，如最值性、有界性等. 有界闭区域 D 上连续的二元函数也有如下对应的性质：

性质 1（最大值和最小值定理）　在有界闭区域 D 上连续的二元函数，在 D 上必取得它的最大值和最小值.

性质 2　在有界闭区域 D 上连续的二元函数，在 D 上一定有界.

性质 3（介值定理）　在有界闭区域 D 上连续的二元函数，若在 D 上取得两个不同的函数值，则它在 D 上必至少一次取得介于这两值之间的任何值.

二元连续函数和二元初等函数的定义、性质等都可以推广到 $n(n\geqslant 3)$ 元函数上.

练习 8.1

1. 求下列函数的定义域，并画出其定义域的示意图：

(1) $z=\dfrac{x+y}{2x-y^2}$；　　(2) $z=\sqrt{\arcsin(x^2+y^2)}$；

(3) $z=\sqrt{x-\sqrt{y}}$；　　(4) $z=\sqrt{4-x^2-y^2}+\ln(x^2+y^2-1)$.

2. 若函数 $f\left(x+y,\dfrac{y}{x}\right)=x^2-y^2$，求 $f(x,y)$.

3. 计算下列极限：

(1) $\displaystyle\lim_{(x,y)\to(2,0)}\frac{\sin(xy)}{y}$；　　(2) $\displaystyle\lim_{(x,y)\to(0,0)}\frac{xy}{\sqrt{xy+1}-1}$；

(3) $\displaystyle\lim_{\substack{x\to\infty\\ y\to\infty}}(x^2+y^2)\sin\frac{1}{x^2+y^2}$；　　(4) $\displaystyle\lim_{\substack{x\to 1\\ y\to 0}}\frac{x^2+y^2+1}{\arctan(x^2+y^2)}$.

4. 证明：当 $(x,y)\to(0,0)$ 时，函数

$$f(x,y)=\frac{x^2-y^2}{x^2+y^2}$$

的极限不存在.

5. 讨论下列函数在点 $(0,0)$ 处的连续性：

(1) $$f(x,y)=\begin{cases}\dfrac{e^{2(x^2+y^2)}-1}{x^2+y^2}, & (x,y)\neq(0,0),\\ 0, & (x,y)=(0,0);\end{cases}$$

(2) $$f(x,y)=\begin{cases}\dfrac{xy^2}{x^2+y^2}, & x^2+y^2\neq 0,\\ 0, & x^2+y^2=0.\end{cases}$$

§8.2 偏导数

一、偏导数的定义与计算

一元函数的导数刻画了函数相对于自变量的变化率. 多元函数的自变量有两个或两个以上,函数对于自变量的变化率问题将更为复杂. 但我们可以固定其他自变量,只研究函数对其中一个自变量的变化率,这就是偏导数.

首先,引入偏导数的概念.

定义 1 设函数 $z=f(x,y)$ 在点 (x_0,y_0) 的某一邻域内有定义,当 y 固定在 y_0 处,而 x 在 x_0 处有改变量 Δx 时,相应地,函数 $z=f(x,y)$ 有改变量 $f(x_0+\Delta x,y_0)-f(x_0,y_0)$,称之为函数 $z=f(x,y)$ **对 x 的偏增量**,记为 $\Delta_x z$,即

$$\Delta_x z=f(x_0+\Delta x,y_0)-f(x_0,y_0).$$

如果极限

$$\lim_{\Delta x\to 0}\frac{\Delta_x z}{\Delta x}=\lim_{\Delta x\to 0}\frac{f(x_0+\Delta x,y_0)-f(x_0,y_0)}{\Delta x}$$

存在,则称此极限值为函数 $z=f(x,y)$ 在点 (x_0,y_0) 处**对 x 的偏导数**,记为

$$f_x(x_0,y_0),\quad \left.\frac{\partial z}{\partial x}\right|_{\substack{x=x_0\\y=y_0}},\quad \left.\frac{\partial f}{\partial x}\right|_{(x_0,y_0)},\quad \left.z_x\right|_{\substack{x=x_0\\y=y_0}}\quad 或\quad z_x(x_0,y_0),$$

即

$$f_x(x_0,y_0)=\lim_{\Delta x\to 0}\frac{f(x_0+\Delta x,y_0)-f(x_0,y_0)}{\Delta x}.$$

类似地,可定义函数 $z=f(x,y)$ 在点 (x_0,y_0) 处**对 y 的偏导数** $f_y(x_0,y_0)$ 为

$$f_y(x_0,y_0)=\lim_{\Delta y\to 0}\frac{\Delta_y z}{\Delta y}=\lim_{\Delta y\to 0}\frac{f(x_0,y_0+\Delta y)-f(x_0,y_0)}{\Delta y},$$

其中 $\Delta_y z=f(x_0,y_0+\Delta y)-f(x_0,y_0)$ 称为函数 $z=f(x,y)$ **对 y 的偏增量**. 对 $f_y(x_0,y_0)$ 还可使用以下记号:

$$\left.\frac{\partial z}{\partial y}\right|_{\substack{x=x_0\\y=y_0}},\quad \left.\frac{\partial f}{\partial y}\right|_{(x_0,y_0)},\quad \left.z_y\right|_{\substack{x=x_0\\y=y_0}}\quad 或\quad z_y(x_0,y_0).$$

如果函数 $z=f(x,y)$ 在区域 D 内每一点 (x,y) 处对 x 的偏导数都存在,那么这个偏导数仍是关于 x,y 的函数,它称为函数 $z=f(x,y)$ **对 x 的偏导函数**,记作

$$f_x(x,y),\quad \frac{\partial z}{\partial x},\quad \frac{\partial f}{\partial x}\quad 或\quad z_x.$$

显然有

$$f_x(x,y)=\lim_{\Delta x\to 0}\frac{f(x+\Delta x,y)-f(x,y)}{\Delta x}.$$

类似地,可定义函数 $z=f(x,y)$ **对 y 的偏导函数**,记为

$$f_y(x,y),\quad \frac{\partial z}{\partial y},\quad \frac{\partial f}{\partial y}\quad 或\quad z_y,$$

即

$$f_y(x,y)=\lim_{\Delta y\to 0}\frac{f(x,y+\Delta y)-f(x,y)}{\Delta y}.$$

在不致产生误解的情况下，偏导函数也简称偏导数. 从定义可看出，求 $f_x(x,y)$ 实际上是将 y 看作常量而对 x 求导数，所以本质上是一元函数的导数. 类似地，求 $f_y(x,y)$ 实际上是将 x 看作常量而对 y 求导数.

偏导数的概念可推广到 $n(n\geqslant 3)$ 元函数上. 例如，三元函数 $u=f(x,y,z)$ 在点 (x,y,z) 处对 x 的偏导数为

$$f_x(x,y,z)=\lim_{\Delta x\to 0}\frac{f(x+\Delta x,y,z)-f(x,y,z)}{\Delta x}.$$

例 1　求函数 $f(x,y)=x^2+xy-3y^2$ 在点 $(1,1)$ 处的偏导数.

解　把 y 看作常量，对 x 求导数得到

$$f_x(x,y)=2x+y;$$

把 x 看作常量，对 y 求导数得到

$$f_y(x,y)=x-6y.$$

将 $x=1,y=1$ 代入，得所求偏导数为

$$f_x(1,1)=2\times 1+1=3,$$

$$f_y(1,1)=1-6\times 1=-5.$$

例 2　求函数 $r=\sqrt{x^2+y^2+z^2}$ 的偏导数.

解　把 y 和 z 都看作常量，对 x 求导数得到

$$\frac{\partial r}{\partial x}=\frac{x}{\sqrt{x^2+y^2+z^2}}=\frac{x}{r}.$$

同理可得

$$\frac{\partial r}{\partial y}=\frac{y}{\sqrt{x^2+y^2+z^2}}=\frac{y}{r},\quad \frac{\partial r}{\partial z}=\frac{z}{\sqrt{x^2+y^2+z^2}}=\frac{z}{r}.$$

例 3　已知理想气体的状态方程为 $PV=RT$（R 为常数），求证：

$$\frac{\partial P}{\partial V}\cdot\frac{\partial V}{\partial T}\cdot\frac{\partial T}{\partial P}=-1.$$

证　因为 $P=\dfrac{RT}{V}$，将 P 看作 T,V 的二元函数，所以有

$$\frac{\partial P}{\partial V}=-\frac{RT}{V^2}.$$

同理，由 $V=\dfrac{RT}{P}$，得$\dfrac{\partial V}{\partial T}=\dfrac{R}{P}$；由 $T=\dfrac{PV}{R}$，得$\dfrac{\partial T}{\partial P}=\dfrac{V}{R}$. 于是得

$$\frac{\partial P}{\partial V}\cdot\frac{\partial V}{\partial T}\cdot\frac{\partial T}{\partial P}=-\frac{RT}{V^2}\cdot\frac{R}{P}\cdot\frac{V}{R}=-\frac{RT}{PV}=-1.$$

注：(1) 从例 3 的证明过程可以看出，偏导数的记号$\dfrac{\partial f}{\partial x}$是一个整体记号，不能像导数$\dfrac{\mathrm{d}y}{\mathrm{d}x}$一样，看作分子 ∂f 与分母 ∂x 的商，单独的记号 ∂f 和 ∂x 没有任何意义.

(2) 在一元函数的情形下，可导必定连续. 而多元函数的偏导数存在并不能保证函数连续.

例 4 考察函数

$$f(x,y)=\begin{cases}\dfrac{xy}{x^2+y^2}, & (x,y)\neq(0,0),\\ 0, & (x,y)=(0,0)\end{cases}$$

在点(0,0)处的偏导数与连续性.

解 由偏导数的定义可得到函数 $f(x,y)$ 在点(0,0)处的偏导数为

$$f_x(0,0)=\lim_{\Delta x\to 0}\frac{f(0+\Delta x,0)-f(0,0)}{\Delta x}=\lim_{\Delta x\to 0}\frac{0}{\Delta x}=0,$$

$$f_y(0,0)=\lim_{\Delta y\to 0}\frac{f(0,0+\Delta y)-f(0,0)}{\Delta y}=\lim_{\Delta y\to 0}\frac{0}{\Delta y}=0.$$

从§8.1中的例6知道，函数 $f(x,y)$ 在点(0,0)处的极限不存在，因此 $f(x,y)$ 在点(0,0)处不连续.

下面介绍二元函数 $z=f(x,y)$ 的偏导数的几何意义.

设 $M_0(x_0,y_0,z_0)$ 是曲面 $S:z=f(x,y)$ 上的一点，过点 M_0 作平面 $y=y_0$，截曲面 S 得到截线 C_x，此截线在平面 $y=y_0$ 上的方程为 $z=f(x,y_0)$，则一元函数 $z=f(x,y_0)$ 在点 x_0 处的导数 $\left.\dfrac{\mathrm{d}}{\mathrm{d}x}f(x,y_0)\right|_{x=x_0}$，即偏导数 $f_x(x_0,y_0)$，就是截线 C_x 在点 M_0 处的切线 M_0T_x 对 x 轴的斜率，如图 8-2-1 所示.

类似可知，若 C_y 是平面 $x=x_0$ 截曲面 $S:z=f(x,y)$ 得到的截线，则偏导数 $f_y(x_0,y_0)$ 的几何意义是：截线 C_y 在点 $M_0(x_0,y_0,z_0)$ 处的切线 M_0T_y 对 y 轴的斜率，如图 8-2-1 所示.

动画

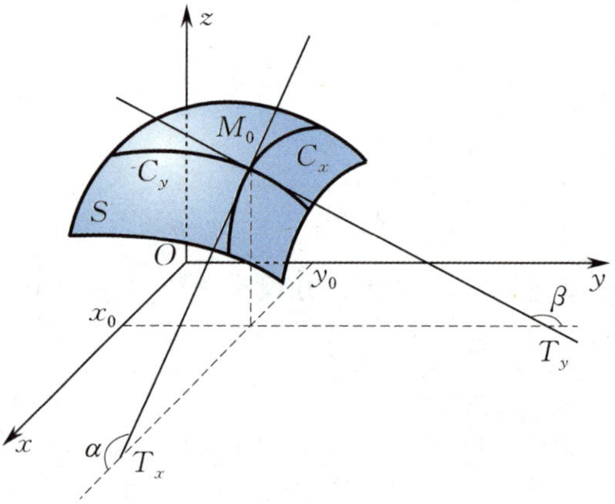

图 8-2-1

二、高阶偏导数

设函数 $z=f(x,y)$ 在区域 D 内具有偏导数

$$\frac{\partial z}{\partial x}=f_x(x,y)\quad 和\quad \frac{\partial z}{\partial y}=f_y(x,y).$$

如果这两个偏导函数又存在偏导数，则称它们的偏导数为函数 $z=f(x,y)$ 的**二阶偏导数**. 按照对变量求偏导数次序的不同，$z=f(x,y)$ 共有下列四种不同的二阶偏导数(等号右边为记号)：

$$\frac{\partial}{\partial x}\left(\frac{\partial z}{\partial x}\right)=\frac{\partial^2 z}{\partial x^2}=f_{xx}(x,y),\quad \frac{\partial}{\partial y}\left(\frac{\partial z}{\partial x}\right)=\frac{\partial^2 z}{\partial x\partial y}=f_{xy}(x,y),$$

$$\frac{\partial}{\partial x}\left(\frac{\partial z}{\partial y}\right)=\frac{\partial^2 z}{\partial y\partial x}=f_{yx}(x,y),\quad \frac{\partial}{\partial y}\left(\frac{\partial z}{\partial y}\right)=\frac{\partial^2 z}{\partial y^2}=f_{yy}(x,y),$$

其中 $f_{xy}(x,y)$ 和 $f_{yx}(x,y)$ 统称为**二阶混合偏导数**.

类似地,可以定义三阶及三阶以上的偏导数.把二阶及二阶以上的偏导数统称为**高阶偏导数**.

例 5　验证函数 $z=\ln\sqrt{x^2+y^2}$ 满足方程$\dfrac{\partial^2 z}{\partial x^2}+\dfrac{\partial^2 z}{\partial y^2}=0$.

证　由于 $z=\ln\sqrt{x^2+y^2}=\dfrac{1}{2}\ln(x^2+y^2)$,因此

$$\frac{\partial z}{\partial x}=\frac{x}{x^2+y^2},\quad \frac{\partial z}{\partial y}=\frac{y}{x^2+y^2},$$

$$\frac{\partial^2 z}{\partial x^2}=\frac{(x^2+y^2)-x\cdot 2x}{(x^2+y^2)^2}=\frac{y^2-x^2}{(x^2+y^2)^2},$$

$$\frac{\partial^2 z}{\partial y^2}=\frac{(x^2+y^2)-y\cdot 2y}{(x^2+y^2)^2}=\frac{x^2-y^2}{(x^2+y^2)^2}.$$

于是

$$\frac{\partial^2 z}{\partial x^2}+\frac{\partial^2 z}{\partial y^2}=\frac{y^2-x^2}{(x^2+y^2)^2}+\frac{x^2-y^2}{(x^2+y^2)^2}=0.$$

例 6　求函数 $z=e^{x^2y}$ 的二阶混合偏导数.

解　$$\frac{\partial z}{\partial x}=e^{x^2y}\frac{\partial(x^2y)}{\partial x}=2xye^{x^2y},\quad \frac{\partial z}{\partial y}=e^{x^2y}\frac{\partial(x^2y)}{\partial y}=x^2e^{x^2y},$$

$$\begin{aligned}\frac{\partial^2 z}{\partial x\partial y}&=\frac{\partial(2xye^{x^2y})}{\partial y}=2xe^{x^2y}+2xy\frac{\partial(e^{x^2y})}{\partial y}\\&=2xe^{x^2y}+2xye^{x^2y}\cdot x^2=2xe^{x^2y}(1+x^2y),\end{aligned}$$

$$\begin{aligned}\frac{\partial^2 z}{\partial y\partial x}&=\frac{\partial(x^2e^{x^2y})}{\partial x}=2xe^{x^2y}+x^2\frac{\partial(e^{x^2y})}{\partial x}\\&=2xe^{x^2y}+x^2e^{x^2y}\cdot 2xy=2xe^{x^2y}(1+x^2y).\end{aligned}$$

不难发现,上例中的两个二阶混合偏导数相等,即$\dfrac{\partial^2 z}{\partial x\partial y}=\dfrac{\partial^2 z}{\partial y\partial x}$.那么,什么时候两个二阶混合偏导数一定相等呢?有下面的定理:

定理 1　如果函数 $z=f(x,y)$ 的两个二阶混合偏导数$\dfrac{\partial^2 z}{\partial x\partial y}$及$\dfrac{\partial^2 z}{\partial y\partial x}$在区域 D 内连续,则在区域 D 内有

$$\frac{\partial^2 z}{\partial x\partial y}=\frac{\partial^2 z}{\partial y\partial x}.$$

证明从略.

三、偏导数在经济学中的应用

通过边际分析和弹性分析可知,一元函数的导数在经济学中有广泛的应用.实际上,多

元函数微分学在经济学中也有广泛的应用.

1. 边际分析

定义 2 设函数 $z=f(x,y)$ 在点 (x_0,y_0) 处的偏导数存在，则称

$$f_x(x_0,y_0)=\lim_{\Delta x\to 0}\frac{f(x_0+\Delta x,y_0)-f(x_0,y_0)}{\Delta x}$$

为函数 $z=f(x,y)$ 在点 (x_0,y_0) 处**对 x 的边际**，称 $f_x(x,y)$ 为函数 $z=f(x,y)$ **对 x 的边际函数**.

类似地，称 $f_y(x_0,y_0)$ 为函数 $z=f(x,y)$ 在点 (x_0,y_0) 处**对 y 的边际**，称 $f_y(x,y)$ 为函数 $z=f(x,y)$ **对 y 的边际函数**.

边际 $f_x(x_0,y_0)$ 的经济含义是：在点 (x_0,y_0) 处，若 y 保持不变而 x 多生产 1 单位，则 $z=f(x,y)$ 将近似地改变 $f_x(x_0,y_0)$ 单位.

例 7 某工厂生产甲、乙两种产品，其产量（单位：kg）分别用 x 和 y 表示，总成本（单位：元）为

$$C(x,y)=4x^2+3xy+5y^2+6,$$

求当 $x=5$ kg，$y=6$ kg 时，两种产品的边际成本，并解释其经济含义.

解 由于

$$C_x(x,y)=8x+3y,\quad C_y(x,y)=3x+10y,$$

因此当 $x=5$ kg，$y=6$ kg 时，甲产品的边际成本为

$$C_x(5,6)=8\times 5+3\times 6=58(\text{单位：元 /kg});$$

乙产品的边际成本为

$$C_y(5,6)=3\times 5+10\times 6=75(\text{单位：元 /kg}).$$

其经济含义是：当甲产品的产量为 5 kg，乙产品的产量为 6 kg 时，

(1) 如果乙产品的产量不变而甲产品的产量增加 1 kg，则总成本大约增加 58 元；

(2) 如果甲产品的产量不变而乙产品的产量增加 1 kg，则总成本大约增加 75 元.

2. 偏弹性分析

定义 3 设函数 $z=f(x,y)$ 在点 (x_0,y_0) 处的偏导数存在，且 $z_0=f(x_0,y_0)$. 当 y 固定在 y_0 处，而 x 在 x_0 处有改变量 Δx 时，函数 $z=f(x,y)$ 对 x 的偏增量为

$$\Delta_x z=f(x_0+\Delta x,y_0)-f(x_0,y_0).$$

称 z 的相对改变量 $\dfrac{\Delta_x z}{z_0}$ 与自变量 x 的相对改变量 $\dfrac{\Delta x}{x_0}$ 之比

$$\frac{\Delta_x z}{z_0}\Big/\frac{\Delta x}{x_0}=\frac{\Delta_x z}{\Delta x}\cdot\frac{x_0}{z_0}$$

为函数 $z=f(x,y)$ 在点 (x_0,y_0) 处**对 x 从 x_0 到 $x_0+\Delta x$ 两点间的弹性**. 令 $\Delta x\to 0$，则称上式的极限为函数 $z=f(x,y)$ 在点 (x_0,y_0) 处**对 x 的偏弹性**，记为 E_x，即

$$E_x=\lim_{\Delta x\to 0}\frac{\Delta_x z}{\Delta x}\cdot\frac{x_0}{z_0}=f_x(x_0,y_0)\frac{x_0}{f(x_0,y_0)}.$$

类似地，可定义函数 $z=f(x,y)$ 在点 (x_0,y_0) 处**对 y 的偏弹性**，记为 E_y，即

$$E_y = \lim_{\Delta y \to 0} \frac{\Delta_y z}{\Delta y} \cdot \frac{y_0}{z_0} = f_y(x_0, y_0) \frac{y_0}{f(x_0, y_0)}.$$

一般地，分别称

$$E_x = f_x(x,y) \frac{x}{f(x,y)} \quad 和 \quad E_y = f_y(x,y) \frac{y}{f(x,y)}$$

为函数 $f(x,y)$ 对 x 和 y 的**偏弹性函数**.

例 8　设某产品的需求量为 $Q=Q(P,Y)$，其中 P 为该产品的价格，Y 为消费者收入，则

$$E_P = -\lim_{\Delta P \to 0} \frac{\Delta_P Q/Q}{\Delta P/P} = -\frac{\partial Q}{\partial P} \cdot \frac{P}{Q}$$

为**需求 Q 对价格 P 的偏弹性**(在经济学中，一般用正数表示偏弹性)；而

$$E_Y = \lim_{\Delta Y \to 0} \frac{\Delta_Y Q/Q}{\Delta Y/Y} = \frac{\partial Q}{\partial Y} \cdot \frac{Y}{Q}$$

为**需求 Q 对收入 Y 的偏弹性**.

练习 8.2

1. 求下列函数的偏导数：

(1) $z = x^3 + 2xy + y^3$；　(2) $z = \frac{\tan y}{x}$；

(3) $z = \ln(3x - 2y)$；　(4) $z = \sin(x^2 - 2xy)$；

(5) $u = e^{xyz}$；　(6) $u = x^{\frac{z}{y}}$ $(x > 0, x \neq 1)$.

2. 求下列函数在指定点处的偏导数：

(1) $f(x,y) = e^{x^2+y^2}$，求 $f_x(1,0)$，$f_y(1,0)$；

(2) $f(x,y) = \arctan \frac{y}{x}$，求 $f_x(1,1)$，$f_y(-1,-1)$.

3. 设函数 $u = \sqrt{x^2+y^2+z^2}$，证明：

(1) $\left(\frac{\partial u}{\partial x}\right)^2 + \left(\frac{\partial u}{\partial y}\right)^2 + \left(\frac{\partial u}{\partial z}\right)^2 = 1$；

(2) $\frac{\partial^2(\ln u)}{\partial x^2} + \frac{\partial^2(\ln u)}{\partial y^2} + \frac{\partial^2(\ln u)}{\partial z^2} = \frac{1}{u^2}$.

4. 求函数 $z = 3x^2 y - x^3 y^2 + 4y^2 + 1$ 的二阶偏导数.

5. 设函数 $z = \frac{y}{x}(x \neq 0)$，求 $\frac{\partial z}{\partial x}$，$\frac{\partial z}{\partial y}$，$\frac{\partial^2 z}{\partial y \partial x}$.

6. 某水泥厂生产甲、乙两种标号的水泥，其日产量(单位：吨)分别记作 x，y，总成本(单位：元)为

$$C(x,y) = 20 + 30x^2 + 10xy + 20y^2,$$

求当 $x=4$ 吨，$y=3$ 吨时，两种标号水泥的边际成本，并解释其经济含义.

§8.3 全微分及其应用

一、全微分的定义

首先回忆一元函数微分的定义:如果函数 $y=f(x)$ 在点 x_0 处的增量

$$\Delta y=f(x_0+\Delta x)-f(x_0)$$

可表示为

$$\Delta y=A\Delta x+o(\Delta x),$$

其中 $A=f'(x_0)$ 是与 Δx 无关的常数,则称函数 $y=f(x)$ 在点 x_0 处可微,称 $A\Delta x$ 为 $y=f(x)$ 在点 x_0 处的微分,记作 $\mathrm{d}y$. 类似地,可给出二元函数微分的定义.

如果函数 $z=f(x,y)$ 在点 $P(x,y)$ 的某一邻域内有定义,点 $(x+\Delta x,y+\Delta y)$ 为该邻域内的任意一点,则称

$$\Delta z=f(x+\Delta x,y+\Delta y)-f(x,y)$$

为函数 $f(x,y)$ 在点 P 处的**全增量**.

定义 1 设函数 $z=f(x,y)$ 在点 $P(x,y)$ 的某一邻域内有定义. 如果函数在点 $P(x,y)$ 处的全增量

$$\Delta z=f(x+\Delta x,y+\Delta y)-f(x,y)$$

可以表示为

$$\Delta z=A\Delta x+B\Delta y+o(\rho),$$

其中 A,B 与 $\Delta x,\Delta y$ 无关,而仅与 x,y 有关,$\rho=\sqrt{(\Delta x)^2+(\Delta y)^2}$,则称函数 $z=f(x,y)$ 在点 $P(x,y)$ 处**可微**,称 $A\Delta x+B\Delta y$ 为函数 $z=f(x,y)$ 在点 $P(x,y)$ 处的**全微分**,记为 $\mathrm{d}z$,即

$$\mathrm{d}z=A\Delta x+B\Delta y.$$

若函数 $z=f(x,y)$ 在区域 D 内各点处都可微,则称 $z=f(x,y)$ 在 D 内可微.

习惯上,将 Δx 与 Δy 写成 $\mathrm{d}x$ 与 $\mathrm{d}y$,于是函数 $z=f(x,y)$ 的全微分可写成

$$\mathrm{d}z=A\mathrm{d}x+B\mathrm{d}y.$$

定理 1(可微的必要条件) **如果函数 $z=f(x,y)$ 在点 (x_0,y_0) 处可微,则 $f(x,y)$ 在点 (x_0,y_0) 处连续,且 $A=f_x(x_0,y_0)$,$B=f_y(x_0,y_0)$.**

证 由已知条件得

$$\Delta z=f(x_0+\Delta x,y_0+\Delta y)-f(x_0,y_0)=A\Delta x+B\Delta y+o(\rho).$$

在上式中,令 $\Delta x\to 0$,$\Delta y\to 0$,则得 $o(\rho)\to 0$,从而 $\Delta z\to 0$. 于是得

$$\lim_{\substack{\Delta x\to 0\\ \Delta y\to 0}}\Delta z=\lim_{\substack{\Delta x\to 0\\ \Delta y\to 0}}(f(x_0+\Delta x,y_0+\Delta y)-f(x_0,y_0))=0,$$

即

$$\lim_{\substack{\Delta x\to 0\\ \Delta y\to 0}}f(x_0+\Delta x,y_0+\Delta y)=f(x_0,y_0).$$

因此,$f(x,y)$ 在点 (x_0,y_0) 处连续.

如果令 $\Delta y=0$,$\Delta x\neq 0$,则 $\rho=|\Delta x|$,且有

$$\Delta z = f(x_0 + \Delta x, y_0) - f(x_0, y_0) = A\Delta x + o(|\Delta x|).$$

上式两边同除以 Δx，再令 $\Delta x \to 0$，取极限可得到

$$\begin{aligned}\lim_{\Delta x \to 0} \frac{f(x_0 + \Delta x, y_0) - f(x_0, y_0)}{\Delta x} &= \lim_{\Delta x \to 0}\left(A + \frac{o(|\Delta x|)}{\Delta x}\right) \\ &= \lim_{\Delta x \to 0}\left(A + \frac{o(|\Delta x|)}{|\Delta x|} \cdot \frac{|\Delta x|}{\Delta x}\right) \\ &= A + 0 = A,\end{aligned}$$

从而 $f_x(x_0, y_0)$ 存在，且 $f_x(x_0, y_0) = A$.

同理可证 $f_y(x_0, y_0) = B$.

由此定理可知，函数 $z = f(x, y)$ 在点 (x_0, y_0) 处的微分可表示为

$$\mathrm{d}z\Big|_{(x_0, y_0)} = f_x(x_0, y_0)\Delta x + f_y(x_0, y_0)\Delta y = f_x(x_0, y_0)\mathrm{d}x + f_y(x_0, y_0)\mathrm{d}y.$$

于是，函数 $z = f(x, y)$ 在任意点 (x, y) 处的微分可表示为

$$\mathrm{d}z = f_x(x, y)\Delta x + f_y(x, y)\Delta y = f_x(x, y)\mathrm{d}x + f_y(x, y)\mathrm{d}y.$$

函数的微分概念可以推广到 $n(n \geqslant 3)$ 元函数上. 例如，三元函数 $u = f(x, y, z)$ 在点 (x, y, z) 处的微分可表示为

$$\mathrm{d}u = f_x(x, y, z)\mathrm{d}x + f_y(x, y, z)\mathrm{d}y + f_z(x, y, z)\mathrm{d}z.$$

注： 偏导数 $\frac{\partial z}{\partial x}$ 与 $\frac{\partial z}{\partial y}$ 存在是函数 $z = f(x, y)$ 可微的必要条件，但不是充分条件，即函数 $z = f(x, y)$ 在点 (x, y) 处的两个偏导数 $\frac{\partial z}{\partial x}$ 与 $\frac{\partial z}{\partial y}$ 存在，不能保证该函数在点 (x, y) 处可微. 这要与一元函数区分开来，一元函数可微与可导是等价的.

例 1　考察函数

$$f(x, y) = \begin{cases} \dfrac{xy}{\sqrt{x^2 + y^2}}, & (x, y) \neq (0, 0), \\ 0, & (x, y) = (0, 0) \end{cases}$$

在点 $(0, 0)$ 处的偏导数与可微性.

解　函数 $f(x, y)$ 在点 $(0, 0)$ 处的偏导数为

$$f_x(0, 0) = \lim_{\Delta x \to 0} \frac{f(0 + \Delta x, 0) - f(0, 0)}{\Delta x} = \lim_{\Delta x \to 0} \frac{0}{\Delta x} = 0,$$

$$f_y(0, 0) = \lim_{\Delta y \to 0} \frac{f(0, 0 + \Delta y) - f(0, 0)}{\Delta y} = \lim_{\Delta y \to 0} \frac{0}{\Delta y} = 0.$$

由于

$$\Delta z = f(0 + \Delta x, 0 + \Delta y) - f(0, 0) = \frac{\Delta x \Delta y}{\sqrt{(\Delta x)^2 + (\Delta y)^2}},$$

因此

$$\Delta z - (f_x(0, 0)\Delta x + f_y(0, 0)\Delta y) = \frac{\Delta x \Delta y}{\sqrt{(\Delta x)^2 + (\Delta y)^2}}.$$

令点 $(\Delta x, \Delta y)$ 沿着直线 $y = x$ 趋于点 $(0, 0)$，则

$$\frac{\dfrac{\Delta x \Delta y}{\sqrt{(\Delta x)^2 + (\Delta y)^2}}}{\rho} = \frac{\Delta x \Delta y}{(\Delta x)^2 + (\Delta y)^2} \to \frac{1}{2}.$$

这说明,当 $\rho\to 0$ 时,

$$\Delta z-(f_x(0,0)\Delta x+f_y(0,0)\Delta y)$$

不是 ρ 的高阶无穷小量.故函数 $f(x,y)$ 在点(0,0)处不可微.

我们有下面的结论:

定理 2(可微的充分条件) 如果函数 $z=f(x,y)$ 的偏导数 $\frac{\partial z}{\partial x},\frac{\partial z}{\partial y}$ 在点 (x,y) 处连续,则函数 $z=f(x,y)$ 在该点处可微.

证明从略.

例 2 求函数 $z=2x^3y+x^2y^3-1$ 的全微分.

解 因为

$$\frac{\partial z}{\partial x}=6x^2y+2xy^3,\quad \frac{\partial z}{\partial y}=2x^3+3x^2y^2,$$

所以

$$dz=\frac{\partial z}{\partial x}dx+\frac{\partial z}{\partial y}dy=(6x^2y+2xy^3)dx+(2x^3+3x^2y^2)dy.$$

例 3 求函数 $z=e^{xy}$ 在点(1,2)处的全微分.

解 因为

$$\frac{\partial z}{\partial x}=ye^{xy},\quad \frac{\partial z}{\partial y}=xe^{xy},$$

从而

$$\left.\frac{\partial z}{\partial x}\right|_{(1,2)}=2e^2,\quad \left.\frac{\partial z}{\partial y}\right|_{(1,2)}=e^2,$$

所以

$$\left.dz\right|_{(1,2)}=2e^2dx+e^2dy.$$

例 4 求函数 $u=\sin(xyz)$ 的全微分.

解 由于

$$\frac{\partial u}{\partial x}=yz\cos(xyz),\quad \frac{\partial u}{\partial y}=xz\cos(xyz),\quad \frac{\partial u}{\partial z}=xy\cos(xyz),$$

因此所求全微分为

$$du=yz\cos(xyz)dx+xz\cos(xyz)dy+xy\cos(xyz)dz.$$

二、全微分在近似计算中的应用

设二元函数 $z=f(x,y)$ 在点 $P(x,y)$ 处的全微分存在.因为当 $|\Delta x|,|\Delta y|$ 都较小时,可忽略 $o(\rho)$,所以有

$$\begin{aligned}\Delta z&=f(x+\Delta x,y+\Delta y)-f(x,y)\\&=f_x(x,y)\Delta x+f_y(x,y)\Delta y+o(\rho)\\&\approx f_x(x,y)\Delta x+f_y(x,y)\Delta y,\end{aligned}$$

即

$$f(x+\Delta x,y+\Delta y)-f(x,y)\approx f_x(x,y)\Delta x+f_y(x,y)\Delta y.$$

于是得到**二元函数的全微分近似计算公式**

$$f(x+\Delta x,y+\Delta y)\approx f(x,y)+f_x(x,y)\Delta x+f_y(x,y)\Delta y.$$

例 5　计算 $1.05^{3.02}$ 的近似值.

解　设函数 $f(x,y)=x^y$，取 $x=1,y=3,\Delta x=0.05,\Delta y=0.02$，则

$$f(1,3)=1,\quad f_x(x,y)=yx^{y-1},\quad f_y(x,y)=x^y\ln x,$$

$$f_x(1,3)=3,\quad f_y(1,3)=0.$$

于是，由二元函数的全微分近似计算公式得

$$\begin{aligned}1.05^{3.02}&\approx f(1,3)+f_x(1,3)\Delta x+f_y(1,3)\Delta y\\&=1+3\times0.05+0\times0.02=1.15.\end{aligned}$$

在上例中，若对 $1.05^{3.02}$ 的精确值取到小数点后 5 位，则其近似值为 1.158 76. 可见，上例中的近似结果比较逼近精确值.

练习 8.3

1. 求下列函数的全微分：

(1) $z=e^{x^2+y^2}$；　　(2) $z=\ln(x^2+y^2)$；

(3) $z=\arctan\dfrac{y}{x}$；　　(4) $u=x^{yz}\quad(x>0,x\neq1)$.

2. 求函数 $z=\ln(1+x^2+y^2)$ 在点 $(1,-1)$ 处的全微分.

3. 设函数 $u=x^{\frac{z}{y}}$，求 $\mathrm{d}u\Big|_{(e,1,1)}$.

4. 求函数 $z=f(x,y)=\dfrac{y}{x}$ 在点 $(2,1)$ 处关于 $\Delta x=0.1,\Delta y=-0.2$ 的全增量与全微分.

5. 计算 $\sqrt{1.02^3+1.97^3}$ 的近似值.

§8.4　多元复合函数与隐函数的导数

一、多元复合函数的求导法则

多元复合函数的求导运算与一元复合函数的求导运算有相似的链式法则，它在多元函数微分学中起着重要的作用.

定理 1　**设函数 $u=u(t),v=v(t)$ 都在点 t 处可导，函数 $z=f(u,v)$ 在对应点 (u,v) 处可微，则复合函数 $z=f(u(t),v(t))$ 在点 t 处可导，且有**

$$\frac{\mathrm{d}z}{\mathrm{d}t}=\frac{\partial z}{\partial u}\cdot\frac{\mathrm{d}u}{\mathrm{d}t}+\frac{\partial z}{\partial v}\cdot\frac{\mathrm{d}v}{\mathrm{d}t}.\tag{8-4-1}$$

证 因为 $z=f(u,v)$ 在点 (u,v) 处可微,所以

$$dz=\frac{\partial z}{\partial u}du+\frac{\partial z}{\partial v}dv.$$

因 $u=u(t)$ 及 $v=v(t)$ 都在点 t 处可导,从而可微,故有

$$du=\frac{du}{dt}dt,\quad dv=\frac{dv}{dt}dt.$$

于是得

$$dz=\frac{\partial z}{\partial u}\cdot\frac{du}{dt}dt+\frac{\partial z}{\partial v}\cdot\frac{dv}{dt}dt=\left(\frac{\partial z}{\partial u}\cdot\frac{du}{dt}+\frac{\partial z}{\partial v}\cdot\frac{dv}{dt}\right)dt,$$

从而

$$\frac{dz}{dt}=\frac{\partial z}{\partial u}\cdot\frac{du}{dt}+\frac{\partial z}{\partial v}\cdot\frac{dv}{dt}.$$

此定理可推广到中间变量多于两个的情形.例如,设 $z=f(u,v,w)$, $u=u(t)$, $v=v(t)$, $w=w(t)$,则复合函数 $z=f(u(t),v(t),w(t))$ 对 t 的导数为

$$\frac{dz}{dt}=\frac{\partial z}{\partial u}\cdot\frac{du}{dt}+\frac{\partial z}{\partial v}\cdot\frac{dv}{dt}+\frac{\partial z}{\partial w}\cdot\frac{dw}{dt}. \tag{8-4-2}$$

公式(8-4-1)和公式(8-4-2)的导数 $\frac{dz}{dt}$ 称为**全导数**.

此定理还可推广到中间变量不是一元函数而是多元函数的情形.我们有下面的定理:

定理 2 **如果函数 $u=u(x,y)$, $v=v(x,y)$ 都在点 (x,y) 处具有对 x 及 y 的偏导数,且函数 $z=f(u,v)$ 在对应点 (u,v) 处可微,则复合函数 $z=f(u(x,y),v(x,y))$ 在点 (x,y) 处的两个偏导数都存在,且**

$$\frac{\partial z}{\partial x}=\frac{\partial z}{\partial u}\cdot\frac{\partial u}{\partial x}+\frac{\partial z}{\partial v}\cdot\frac{\partial v}{\partial x}, \tag{8-4-3}$$

$$\frac{\partial z}{\partial y}=\frac{\partial z}{\partial u}\cdot\frac{\partial u}{\partial y}+\frac{\partial z}{\partial v}\cdot\frac{\partial v}{\partial y}. \tag{8-4-4}$$

事实上,求 $\frac{\partial z}{\partial x}$ 时将 y 看作常量,此时中间变量 u 和 v 就可看作关于 x 的一元函数,从而可应用定理 1,但复合函数 $z=f(u(x,y),v(x,y))$ 及 $u=u(x,y)$ 和 $v=v(x,y)$ 都是关于 x, y 的二元函数,故应把(8-4-1)式中的 d 改为 ∂,再把 t 改为 x,便得到公式(8-4-3).类似可得到公式(8-4-4).

多元复合函数的求导公式较难记忆,我们可以根据复合函数各变量之间的相互依赖关系图来写出其求导公式.以函数

$$z=f(u,v),\quad u=u(x,y),\quad v=v(x,y)$$

的复合函数

$$z=f(u(x,y),v(x,y))$$

为例,求其偏导数的具体做法如下:

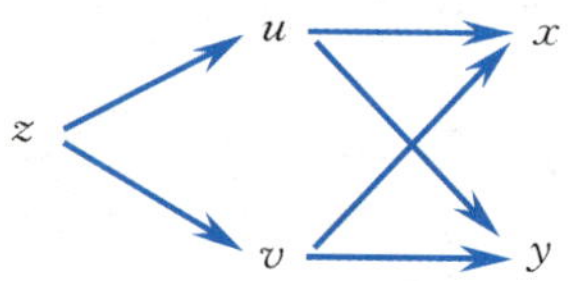

图 8-4-1

(1) 作出各变量之间相互依赖的关系图(见图 8-4-1);

(2) 求 $\frac{\partial z}{\partial x}$ 时,由于从 z 到 x 有两条路线,因此 $\frac{\partial z}{\partial x}$ 是两项之和;

(3) 走第一条路线 $z\to u\to x$ 时,得到第一项为 $\frac{\partial z}{\partial u}\cdot\frac{\partial u}{\partial x}$;

(4) 走第二条路线 $z\to v\to x$ 时，得到第二项为$\frac{\partial z}{\partial v}\cdot\frac{\partial v}{\partial x}$；

(5) 把第一项和第二项相加，便是$\frac{\partial z}{\partial x}$，即

$$\frac{\partial z}{\partial x}=\frac{\partial z}{\partial u}\cdot\frac{\partial u}{\partial x}+\frac{\partial z}{\partial v}\cdot\frac{\partial v}{\partial x}.$$

类似可写出

$$\frac{\partial z}{\partial y}=\frac{\partial z}{\partial u}\cdot\frac{\partial u}{\partial y}+\frac{\partial z}{\partial v}\cdot\frac{\partial v}{\partial y}.$$

例 1　设函数 $z=f(u,v,t)=uv+\sin t, u=e^t, v=\cos t$，求导数$\frac{dz}{dt}$.

解　先作出各变量之间相互依赖的关系图（见图 8-4-2），根据图 8-4-2 写出求导公式：

$$\frac{dz}{dt}=\frac{\partial f}{\partial u}\cdot\frac{du}{dt}+\frac{\partial f}{\partial v}\cdot\frac{dv}{dt}+\frac{\partial f}{\partial t}.$$

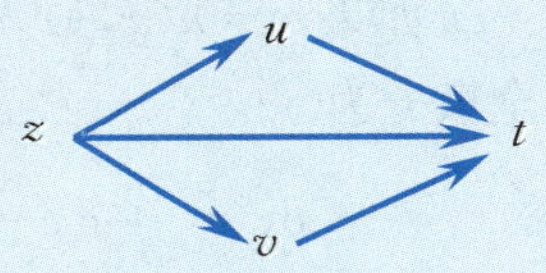

图 8-4-2

因为$\frac{\partial f}{\partial u}=v,\frac{\partial f}{\partial v}=u,\frac{du}{dt}=e^t,\frac{dv}{dt}=-\sin t,\frac{\partial f}{\partial t}=\cos t$，所以有

$$\begin{aligned}\frac{dz}{dt}&=ve^t-u\sin t+\cos t=\cos t\cdot e^t-e^t\sin t+\cos t\\&=e^t(\cos t-\sin t)+\cos t.\end{aligned}$$

在上例中，把 $u=e^t, v=\cos t$ 代入 $z=uv+\sin t$，得 $z=e^t\cos t+\sin t$，然后对 t 求导数，也可得到上例中的结果.

例 2　设函数 $z=(3x^2+y^2)^{2x+3y}(xy\neq 0)$，求$\frac{\partial z}{\partial x}$和$\frac{\partial z}{\partial y}$.

解　设 $u=3x^2+y^2, v=2x+3y$，则 $z=(3x^2+y^2)^{2x+3y}$ 是由 $z=u^v$ 与 $u=3x^2+y^2$，$v=2x+3y$ 复合而成的. 由复合函数的求导公式得

$$\begin{aligned}\frac{\partial z}{\partial x}&=\frac{\partial z}{\partial u}\cdot\frac{\partial u}{\partial x}+\frac{\partial z}{\partial v}\cdot\frac{\partial v}{\partial x}=vu^{v-1}\cdot 6x+u^v\ln u\cdot 2\\&=6x(2x+3y)(3x^2+y^2)^{2x+3y-1}+2(3x^2+y^2)^{2x+3y}\ln(3x^2+y^2),\\\frac{\partial z}{\partial y}&=\frac{\partial z}{\partial u}\cdot\frac{\partial u}{\partial y}+\frac{\partial z}{\partial v}\cdot\frac{\partial v}{\partial y}=vu^{v-1}\cdot 2y+u^v\ln u\cdot 3\\&=2y(2x+3y)(3x^2+y^2)^{2x+3y-1}+3(3x^2+y^2)^{2x+3y}\ln(3x^2+y^2).\end{aligned}$$

例 3　设函数 $z=f(x,y,u)=e^{xy}+u, u=\varphi(x,y)=3x+2y$，求$\frac{\partial z}{\partial x},\frac{\partial z}{\partial y}$和$\frac{\partial^2 z}{\partial x\partial y}$.

解　根据各变量之间相互依赖的关系图，可得

$$\frac{\partial z}{\partial x}=\frac{\partial f}{\partial x}+\frac{\partial f}{\partial u}\cdot\frac{\partial u}{\partial x}=ye^{xy}+3,$$

$$\frac{\partial z}{\partial y}=\frac{\partial f}{\partial y}+\frac{\partial f}{\partial u}\cdot\frac{\partial u}{\partial y}=xe^{xy}+2,$$

于是得

$$\frac{\partial^2 z}{\partial x\partial y}=\frac{\partial}{\partial y}\left(\frac{\partial z}{\partial x}\right)=\frac{\partial}{\partial y}(ye^{xy}+3)=e^{xy}+ye^{xy}x=e^{xy}(1+xy).$$

注：这里$\frac{\partial z}{\partial x}$与$\frac{\partial f}{\partial x}$是不同的，$\frac{\partial z}{\partial x}$是把复合函数$z=f(x,y,\varphi(x,y))$中的$y$看作常量而对$x$求偏导数，$\frac{\partial f}{\partial x}$是把函数$z=f(x,y,u)$中的$u$及$y$看作常量而对$x$求偏导数．$\frac{\partial z}{\partial y}$与$\frac{\partial f}{\partial y}$也有类似的区别．

*二、全微分形式不变性

若函数$z=f(u,v)$具有连续的偏导数，则有全微分

$$\mathrm{d}z=\frac{\partial z}{\partial u}\mathrm{d}u+\frac{\partial z}{\partial v}\mathrm{d}v.$$

如果$u=u(x,y)$，$v=v(x,y)$也具有连续的偏导数，则复合函数$z=f(u(x,y),v(x,y))$的全微分为

$$\begin{aligned}\mathrm{d}z&=\frac{\partial z}{\partial x}\mathrm{d}x+\frac{\partial z}{\partial y}\mathrm{d}y=\left(\frac{\partial z}{\partial u}\cdot\frac{\partial u}{\partial x}+\frac{\partial z}{\partial v}\cdot\frac{\partial v}{\partial x}\right)\mathrm{d}x+\left(\frac{\partial z}{\partial u}\cdot\frac{\partial u}{\partial y}+\frac{\partial z}{\partial v}\cdot\frac{\partial v}{\partial y}\right)\mathrm{d}y\\&=\frac{\partial z}{\partial u}\left(\frac{\partial u}{\partial x}\mathrm{d}x+\frac{\partial u}{\partial y}\mathrm{d}y\right)+\frac{\partial z}{\partial v}\left(\frac{\partial v}{\partial x}\mathrm{d}x+\frac{\partial v}{\partial y}\mathrm{d}y\right)\\&=\frac{\partial z}{\partial u}\mathrm{d}u+\frac{\partial z}{\partial v}\mathrm{d}v.\end{aligned}$$

由此可见，无论z是中间变量u，v的函数还是自变量x，y的函数，它的全微分形式都是一样的．这个性质称为**全微分形式不变性**．

例 4　设函数$z=\mathrm{e}^u\sin v$，而$u=xy$，$v=x+y$，利用全微分形式不变性求$\frac{\partial z}{\partial x}$和$\frac{\partial z}{\partial y}$.

解　一方面，由全微分形式不变性得$\mathrm{d}z=\mathrm{d}(\mathrm{e}^u\sin v)=\mathrm{e}^u\sin v\mathrm{d}u+\mathrm{e}^u\cos v\mathrm{d}v$．而

$$\mathrm{d}u=\mathrm{d}(xy)=y\mathrm{d}x+x\mathrm{d}y,\quad \mathrm{d}v=\mathrm{d}(x+y)=\mathrm{d}x+\mathrm{d}y,$$

于是得

$$\begin{aligned}\mathrm{d}z&=(\mathrm{e}^u\sin v\cdot y+\mathrm{e}^u\cos v)\mathrm{d}x+(\mathrm{e}^u\sin v\cdot x+\mathrm{e}^u\cos v)\mathrm{d}y\\&=\mathrm{e}^{xy}(y\sin(x+y)+\cos(x+y))\mathrm{d}x+\mathrm{e}^{xy}(x\sin(x+y)+\cos(x+y))\mathrm{d}y.\end{aligned}$$

另一方面，把$u=xy$，$v=x+y$代入$z=\mathrm{e}^u\sin v$后，求得全微分为

$$\mathrm{d}z=\frac{\partial z}{\partial x}\mathrm{d}x+\frac{\partial z}{\partial y}\mathrm{d}y.$$

因此

$$\begin{aligned}\frac{\partial z}{\partial x}\mathrm{d}x+\frac{\partial z}{\partial y}\mathrm{d}y=&\ \mathrm{e}^{xy}(y\sin(x+y)+\cos(x+y))\mathrm{d}x\\&+\mathrm{e}^{xy}(x\sin(x+y)+\cos(x+y))\mathrm{d}y.\end{aligned}$$

比较上式两边$\mathrm{d}x$，$\mathrm{d}y$的系数，得

$$\frac{\partial z}{\partial x}=\mathrm{e}^{xy}(y\sin(x+y)+\cos(x+y)),$$

$$\frac{\partial z}{\partial y}=\mathrm{e}^{xy}(x\sin(x+y)+\cos(x+y)).$$

三、隐函数的求导公式

在上册中，我们已经介绍过怎样求由方程 $F(x,y)=0$ 所确定的隐函数 $y=y(x)$ 的导数. 现在介绍怎样用偏导数来求由方程所确定的隐函数的导数.

1. 由方程 $F(x,y)=0$ 所确定的隐函数 $y=y(x)$ 的导数

将 $y=y(x)$ 代入 $F(x,y)=0$，得 $F(x,y(x))=0$. 将等式 $F(x,y(x))=0$ 的左边看成 x 的复合函数，求其全导数，可得

$$\frac{\partial F}{\partial x}+\frac{\partial F}{\partial y}\cdot\frac{\mathrm{d}y}{\mathrm{d}x}=0.$$

当 $F_y(x,y)\neq 0$ 时，可得

$$\frac{\mathrm{d}y}{\mathrm{d}x}=-\frac{F_x(x,y)}{F_y(x,y)}. \tag{8-4-5}$$

例 5　求由方程 $xy+\mathrm{e}^{-x}-\mathrm{e}^{y}=0$ 所确定的隐函数 $y=y(x)$ 的导数 $\frac{\mathrm{d}y}{\mathrm{d}x}$ 和 $\left.\frac{\mathrm{d}y}{\mathrm{d}x}\right|_{x=0}$.

解　令 $F(x,y)=xy+\mathrm{e}^{-x}-\mathrm{e}^{y}$，则

$$F_x(x,y)=y-\mathrm{e}^{-x},\quad F_y(x,y)=x-\mathrm{e}^{y}.$$

故由公式(8-4-5)得

$$\frac{\mathrm{d}y}{\mathrm{d}x}=-\frac{F_x(x,y)}{F_y(x,y)}=\frac{\mathrm{e}^{-x}-y}{x-\mathrm{e}^{y}}.$$

由原方程知，当 $x=0$ 时，$y=0$，所以

$$\left.\frac{\mathrm{d}y}{\mathrm{d}x}\right|_{x=0}=\left.\frac{\mathrm{e}^{-x}-y}{x-\mathrm{e}^{y}}\right|_{\substack{x=0\\y=0}}=-1.$$

2. 由方程 $F(x,y,z)=0$ 所确定的隐函数 $z=z(x,y)$ 的偏导数

(8-4-5)式还可应用于 F 含两个以上变量的情形. 例如，求由三元方程 $F(x,y,z)=0$ 所确定的隐函数 $z=z(x,y)$ 的偏导数时，可分别将 y 和 x 看作常量，应用公式(8-4-5)得到

$$\frac{\partial z}{\partial x}=-\frac{F_x}{F_z},\quad \frac{\partial z}{\partial y}=-\frac{F_y}{F_z},$$

其中 F_x 表示函数 $F(x,y,z)$ 对 x 求偏导数，F_y 与 F_z 的含义与其类似.

例 6　求由方程 $\frac{x}{z}=\ln\frac{z}{y}$ 所确定的隐函数 $z=z(x,y)$ 的偏导数 $\frac{\partial z}{\partial x},\frac{\partial z}{\partial y}$.

解　令 $F(x,y,z)=\frac{x}{z}-\ln\frac{z}{y}=\frac{x}{z}-\ln|z|+\ln|y|$，则

$$F_x=\frac{1}{z},\quad F_y=\frac{1}{y},\quad F_z=-\frac{x}{z^2}-\frac{1}{z}=-\frac{x+z}{z^2}.$$

于是得

$$\frac{\partial z}{\partial x}=-\frac{F_x}{F_z}=\frac{z}{x+z},\quad \frac{\partial z}{\partial y}=-\frac{F_y}{F_z}=\frac{z^2}{y(x+z)}.$$

例 7 设由方程 $x^2+y^2+z^2-4z=0$ 所确定的隐函数为 $z=z(x,y)$，求 $\frac{\partial^2 z}{\partial x^2},\frac{\partial^2 z}{\partial x\partial y}$.

解 设 $F(x,y,z)=x^2+y^2+z^2-4z$，则

$$F_x=2x,\quad F_y=2y,\quad F_z=2z-4.$$

于是得

$$\frac{\partial z}{\partial x}=-\frac{F_x}{F_z}=\frac{x}{2-z},\quad \frac{\partial z}{\partial y}=-\frac{F_y}{F_z}=\frac{y}{2-z},$$

$$\frac{\partial^2 z}{\partial x^2}=\frac{\partial}{\partial x}\left(\frac{\partial z}{\partial x}\right)=\frac{2-z+x\frac{\partial z}{\partial x}}{(2-z)^2}=\frac{2-z+x\cdot\frac{x}{2-z}}{(2-z)^2}$$

$$=\frac{(2-z)^2+x^2}{(2-z)^3},$$

$$\frac{\partial^2 z}{\partial x\partial y}=\frac{\partial}{\partial y}\left(\frac{\partial z}{\partial x}\right)=-\frac{x}{(2-z)^2}\cdot\frac{\partial}{\partial y}(2-z)=\frac{x}{(2-z)^2}\cdot\frac{\partial z}{\partial y}$$

$$=\frac{x}{(2-z)^2}\cdot\frac{y}{2-z}=\frac{xy}{(2-z)^3}.$$

练习 8.4

1. 设函数 $z=e^{x+y}$，$x=\sin t$，$y=\cos t$，求全导数 $\frac{dz}{dt}$.

2. 设函数 $z=u^2v^2+e^{2t}$，$u=\sin t$，$v=\cos t$，求全导数 $\frac{dz}{dt}$.

3. 设函数 $z=u^2\ln v$，$u=\frac{x}{y}$，$v=x+y$，求 $\frac{\partial z}{\partial x}$ 和 $\frac{\partial z}{\partial y}$.

4. 设函数 $z=(2x+y)^{2x+y}$，求 $\frac{\partial z}{\partial x}$ 和 $\frac{\partial z}{\partial y}$.

5. 设函数 $z=\arctan\frac{u}{v}$，$u=x+y$，$v=x-y$，证明：

$$\frac{\partial z}{\partial x}+\frac{\partial z}{\partial y}=\frac{x-y}{x^2+y^2}.$$

6. 求下列复合函数的偏导数 $\frac{\partial w}{\partial x},\frac{\partial w}{\partial y}$（设 f 可微）：

(1) $w=f(u,v)$，其中 $u=x^2-y^2$，$v=xy$；

(2) $w=f(u,v)$，其中 $u=\frac{x}{y}$，$v=\frac{y}{z}$.

7. 已知 $\ln\sqrt{x^2+y^2}=\arctan\frac{y}{x}$，求 $\frac{dy}{dx}$.

8. 已知 $x+2y+z-2\sqrt{xyz}=0$，求 $\frac{\partial z}{\partial x}$ 和 $\frac{\partial z}{\partial y}$.

9. 已知 $2\sin(x+2y-3z)=x+2y-3z$，证明：

$$\frac{\partial z}{\partial x}+\frac{\partial z}{\partial y}=1.$$

10. 已知 $e^z-xyz=0$，求 $\frac{\partial^2 z}{\partial x^2}$.

11. 设 $z=xy+xF(u)$，而 $u=\frac{y}{x}$，$F(u)$ 为可导函数，证明：

$$x\frac{\partial z}{\partial x}+y\frac{\partial z}{\partial y}=z+xy.$$

12. 设函数 $z=\dfrac{y}{f(x^2-y^2)}$，其中 $f(u)$ 为可导函数，证明：

$$\frac{1}{x}\cdot\frac{\partial z}{\partial x}+\frac{1}{y}\cdot\frac{\partial z}{\partial y}=\frac{z}{y^2}.$$

§8.5　多元函数的极值及其求法

在实际问题中，常常需要求出多元函数的最大值和最小值. 与一元函数的情形类似，多元函数的最大值和最小值与极大值和极小值有着密切关系. 我们主要以二元函数为例来讨论多元函数的极值问题.

一、二元函数的极值

定义 1　设函数 $z=f(x,y)$ 在点 (x_0,y_0) 的某一邻域内有定义. 如果对于该邻域内任一异于 (x_0,y_0) 的点 (x,y)，都有

$$f(x,y)<f(x_0,y_0),$$

则称 $f(x_0,y_0)$ 是函数 $z=f(x,y)$ 的**极大值**；如果

$$f(x,y)>f(x_0,y_0),$$

则称 $f(x_0,y_0)$ 是函数 $z=f(x,y)$ 的**极小值**.

极大值和极小值统称为**极值**. 使函数取得极值的点称为**极值点**. 例如：

(1) 函数 $z=2x^2+3y^2$ 在点 $(0,0)$ 处有极小值 0；

(2) 函数 $z=1-x^2-y^2$ 在点 $(0,0)$ 处有极大值 1；

(3) 点 $(0,0)$ 不是函数 $z=f(x,y)=xy$ 的极值点.

以上关于二元函数的极值概念，均可推广到 $n(n\geqslant 3)$ 元函数的情形.

在一元函数中，若函数在点 x_0 处有极值且可导，则函数在该点处的导数必为 0. 多元函数也有类似的结论.

定理 1（必要条件）　**设函数 $z=f(x,y)$ 在点 (x_0,y_0) 处具有偏导数，且在点 (x_0,y_0) 处有极值，则它在该点处的偏导数必然为 0，即**

$$f_x(x_0,y_0)=0,\quad f_y(x_0,y_0)=0.$$

证　由已知条件知，一元函数 $z=f(x,y_0)$ 在 x_0 的某一邻域内有定义，且以 x_0 为极值点. 因此 $f_x(x_0,y_0)=0$. 类似可证得 $f_y(x_0,y_0)=0$.

使 $f_x(x,y)=0,f_y(x,y)=0$ 同时成立的点 (x_0,y_0)，称为函数 $z=f(x,y)$ 的**驻点**.

注： 函数偏导数存在的极值点必定是驻点，但函数的驻点不一定是极值点. 例如，函数 $f(x,y)=xy$ 在点 $(0,0)$ 处的两个偏导数都为 0，即点 $(0,0)$ 是 $f(x,y)=xy$ 的驻点，但函数 $f(x,y)=xy$ 在点 $(0,0)$ 处无极值.

定理 2（充分条件）　**设函数 $z=f(x,y)$ 在点 (x_0,y_0) 的某一邻域内有直到二阶的连续偏导数，且点 (x_0,y_0) 是 $f(x,y)$ 的驻点，记**

$$f_{xx}(x_0,y_0)=A,\quad f_{xy}(x_0,y_0)=B,\quad f_{yy}(x_0,y_0)=C.$$

(1) 当 $AC-B^2>0$ 时,函数 $f(x,y)$ 在点 (x_0,y_0) 处有极值,且当 $A>0$ 时有极小值,当 $A<0$ 时有极大值;

(2) 当 $AC-B^2<0$ 时,函数 $f(x,y)$ 在点 (x_0,y_0) 处没有极值;

(3) 当 $AC-B^2=0$ 时,函数 $f(x,y)$ 在点 (x_0,y_0) 处可能有极值,也可能没有极值(需另做讨论).

证明从略.

根据定理1与定理2,如果函数 $f(x,y)$ 具有二阶连续偏导数,则求函数 $z=f(x,y)$ 的极值的一般步骤如下:

(1) 解方程组 $f_x(x,y)=0, f_y(x,y)=0$,求出 $f(x,y)$ 的所有驻点;

(2) 求出函数 $f(x,y)$ 的二阶偏导数,然后依次确定函数 $f(x,y)$ 在驻点处的 A,B,C 的值;

(3) 根据驻点处 $AC-B^2$ 的符号来判定此驻点是否为极值点,然后求出函数 $f(x,y)$ 的极值.

例 1 求函数 $f(x,y)=x^3-y^3+3x^2+3y^2-9x$ 的极值.

解 先求驻点:解方程组

$$\begin{cases} f_x(x,y)=3x^2+6x-9=0, \\ f_y(x,y)=-3y^2+6y=0, \end{cases}$$

求得 $x=1$ 或 -3, $y=0$ 或 2. 于是得驻点为 $(1,0),(1,2),(-3,0),(-3,2)$.

再求二阶偏导数:

$$f_{xx}(x,y)=6x+6, \quad f_{xy}(x,y)=0, \quad f_{yy}(x,y)=-6y+6.$$

在点 $(1,0)$ 处, $A=f_{xx}(1,0)=12, B=0, C=f_{yy}(1,0)=6$,故 $AC-B^2=72>0$. 因为 $A=12>0$,所以该函数在 $(1,0)$ 处有极小值,为 $f(1,0)=-5$.

在点 $(1,2)$ 处, $AC-B^2=-72<0$,故 $f(1,2)$ 不是该函数的极值.

在点 $(-3,0)$ 处, $AC-B^2=-72<0$,故 $f(-3,0)$ 不是该函数的极值.

在点 $(-3,2)$ 处, $AC-B^2=72>0$,因为 $A=-12<0$,所以该函数在 $(-3,2)$ 处有极大值,为 $f(-3,2)=31$.

注:不是驻点的点也可能是极值点. 例如,函数 $z=\sqrt{x^2+y^2}$ 在点 $(0,0)$ 处有极小值 0,而该函数在点 $(0,0)$ 处的偏导数不存在,即点 $(0,0)$ 不是该函数的驻点. 因此,在讨论函数的极值问题时,除了考虑函数的驻点外,还要考虑其偏导数不存在的点.

二、二元函数的最大值和最小值

有界闭区域 D 上的二元连续函数 $f(x,y)$ 一定有最大值和最小值. 求函数 $f(x,y)$ 在有界闭区域 D 上的最大值和最小值的一般步骤如下:

(1) 求出函数 $f(x,y)$ 在 D 内所有驻点及偏导数不存在的点;

(2) 求出 $f(x,y)$ 在 D 的边界上的可能极值点;

(3) 求出步骤(1),(2) 中得到的点处的函数值并进行比较,其中最大者即为最大值,最小者即为最小值.

在通常遇到的实际问题中,如果根据问题的实际意义,可以判断出二元函数 $f(x,y)$ 的最大值(或最小值)一定在区域 D 的内部取得,而该函数在 D 内只有一个驻点,则可以断定这个驻点处的函数值就是该函数在 D 上的最大值(或最小值).

三、条件极值 —— 拉格朗日乘数法

在前面我们求二元函数 $z=f(x,y)$ 的极值时,两个自变量 x 与 y 除了受定义域的限制外,不受其他条件约束,此时的极值称为**无条件极值**(简称**极值**). 如果 x 与 y 之间还要满足条件 $\varphi(x,y)=0$(称为**约束条件**或**约束方程**),则称此时的极值为**条件极值**.

例如,在平面直角坐标系中,求圆 $(x-3)^2+(y-3)^2=1$ 上的点到原点 $(0,0)$ 的最大距离和最小距离. 此问题实质上就是求条件极值的问题.

下面介绍求条件极值的**拉格朗日乘数法**.

求二元函数 $z=f(x,y)$ 在约束条件 $\varphi(x,y)=0$ 下的极值的步骤如下:

(1) 构造辅助函数(称为**拉格朗日函数**)

$$F(x,y,\lambda)=f(x,y)+\lambda\varphi(x,y);$$

(2) 求出 $F(x,y,\lambda)$ 对 x,y 和 λ 的一阶偏导数,并令它们等于 0,得方程组

$$\begin{cases}F_x=f_x(x,y)+\lambda\varphi_x(x,y)=0,\\F_y=f_y(x,y)+\lambda\varphi_y(x,y)=0,\\F_\lambda=\varphi(x,y)=0;\end{cases}$$

(3) 由上述方程组解出 x,y 和 λ,其中 (x,y) 可能就是所求条件极值的极值点,一般可以根据具体问题的性质进行判别.

拉格朗日乘数法也可推广到自变量多于两个、约束条件多于一个的情形. 例如,若要求函数 $u=f(x,y,z)$ 在约束条件

$$\varphi(x,y,z)=0,\quad \psi(x,y,z)=0$$

下的极值,则可以先构造拉格朗日函数

$$F(x,y,z,\lambda,\mu)=f(x,y,z)+\lambda\varphi(x,y,z)+\mu\psi(x,y,z),$$

然后按类似的步骤求出极值.

例 2　求函数 $f(x,y)=x^2+y^2-x-y$ 在有界闭区域

$$D=\{(x,y)\,|\,x^2+y^2\leqslant 1\}$$

上的最大值和最小值.

解　(1) 求出 $f(x,y)$ 在 D 内的驻点. 解方程组

$$\begin{cases}f_x(x,y)=2x-1=0,\\f_y(x,y)=2y-1=0,\end{cases}$$

得到 $f(x,y)$ 在 D 内的唯一驻点 $\left(\frac{1}{2},\frac{1}{2}\right)$.

(2) 求出 $f(x,y)$ 在 D 的边界上的可能极值点,即求 $f(x,y)$ 在约束条件 $x^2+y^2=1$ 下的可能极值点. 设

$$F(x,y,\lambda)=x^2+y^2-x-y+\lambda(x^2+y^2-1).$$

求出 $F(x,y,\lambda)$ 对 x,y 和 λ 的一阶偏导数，并令它们等于 0，得方程组

$$\begin{cases} F_x = 2x - 1 + 2x\lambda = 0, \\ F_y = 2y - 1 + 2y\lambda = 0, \\ F_\lambda = x^2 + y^2 - 1 = 0. \end{cases}$$

由上述方程组的前两个方程得 $x = y = \dfrac{1}{2+2\lambda}$，代入第三个方程，得 $f(x,y)$ 在 D 的边界上的可能极值点 $\left(\dfrac{\sqrt{2}}{2},\dfrac{\sqrt{2}}{2}\right)$，$\left(-\dfrac{\sqrt{2}}{2},-\dfrac{\sqrt{2}}{2}\right)$.

(3) 计算上述所得点处的函数值，得

$$f\left(\frac{1}{2},\frac{1}{2}\right) = -\frac{1}{2},\quad f\left(\frac{\sqrt{2}}{2},\frac{\sqrt{2}}{2}\right) = 1-\sqrt{2},\quad f\left(-\frac{\sqrt{2}}{2},-\frac{\sqrt{2}}{2}\right) = 1+\sqrt{2}.$$

由于 $-\dfrac{1}{2} < 1-\sqrt{2} < 1+\sqrt{2}$，因此 $f(x,y)$ 在 D 上的最大值为 $f\left(-\dfrac{\sqrt{2}}{2},-\dfrac{\sqrt{2}}{2}\right) = 1+\sqrt{2}$，最小值为 $f\left(\dfrac{1}{2},\dfrac{1}{2}\right) = -\dfrac{1}{2}$.

例 3 某工厂使用甲、乙两种原料来生产某种产品. 已知当甲、乙两种原料分别使用 x 单位和 y 单位时，可生产 $Q(x,y)$ 单位的该种产品，它们之间有如下关系式：

$$Q(x,y) = 10xy + 20.2x + 30.3y - 10x^2 - 5y^2.$$

若甲原料的价格为 20 元/单位，乙原料的价格为 30 元/单位，生产出来的该种产品每单位的售价为 100 元，产品固定成本为 1 000 元，求该公司的最大利润.

解 由题意知，当甲、乙两种原料分别使用 x 单位和 y 单位时，总收入为 $100Q(x,y)$ 元，总成本为 $(20x+30y+1\,000)$ 元. 若设总利润为 $L(x,y)$，则

$$\begin{aligned} L(x,y) &= 100Q(x,y) - (20x+30y+1\,000) \\ &= 1\,000xy + 2\,000x + 3\,000y - 1\,000x^2 - 500y^2 - 1\,000. \end{aligned}$$

解方程组

$$\begin{cases} L_x(x,y) = 1\,000y + 2\,000 - 2\,000x = 0, \\ L_y(x,y) = 1\,000x + 3\,000 - 1\,000y = 0, \end{cases}$$

得到函数 $L(x,y)$ 的唯一驻点为 $(5,8)$. 由于

$$A = L_{xx}(5,8) = -2\,000,\quad B = L_{xy}(5,8) = 1\,000,\quad C = L_{yy}(5,8) = -1\,000,$$

因此 $AC - B^2 = 1\,000\,000 > 0$，而 $A = -2\,000 < 0$，故 $L(x,y)$ 在点 $(5,8)$ 处取得极大值，为 $L(5,8) = 16\,000$. 所以，该公司的最大利润为 16 000 元.

练习 8.5

1. 求下列函数的极值：

(1) $f(x,y) = x^3 + y^3 - 3xy$；

(2) $f(x,y) = -\dfrac{1}{2}x^2 + 4xy - 9y^2 - 3x + 14y - \dfrac{1}{2}$；

(3) $f(x,y) = (x+y^2)e^{\frac{x}{2}}$.

2. 求下列函数 $f(x,y)$ 在给定约束条件下的极大值或极小值：

(1) $f(x,y) = xy$，$x + y = 2$，极大值；

(2) $f(x,y)=xy-1$, $(x-1)(y-1)=1$，极小值.

3. 求表面积为 $a^2(a>0)$ 而体积为最大的长方体的体积.

4. 求椭圆 $\frac{x^2}{a^2}+\frac{y^2}{b^2}=1(a>0,b>0)$ 的内接矩形面积的最大值.

5. 某工厂生产甲、乙两种产品，甲产品的售价为900元/吨，乙产品的售价为1 000元/吨，已知生产 x 吨甲产品和 y 吨乙产品的总成本(单位:元)为

$$C(x,y)=30\,000+300x+200y+3x^2+xy+3y^2,$$

问:甲、乙两种产品的产量分别为多少时，利润最大?

6. 求函数 $z=xy$ 在区域 $D=\{(x,y)\mid x^2+y^2\leqslant 1\}$ 上的最大值和最小值.

习　题　8

(A)

1. 求下列函数的定义域，并画出其在平面直角坐标系中的图形:

(1) $f(x,y)=\sin\frac{1}{x^2+y^2-1}$;　(2) $f(x,y)=\sqrt{1-x^2}+\sqrt{1-y^2}$;

(3) $f(x,y)=\ln(x-y)$;　(4) $f(x,y)=\arcsin(x^2+y^2-3)$.

2. 已知函数 $f(x-y,\sqrt{xy})=x^2+y^2$，求 $f(x,y)$.

3. 计算下列极限:

(1) $\lim\limits_{\substack{x\to 0\\y\to 1}}\frac{2^x+y}{x+y}$;　(2) $\lim\limits_{(x,y)\to(5,0)}\frac{\sin(xy)}{y}$;

(3) $\lim\limits_{\substack{x\to\infty\\y\to 1}}\left(1+\frac{1}{x}\right)^{\frac{x^2}{x+y}}$;　(4) $\lim\limits_{(x,y)\to(0,0)}\frac{\sin(x^3+y^3)}{x+y}$.

4. 证明: $\lim\limits_{\substack{x\to\infty\\y\to\infty}}\frac{x+y}{x^2-xy+y^2}=0$.

5. 讨论极限 $\lim\limits_{(x,y)\to(0,0)}\frac{x^2y}{x^4+y^2}$ 是否存在.

6. 讨论函数

$$f(x,y)=\begin{cases}\frac{x^2-y^2}{x+y}, & (x,y)\neq(0,0),\\ 0, & (x,y)=(0,0)\end{cases}$$

在点(0,0)处是否连续.

7. 求下列函数的一阶偏导数:

(1) $z=x^3y-xy^3$;　(2) $z=\sin(xy)+\cos^2(xy)$;

(3) $z=\ln\left(\tan\frac{y}{x}\right)$;　(4) $z=(1+xy)^x$.

8. 求下列函数的二阶偏导数 $\frac{\partial^2 z}{\partial x^2},\frac{\partial^2 z}{\partial x\partial y},\frac{\partial^2 z}{\partial y^2}$:

(1) $z=xe^{y^2}$;　(2) $z=\arctan\frac{y}{x}$.

9. 设方程 $x+y-z=e^z$ 可确定隐函数 $z=z(x,y)$，求 $\frac{\partial^2 z}{\partial x^2},\frac{\partial^2 z}{\partial y^2}$.

10. 求下列复合函数的偏导数:

(1) 设 $z=e^u\sin v$，而 $u=xy$, $v=x+y$，求 $\frac{\partial z}{\partial x}$ 和 $\frac{\partial z}{\partial y}$;

(2) 设 $u=f(x,y,z)=\mathrm{e}^{x+2y+3z}$, $z=x^2\cos y$,求$\dfrac{\partial u}{\partial x}$和$\dfrac{\partial u}{\partial y}$;

(3) 设 $w=f(x,xy,xyz)$,且 f 可微,求$\dfrac{\partial w}{\partial x}$,$\dfrac{\partial w}{\partial y}$,$\dfrac{\partial w}{\partial z}$.

11. 求函数 $u=x^y y^z z^x$ 的全微分.

12. 设函数

$$z=f(x,y)=\int_0^{xy}\mathrm{e}^{-t^2}\,\mathrm{d}t,$$

求$\dfrac{\partial z}{\partial x}$和$\dfrac{\partial z}{\partial y}$.

13. 证明:函数

$$f(x,y)=\begin{cases}(x^2+y^2)\sin\dfrac{1}{x^2+y^2}, & (x,y)\neq(0,0),\\ 0, & (x,y)=(0,0)\end{cases}$$

在点(0,0)处可微.

14. 求下列函数的极值:

(1) $f(x,y)=x^2+y^3-6xy+18x-39y+16$;

(2) $f(x,y)=3xy-x^3-y^3+1$.

15. 求函数 $f(x,y)=x^2-2xy+2y$ 在矩形区域 $D=\{(x,y)\mid 0\leqslant x\leqslant 3, 0\leqslant y\leqslant 2\}$ 上的最大值和最小值.

16. 某工厂生产甲、乙两种产品的日产量(单位:件)分别为 x 和 y,成本函数(单位:元)为

$$C(x,y)=1\,000+8x^2-xy+12y^2,$$

要求每天生产这两种产品的总量为 42 件.问:甲、乙两种产品的日产量分别为多少时,成本最低?

17. 假设某公司可通过电视台和报纸这两种方式做销售某种商品的广告.根据资料统计,销售收入 R(单位:万元)与电视台广告费用 x(单位:万元)和报纸广告费用 y(单位:万元)之间有如下关系式:

$$R(x,y)=15+14x+32y-8xy-2x^2-10y^2.$$

(1) 在广告费用不限的情况下,求最优广告策略;

(2) 若广告费用预算为 2 万元,求相应的最优广告策略.

18. 设函数 $\Phi(u,v)$ 具有连续的偏导数,证明:由方程 $\Phi(cx-az,cy-bz)=0$(a,b,c 为常数)所确定的函数 $z=f(x,y)$ 满足

$$a\frac{\partial z}{\partial x}+b\frac{\partial z}{\partial y}=c.$$

(B)

1. 选择题:

(1) 设函数 $f(x,y)$ 可微,且对任意的 x,y,都有$\dfrac{\partial f(x,y)}{\partial x}>0$,$\dfrac{\partial f(x,y)}{\partial y}<0$,则使得 $f(x_1,y_1)<f(x_2,y_2)$ 成立的一个充分条件是( ).

A. $x_1>x_2, y_1<y_2$　　B. $x_1>x_2, y_1>y_2$

C. $x_1<x_2, y_1<y_2$　　D. $x_1<x_2, y_1>y_2$　　(2012 考研数二)

(2) 设函数 $z=\dfrac{y}{x}f(xy)$,其中函数 f 可微,则$\dfrac{x}{y}\cdot\dfrac{\partial z}{\partial x}+\dfrac{\partial z}{\partial y}=$( ).

A. $2yf'(xy)$　　B. $-2yf'(xy)$

C. $\dfrac{2}{x}f(xy)$　　D. $-\dfrac{2}{x}f(xy)$　　(2013 考研数二)

(3) 设$\displaystyle\int_{-\pi}^{\pi}(x-a_1\cos x-b_1\sin x)^2\,\mathrm{d}x=\min_{a,b\in\mathbf{R}}\left\{\int_{-\pi}^{\pi}(x-a\cos x-b\sin x)^2\,\mathrm{d}x\right\}$,则 $a_1\cos x+b_1\sin x=$( ).

A. $2\sin x$　　B. $2\cos x$　　C. $2\pi\sin x$　　D. $2\pi\cos x$　　(2014 考研数一)

(4) 设函数 $u(x,y)$ 在有界闭区域 D 上连续，在 D 内具有二阶连续偏导数，且满足 $\frac{\partial^2 u}{\partial x\partial y}\neq 0$，$\frac{\partial^2 u}{\partial x^2}+\frac{\partial^2 u}{\partial y^2}=0$，则(　).

A. $u(x,y)$ 的最大值和最小值都在 D 的边界上取得

B. $u(x,y)$ 的最大值和最小值都在 D 的内部取得

C. $u(x,y)$ 的最大值在 D 的内部取得，最小值在 D 的边界上取得

D. $u(x,y)$ 的最小值在 D 的内部取得，最大值在 D 的边界上取得　　(2014 考研数二)

(5) 设函数 $f(u,v)$ 满足 $f\left(x+y,\frac{y}{x}\right)=x^2-y^2$，则 $\frac{\partial f}{\partial u}$ 与 $\frac{\partial f}{\partial v}$ 依次是(　).

A. $\frac{1}{2},0$　　B. $0,\frac{1}{2}$　　C. $-\frac{1}{2},0$　　D. $0,-\frac{1}{2}$　　(2015 考研数二)

(6) 设 $f(x,y)$ 具有一阶偏导数，且对任意的点 (x,y)，都有 $\frac{\partial f(x,y)}{\partial x}>0$，$\frac{\partial f(x,y)}{\partial y}<0$，则(　).

A. $f(0,0)>f(1,1)$　　B. $f(0,0)<f(1,1)$

C. $f(0,1)>f(1,0)$　　D. $f(0,1)<f(1,0)$　　(2017 考研数二)

2. 填空题：

(1) 设 $z=f\left(\ln x+\frac{1}{y}\right)$，其中函数 $f(u)$ 可微，则 $x\frac{\partial z}{\partial x}+y^2\frac{\partial z}{\partial y}=$ ______.　(2012 考研数二)

(2) 设 $y=y(x)$ 是由方程 $x^2-y+1=e^y$ 所确定的函数，则 $\frac{dy}{dx}=$ ______.　(2012 考研数二)

(3) 设函数 $z=f(x,y)$ 在点 $(0,1)$ 处可微，且满足 $\lim\limits_{\substack{x\to 0\\ y\to 1}}\frac{f(x,y)-2x+y-2}{\sqrt{x^2+(y-1)^2}}=0$，则 $dz\Big|_{(0,1)}=$ ______.　(2012 考研数三)

(4) 设函数 $z=z(x,y)$ 由方程 $(z+y)^x=xy$ 所确定，则 $\frac{\partial z}{\partial x}\Big|_{(1,2)}=$ ______.　(2013 考研数三)

(5) 设 $z=z(x,y)$ 是由方程 $e^{2yz}+x+y^2+z=\frac{7}{4}$ 所确定的函数，则 $dz\Big|_{\left(\frac{1}{2},\frac{1}{2}\right)}=$ ______.　(2014 考研数二)

(6) 若函数 $z=z(x,y)$ 由方程 $e^z+xyz+x+\cos x=2$ 所确定，则 $dz\Big|_{(0,1)}=$ ______.　(2015 考研数一)

(7) 设函数 $f(u,v)$ 可微，$z=z(x,y)$ 由方程 $(x+1)z-y^2=x^2f(x-z,y)$ 所确定，则 $dz\Big|_{(0,1)}=$ ______.　(2016 考研数一)

3. 求函数 $f(x,y)=xe^{-\frac{x^2+y^2}{2}}$ 的极值.　(2012 考研数一、二)

4. 某企业为生产甲、乙两种产品投入固定成本 10 000 万元. 设该企业生产甲、乙两种产品的产量(单位：件)分别为 x 和 y，且两种产品的边际成本(单位：万元 / 件)分别为 $20+\frac{x}{2}$ 和 $6+y$.

(1) 求生产甲、乙两种产品的成本函数 $C(x,y)$；

(2) 当总产量为 50 件时，甲、乙两种产品的产量各为多少时可以使总成本最小?求最小总成本；

(3) 求总产量为 50 件且总成本最小时甲产品的边际成本，并解释其经济意义.　(2012 考研数三)

5. 设生产某产品的固定成本为 6 000 元，可变成本为 20 元 / 件，价格函数为 $P=60-\frac{Q}{1\,000}$，其中 P 是价格(单位：元 / 件)，Q 是销量(单位：件). 已知产销平衡，求：

(1) 该产品的边际利润；

(2) $P=50$ 元/件时的边际利润,并解释其意义;

(3) 使得利润最大的价格 P. (2013考研数三)

6. 设函数 $y=f(x)$ 由方程 $y^3+x^2y+xy^2+6=0$ 所确定,求 $f(x)$ 的极值. (2014考研数一)

7. 设函数 $y=y(x)$ 由方程 $x^2+y^2y'=1-y'$ 所确定,且 $y(2)=0$,求 $y=y(x)$ 的极值. (2014考研数二)

8. 已知函数 $f(x,y)$ 满足 $\frac{\partial f}{\partial y}=2(y+1)$,且 $f(y,y)=(y+1)^2-(2-y)\ln y$,求曲线 $f(x,y)=0$ 所围图形绕 $y=-1$ 旋转一周所得旋转体的体积. (2014考研数二)

9. 设函数 $f(u)$ 具有二阶连续导数,而函数 $z=f(e^x\cos y)$ 满足 $\frac{\partial^2 z}{\partial x^2}+\frac{\partial^2 z}{\partial y^2}=(4z+e^x\cos y)e^{2x}$,且 $f(0)=f'(0)=0$,求 $f(u)$ 的表达式. (2014考研数一、二、三)

10. 已知函数 $f(x,y)$ 满足 $f_{xy}(x,y)=2(y+1)e^x$,$f_x(x,0)=(x+1)e^x$,$f(0,y)=y^2+2y$,求 $f(x,y)$ 的极值. (2015考研数二)

11. 已知函数 $f(u,v)$ 具有二阶连续偏导数,设函数 $y=f(e^x,\cos x)$,求 $\left.\frac{dy}{dx}\right|_{x=0}$,$\left.\frac{d^2y}{dx^2}\right|_{x=0}$. (2017考研数一)

第8章数学实验 用Matlab求多元函数的偏导数与极值

1. 用 Matlab 求多元函数的偏导数

与求一元函数的导数类似,用Matlab求多元函数的偏导数仍选用命令函数diff( ),其调用格式和功能说明如表1所示.

表1

调用格式	功能说明
diff(s,'var')	求多元函数s对指定自变量的偏导数.参数var表示自变量,缺省时按系统默认原则处理.

例1 已知函数 $f(x,y)=\frac{xe^y}{y^2}$,求 $\frac{\partial f}{\partial x}$,$\frac{\partial f}{\partial y}$.

解 [Matlab 操作命令]

```
>> syms x y
>> diff(x*exp(y)/y^2,x)
```

[Matlab 输出结果]

```
ans =
      exp(y)/y^2
```

[Matlab 操作命令]

```
>> diff(x*exp(y)/y^2,y)
```

[Matlab 输出结果]

```
ans =
     x * exp(y)/y^2 - 2 * x * exp(y)/y^3
```

例 2　已知方程 $\arctan \frac{y}{x} = \ln\sqrt{x^2+y^2+z^2}$，求$\frac{\partial z}{\partial x}$.

解　[Matlab 操作命令]

```
>> syms x y z
>> F = atan(y/x) - log(sqrt(x^2 + y^2 + z^2));
>> Fx = diff(F,x)
```

[Matlab 输出结果]

```
Fx =
     - y/x^2/(1 + y^2/x^2) - 1/(x^2 + y^2 + z^2) * x
```

[Matlab 操作命令]

```
>> Fz = diff(F,z)
```

[Matlab 输出结果]

```
Fz =
     - 1/(x^2 + y^2 + z^2) * z
```

[Matlab 操作命令]

```
>> G =- Fx/Fz
```

[Matlab 输出结果]

```
G =
     - (y/x^2/(1 + y^2/x^2) + 1/(x^2 + y^2 + z^2) * x) * (x^2 + y^2 + z^2)/z
```

程序说明：对隐函数求偏导数，需根据隐函数的求导法则来处理.

例 3　设函数 $z = ue^{2v-3w}$，其中 $u = \sin x, v = x^3, w = x$，求$\frac{dz}{dx}$.

解　[Matlab 操作命令]

```
>> syms x z u v w
>> u = sin(x);
>> v = x^3;
>> w = x;
>> z = u * exp(2 * v - 3 * w);
>> diff(z,x)
```

[Matlab 输出结果]

```
ans =
     cos(x) * exp(2 * x^3 - 3 * x) + sin(x) * (6 * x^2 - 3) * exp(2 * x^3 - 3 * x)
```

例 4　已知函数 $z = u^2\ln v$，而 $u = \frac{x}{y}, v = 3y - 2x$，求$\frac{\partial^2 z}{\partial x \partial y}$.

解　[Matlab 操作命令]

```
>> syms x y z u v
>> u = x/y;
>> v = 3 * y - 2 * x;
```

```
>> z = u^2 * log(v);
>> diff(diff(z,x),z,y)
```

[Matlab 输出结果]

```
ans =
    - 4 * x/y^3 * log(3 * y - 2 * x) + 6 * x/y^2/(3 * y - 2 * x)
    + * x^2/y^3/(3 * y - 2 * x) + 6 * x^2/y^2/(3 * y - 2 * x)^2
```

程序说明:由于 Matlab 不能像人那样合并简化表达式,因此求出来的表达式往往很长.

2. 用 Matlab 求多元函数的极值

使用 Matlab 求多元函数的极值,需要根据极值存在的充分条件(定理 2) 编写操作程序.为了通过计算 $f_x(x_0,y_0)=f_y(x_0,y_0)=0$ 得到驻点,需要用到解方程的命令函数 solve( );为了计算 $A=f_{xx}(x_0,y_0)$,$B=f_{xy}(x_0,y_0)$,$C=f_{yy}(x_0,y_0)$ 的值,需要使用计算函数值的命令函数 subs( ).

例 5 分析函数 $f(x,y)=x^3-y^3+3x^2+3y^2-9x$ 的极值情况.

解 [Matlab 操作命令]

```
>> syms x y
>> f = x^3 - y^3 + 3 * x^2 + 3 * y^2 - 9 * x;
>> a = diff(f,x);
>> b = diff(f,y);
>> [x,y] = solve(a,x,b,y);
>> A = diff(a,x);
>> B = diff(a,y);
>> C = diff(b,y);
>> D = A * C - B^2;
>> g1 = subs(subs(D,x,1),y,0);
>> if g1 > 0;
       fprintf('(1,0) 是极值点 ');
   else;
       fprintf('(1,0) 不是极值点 ')
   end
```

[Matlab 输出结果]

```
(1,0) 是极值点
```

[Matlab 操作命令]

```
>> g2 = subs(subs(D,x,-3),y,0);
>> if g2 > 0;
       fprintf('(-3,0) 是极值点 ');
   else;
```

```
        fprintf('(－3,0) 不是极值点 ')
    end
[Matlab 输出结果]
  (－3,0) 不是极值点
[Matlab 操作命令]
  >> g3 = subs(subs(D,x,1),y,2);
  >> if g3 > 0;
        fprintf('(1,2) 是极值点 ');
    else;
        fprintf('(1,2) 不是极值点 ')
    end
[Matlab 输出结果]
  (1,2) 不是极值点
[Matlab 操作命令]
  >> g4 = subs(subs(D,x,－3),y,2);
  >> if g4 > 0;
        fprintf('(－3,2) 是极值点 ')
    else;
        fprintf('(－3,2) 不是极值点 ')
    end
[Matlab 输出结果]
  (－3,2) 是极值点
```

【思考题】

1. 如何利用 Matlab 求多元函数的最值和条件极值?

第 9 章 微分法的应用及方向导数

知识框图

本章主要介绍用微分法求空间曲线的切线方程及法平面方程、曲面的切平面方程及法线方程，并简单介绍由方程组所确定的隐函数的求导方法以及方向导数与梯度.

§9.1 由方程组所确定的隐函数的导数

首先介绍由方程组

$$\begin{cases} F(x,y,z)=0, \\ G(x,y,z)=0 \end{cases} \tag{9-1-1}$$

所确定的隐函数 $y=y(x), z=z(x)$ 的导数的求法.

把 $y=y(x), z=z(x)$ 代入方程组(9-1-1)，得

$$\begin{cases} F(x,y(x),z(x))\equiv 0, \\ G(x,y(x),z(x))\equiv 0. \end{cases}$$

应用复合函数的求导法则，将上面方程组两边分别对 x 求导数，得

$$\begin{cases} F_x+F_y\dfrac{\mathrm{d}y}{\mathrm{d}x}+F_z\dfrac{\mathrm{d}z}{\mathrm{d}x}=0, \\ G_x+G_y\dfrac{\mathrm{d}y}{\mathrm{d}x}+G_z\dfrac{\mathrm{d}z}{\mathrm{d}x}=0. \end{cases}$$

这是一个关于$\dfrac{\mathrm{d}y}{\mathrm{d}x},\dfrac{\mathrm{d}z}{\mathrm{d}x}$的二元一次方程组，解这个方程组可求出$\dfrac{\mathrm{d}y}{\mathrm{d}x},\dfrac{\mathrm{d}z}{\mathrm{d}x}$.

例 1 设函数 $y=y(x)$ 与 $z=z(x)$ 由方程 $x+y+z=0$ 与 $x^2+y^2+z^2=1$ 所确定，求$\dfrac{\mathrm{d}y}{\mathrm{d}x},\dfrac{\mathrm{d}z}{\mathrm{d}x}$.

解 将 y,z 分别看作关于 x 的函数：$y=y(x), z=z(x)$. 方程 $x+y+z=0$ 与 $x^2+y^2+z^2=1$ 两边分别对 x 求导数，得

$$1+\frac{\mathrm{d}y}{\mathrm{d}x}+\frac{\mathrm{d}z}{\mathrm{d}x}=0,\quad 2x+2y\frac{\mathrm{d}y}{\mathrm{d}x}+2z\frac{\mathrm{d}z}{\mathrm{d}x}=0,$$

即

$$\begin{cases} \dfrac{\mathrm{d}y}{\mathrm{d}x}+\dfrac{\mathrm{d}z}{\mathrm{d}x}=-1, \\ y\dfrac{\mathrm{d}y}{\mathrm{d}x}+z\dfrac{\mathrm{d}z}{\mathrm{d}x}=-x. \end{cases}$$

按二元一次方程组求解，即得

$$\frac{\mathrm{d}y}{\mathrm{d}x}=\frac{z-x}{y-z},\quad \frac{\mathrm{d}z}{\mathrm{d}x}=\frac{x-y}{y-z}.$$

再介绍由方程组

$$\begin{cases}F(x,y,u,v)=0,\\ G(x,y,u,v)=0\end{cases}\tag{9-1-2}$$

所确定的二元隐函数 $u=u(x,y)$，$v=v(x,y)$ 的偏导数的求法.

把 $u=u(x,y)$，$v=v(x,y)$ 代入方程组(9-1-2)，得

$$\begin{cases}F(x,y,u(x,y),v(x,y))\equiv 0,\\ G(x,y,u(x,y),v(x,y))\equiv 0.\end{cases}$$

应用复合函数的求导法则，将上面方程组两边分别对 x 求偏导数，得

$$\begin{cases}F_x+F_u\dfrac{\partial u}{\partial x}+F_v\dfrac{\partial v}{\partial x}=0,\\ G_x+G_u\dfrac{\partial u}{\partial x}+G_v\dfrac{\partial v}{\partial x}=0.\end{cases}$$

这是一个关于$\dfrac{\partial u}{\partial x}$，$\dfrac{\partial v}{\partial x}$ 的二元一次方程组，解这个方程组可求出$\dfrac{\partial u}{\partial x}$，$\dfrac{\partial v}{\partial x}$.

类似可求出$\dfrac{\partial u}{\partial y}$，$\dfrac{\partial v}{\partial y}$.

例 2 设 $xu-yv=0$，$yu+xv=1$，求$\dfrac{\partial u}{\partial x}$，$\dfrac{\partial v}{\partial x}$和$\dfrac{\partial u}{\partial y}$，$\dfrac{\partial v}{\partial y}$.

解 将 u，v 分别看作关于 x，y 的函数：$u=u(x,y)$，$v=v(x,y)$. 将已知方程两边分别对 x 求偏导数并移项，得

$$\begin{cases}x\dfrac{\partial u}{\partial x}-y\dfrac{\partial v}{\partial x}=-u,\\ y\dfrac{\partial u}{\partial x}+x\dfrac{\partial v}{\partial x}=-v.\end{cases}$$

在 $x^2+y^2\neq 0$ 的情况下，求得

$$\frac{\partial u}{\partial x}=\frac{\begin{vmatrix}-u & -y\\ -v & x\end{vmatrix}}{\begin{vmatrix}x & -y\\ y & x\end{vmatrix}}=-\frac{xu+yv}{x^2+y^2},$$

$$\frac{\partial v}{\partial x}=\frac{\begin{vmatrix}x & -u\\ y & -v\end{vmatrix}}{\begin{vmatrix}x & -y\\ y & x\end{vmatrix}}=\frac{yu-xv}{x^2+y^2}.$$

用类似的方法可求得

$$\frac{\partial u}{\partial y}=\frac{xv-yu}{x^2+y^2},\quad \frac{\partial v}{\partial y}=-\frac{xu+yv}{x^2+y^2}.$$

练习 9.1

1. 求由下列方程组所确定的函数的导数或偏导数：

(1) 设 $\begin{cases} z = x^2 + y^2, \\ x^2 + 2y^2 + 3z^2 = 15, \end{cases}$ 求 $\dfrac{\mathrm{d}y}{\mathrm{d}x}, \dfrac{\mathrm{d}z}{\mathrm{d}x}$；

(2) 设 $\begin{cases} x + y + z = 0, \\ x^2 + y^2 + z^2 = 1, \end{cases}$ 求 $\dfrac{\mathrm{d}x}{\mathrm{d}z}, \dfrac{\mathrm{d}y}{\mathrm{d}z}$；

(3) 设 $\begin{cases} x = \mathrm{e}^u + u\sin v, \\ y = \mathrm{e}^u - u\cos v, \end{cases}$ 求 $\dfrac{\partial u}{\partial x}, \dfrac{\partial v}{\partial x}, \dfrac{\partial u}{\partial y}, \dfrac{\partial v}{\partial y}$.

2. 设

$$\begin{cases} u = f(ux, v + y), \\ v = g(u - x, v^2 y), \end{cases}$$

其中 f, g 具有一阶连续偏导数，求 $\dfrac{\partial u}{\partial x}, \dfrac{\partial v}{\partial x}$.

§9.2 空间曲线的切线与法平面

设空间曲线 Γ 的参数方程为

$$x = \varphi(t), \quad y = \psi(t), \quad z = \omega(t). \tag{9-2-1}$$

假定函数 $\varphi(t), \psi(t), \omega(t)$ 都可导，且导数不全为零.

在曲线 Γ 上取对应于 $t = t_0$ 的一点 $P_0(x_0, y_0, z_0)$ 及邻近对应于 $t = t_0 + \Delta t$ 的一点 $P(x_0 + \Delta x, y_0 + \Delta y, z_0 + \Delta z)$，则曲线 Γ 的割线 P_0P 的方程是

$$\frac{x - x_0}{\Delta x} = \frac{y - y_0}{\Delta y} = \frac{z - z_0}{\Delta z}.$$

当点 P 沿着 Γ 趋于点 P_0 时，割线 P_0P 的极限位置 P_0T 就是曲线 Γ 在点 P_0 处的**切线**(见图 9-2-1). 用 Δt 除上式的各分母，得

$$\frac{x - x_0}{\frac{\Delta x}{\Delta t}} = \frac{y - y_0}{\frac{\Delta y}{\Delta t}} = \frac{z - z_0}{\frac{\Delta z}{\Delta t}}.$$

当 $P \to P_0$ 时，$\Delta t \to 0$. 通过对上式取极限($\Delta t \to 0$)，得曲线 Γ 在点 P_0 处的切线方程为

$$\frac{x - x_0}{\varphi'(t_0)} = \frac{y - y_0}{\psi'(t_0)} = \frac{z - z_0}{\omega'(t_0)}. \tag{9-2-2}$$

该切线的方向向量 $(\varphi'(t_0), \psi'(t_0), \omega'(t_0))$ 称为曲线 Γ 的**切向量**.

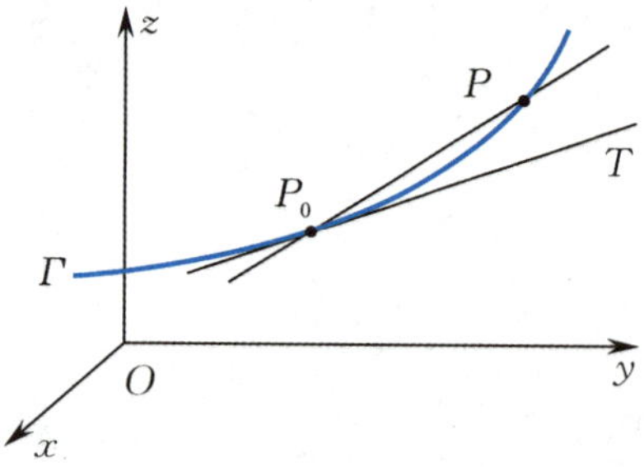

图 9-2-1

通过切点 P_0 而垂直于切线(9-2-2)的平面称为曲线 Γ 在点 P_0 处的**法平面**. 显然，该法平面方程为

$$\varphi'(t_0)(x - x_0) + \psi'(t_0)(y - y_0) + \omega'(t_0)(z - z_0) = 0. \tag{9-2-3}$$

例 1 求曲线

$$x = 2\cos t, \quad y = 2\sin t, \quad z = 4t$$

在 $t=\frac{\pi}{4}$ 所对应点处的切线方程与法平面方程.

解　因为 $x'(t)=-2\sin t, y'(t)=2\cos t, z'(t)=4$，所以该曲线在 $t=\frac{\pi}{4}$ 所对应点处的切向量为

$$\boldsymbol{T}=(-\sqrt{2},\sqrt{2},4).$$

而该曲线上 $t=\frac{\pi}{4}$ 所对应点的坐标为 $(\sqrt{2},\sqrt{2},\pi)$，于是所求切线方程为

$$\frac{x-\sqrt{2}}{-\sqrt{2}}=\frac{y-\sqrt{2}}{\sqrt{2}}=\frac{z-\pi}{4},$$

法平面方程为

$$-\sqrt{2}(x-\sqrt{2})+\sqrt{2}(y-\sqrt{2})+4(z-\pi)=0,$$

即

$$\sqrt{2}x-\sqrt{2}y-4z+4\pi=0.$$

若空间曲线 Γ 的方程以

$$\begin{cases}F(x,y,z)=0,\\G(x,y,z)=0\end{cases}\tag{9-2-4}$$

的形式给出，$P_0(x_0,y_0,z_0)$ 为曲线 Γ 上的一点，那么怎样求曲线 Γ 在点 P_0 处的切线方程及法平面方程呢？

设由方程组(9-2-4)所确定的隐函数为 $y=y(x), z=z(x)$，则把 x 当作参数，即得曲线 Γ 的参数方程为

$$\begin{cases}x=x,\\y=y(x),\\z=z(x).\end{cases}$$

若 $y=y(x), z=z(x)$ 在点 $x=x_0$ 处可导，那么利用由方程组所确定的隐函数的求导方法，可求得曲线 Γ 在点 P_0 处的切向量为

$$\boldsymbol{T}=(1,y'(x_0),z'(x_0)).$$

因此，曲线 Γ 在点 P_0 处的切线方程为

$$\frac{x-x_0}{1}=\frac{y-y_0}{y'(x_0)}=\frac{z-z_0}{z'(x_0)},\tag{9-2-5}$$

法平面方程为

$$(x-x_0)+y'(x_0)(y-y_0)+z'(x_0)(z-z_0)=0.\tag{9-2-6}$$

例 2　求曲线

$$\Gamma:\begin{cases}x+y+z=0,\\x^2+y^2+z^2=1\end{cases}$$

在点 $\left(\frac{\sqrt{2}}{2},0,-\frac{\sqrt{2}}{2}\right)$ 处的切线方程与法平面方程.

解　由 §9.1 中的例 1 得

$$\frac{\mathrm{d}y}{\mathrm{d}x}=\frac{z-x}{y-z},\quad \frac{\mathrm{d}z}{\mathrm{d}x}=\frac{x-y}{y-z}.$$

将$\left(\frac{\sqrt{2}}{2},0,-\frac{\sqrt{2}}{2}\right)$代入上式,得

$$\left.\frac{\mathrm{d}y}{\mathrm{d}x}\right|_{\left(\frac{\sqrt{2}}{2},0,-\frac{\sqrt{2}}{2}\right)}=-2,\quad \left.\frac{\mathrm{d}z}{\mathrm{d}x}\right|_{\left(\frac{\sqrt{2}}{2},0,-\frac{\sqrt{2}}{2}\right)}=1,$$

故曲线Γ在点$\left(\frac{\sqrt{2}}{2},0,-\frac{\sqrt{2}}{2}\right)$处的切向量为

$$\boldsymbol{T}=(1,-2,1).$$

由此可得,曲线Γ在点$\left(\frac{\sqrt{2}}{2},0,-\frac{\sqrt{2}}{2}\right)$处的切线方程为

$$\frac{x-\frac{\sqrt{2}}{2}}{1}=\frac{y}{-2}=\frac{z+\frac{\sqrt{2}}{2}}{1},$$

法平面方程为

$$\left(x-\frac{\sqrt{2}}{2}\right)-2y+\left(z+\frac{\sqrt{2}}{2}\right)=0,$$

即
$$x-2y+z=0.$$

练习 9.2

1. 求曲线 $x=t,y=t^2,z=t^3$ 在点$(1,1,1)$处的切线方程与法平面方程.

2. 求曲线 $x=t-\sin t,y=1-\cos t,z=4\sin\frac{t}{2}$ 在点$\left(\frac{\pi}{2}-1,1,2\sqrt{2}\right)$处的切线方程与法平面方程.

3. 求曲线

$$\Gamma:\begin{cases}x^2+y^2+z^2-3x=0,\\2x-3y+5z-4=0\end{cases}$$

在点$(1,1,1)$处的切线方程与法平面方程.

4. 在曲线 $x=t,y=t^2,z=t^3$ 上求出一点,使此曲线在该点处的切线平行于平面 $x+2y+z=6$.

§9.3　曲面的切平面与法线

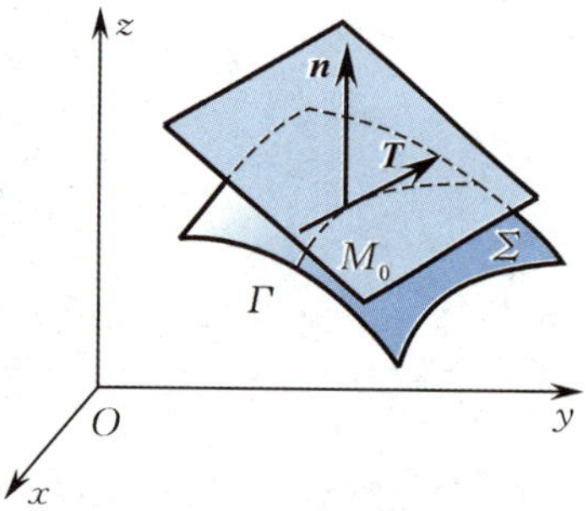

图 9-3-1

设曲面Σ的方程为

$$F(x,y,z)=0,\tag{9-3-1}$$

$M_0(x_0,y_0,z_0)$是曲面Σ上的一点,函数$F(x,y,z)$在该点处的偏导数连续且不同时为零.

在曲面Σ上,过点M_0任意作一条光滑曲线Γ(见图9-3-1).假定曲线Γ的参数方程为

$$x=\varphi(t),\quad y=\psi(t),\quad z=\omega(t).\tag{9-3-2}$$

设$t=t_0$对应于点$M_0(x_0,y_0,z_0)$,且假定$\varphi'(t_0),\psi'(t_0),\omega'(t_0)$不全为零,则曲线$\Gamma$在点$M_0$处的切线方程为

$$\frac{x-x_0}{\varphi'(t_0)}=\frac{y-y_0}{\psi'(t_0)}=\frac{z-z_0}{\omega'(t_0)}.$$

下面证明结论：在曲面 Σ 上通过点 M_0 且在点 M_0 处具有切线的任何曲线，它们在点 M_0 处的切线都在同一个平面上.

因为曲线 Γ 完全在曲面 Σ 上，所以

$$F(\varphi(t),\psi(t),\omega(t))\equiv 0.$$

上式两边对 t 求导数，得

$$F_x(x,y,z)\varphi'(t)+F_y(x,y,z)\psi'(t)+F_z(x,y,z)\omega'(t)=0,$$

将 $t=t_0$ 及对应的点 (x_0,y_0,z_0) 代入上式，得

$$F_x(x_0,y_0,z_0)\varphi'(t_0)+F_y(x_0,y_0,z_0)\psi'(t_0)+F_z(x_0,y_0,z_0)\omega'(t_0)=0.$$

设向量

$$\boldsymbol{n}=(F_x(x_0,y_0,z_0),F_y(x_0,y_0,z_0),F_z(x_0,y_0,z_0)),$$
$$\boldsymbol{T}=(\varphi'(t_0),\psi'(t_0),\omega'(t_0)),$$

则 $\boldsymbol{n}\cdot\boldsymbol{T}=0$，从而曲线 Γ 在点 M_0 处的切向量 $\boldsymbol{T}$ 与向量 $\boldsymbol{n}$ 互相垂直. 因为曲线 Γ 是曲面 Σ 上通过点 M_0 的任意一条曲线，所以曲面 Σ 上通过点 M_0 的任意一条曲线在点 M_0 处的切线都与定向量 $\boldsymbol{n}$ 垂直，即曲面 Σ 上通过点 M_0 的任意一条曲线在点 M_0 处的切线都在同一个平面上. 这个平面称为曲面 Σ 在点 M_0 处的**切平面**. 显然，这个切平面方程为

$$F_x(x_0,y_0,z_0)(x-x_0)+F_y(x_0,y_0,z_0)(y-y_0)+F_z(x_0,y_0,z_0)(z-z_0)=0.$$

通过点 M_0 且垂直于曲面 Σ 在该点处的切平面的直线称为曲面 Σ 在点 M_0 处的**法线**. 显然，该法线方程为

$$\frac{x-x_0}{F_x(x_0,y_0,z_0)}=\frac{y-y_0}{F_y(x_0,y_0,z_0)}=\frac{z-z_0}{F_z(x_0,y_0,z_0)}.$$

垂直于曲面 Σ 的切平面的向量称为曲面 Σ 的**法向量**. 曲面 Σ 在点 M_0 处的法向量就是

$$\boldsymbol{n}=(F_x(x_0,y_0,z_0),F_y(x_0,y_0,z_0),F_z(x_0,y_0,z_0)).$$

例 1　求曲面 $x^2+2y^2+3z^2=6$ 在点 $(1,1,1)$ 处的切平面方程及法线方程.

解　设 $F(x,y,z)=x^2+2y^2+3z^2-6$，则

$$F_x=2x,\quad F_y=4y,\quad F_z=6z.$$

故该曲面在点 $(1,1,1)$ 处的法向量为

$$\boldsymbol{n}=(2x,4y,6z)\Big|_{(1,1,1)}=(2,4,6).$$

所以，该曲面在点 $(1,1,1)$ 处的切平面方程为

$$2(x-1)+4(y-1)+6(z-1)=0,$$

即 $x+2y+3z-6=0$，法线方程为

$$\frac{x-1}{1}=\frac{y-1}{2}=\frac{z-1}{3}.$$

例 2　求曲面 $z=x^2+y^2+1$ 在点 $(1,2,6)$ 处的切平面方程及法线方程.

解　设 $F(x,y,z)=x^2+y^2+1-z$，则

$$F_x=2x,\quad F_y=2y,\quad F_z=-1.$$

故该曲面在点 $(1,2,6)$ 处的法向量为

$$\boldsymbol{n}=(2x,2y,-1)\Big|_{(1,2,6)}=(2,4,-1).$$

所以,该曲面在点(1,2,6)处的切平面方程为

$$2(x-1)+4(y-2)-(z-6)=0,$$

即 $2x+4y-z-4=0$,法线方程为

$$\frac{x-1}{2}=\frac{y-2}{4}=\frac{z-6}{-1}.$$

练习 9.3

1. 求曲面 $x^2+y^2+z^2=14$ 在点(1,2,3)处的切平面方程与法线方程.
2. 求旋转抛物面 $z=x^2+y^2-1$ 在点(2,1,4)处的切平面方程与法线方程.
3. 求曲面 $e^z-z+xy=3$ 在点(2,1,0)处的切平面方程与法线方程.
4. 求椭球面 $x^2+2y^2+z^2=1$ 上平行于平面 $x-y+2z=1$ 的切平面方程.
5. 求旋转椭球面 $3x^2+y^2+z^2=16$ 上点(−1,−2,3)处的切平面方程与 xOy 面的夹角余弦.

§9.4 方向导数与梯度

一、方向导数

在平面直角坐标系中,任何单位向量都可表示为 $\boldsymbol{e}=(\cos\theta,\sin\theta)$,其中 θ 为该向量与 x 轴正向的夹角.在空间直角坐标系中,任何单位向量都可表示为 $\boldsymbol{e}=(\cos\alpha,\cos\beta,\cos\gamma)$,其中 α,β,γ 为该向量的方向角.我们知道,函数 $u=f(x,y,z)$ 在点 $M(x,y,z)$ 处的偏导数 $\frac{\partial u}{\partial x},\frac{\partial u}{\partial y},\frac{\partial u}{\partial z}$ 分别表示该函数沿三条坐标轴正向的变化率.但在许多实际问题中,常常需要知道函数 $u=f(x,y,z)$ 在点 $M(x,y,z)$ 处沿某个特定方向的变化率,即沿该方向的方向导数.

设 $D\subset\mathbf{R}^3$ 是开集,函数 $u=f(x,y,z)$ 在 D 内有定义.给定点 $P_0(x_0,y_0,z_0)\in D$ 及单位向量 $\boldsymbol{e}_l=(\cos\alpha,\cos\beta,\cos\gamma)$,自点 P_0 引一条沿 $\boldsymbol{e}_l$ 方向的射线 l,则射线 l 的参数方程为

$$x=x_0+t\cos\alpha,\quad y=y_0+t\cos\beta,\quad z=z_0+t\cos\gamma,$$

其中 t 为参数.在射线 l 上任取异于 P_0 的一点 $P\in D$,其坐标为

$$(x_0+\Delta l\cos\alpha,y_0+\Delta l\cos\beta,z_0+\Delta l\cos\gamma),$$

即 $t=0$ 与 $t=\Delta l$ 分别对应于射线 l 上的点 P_0 与点 P(见图 9-4-1).

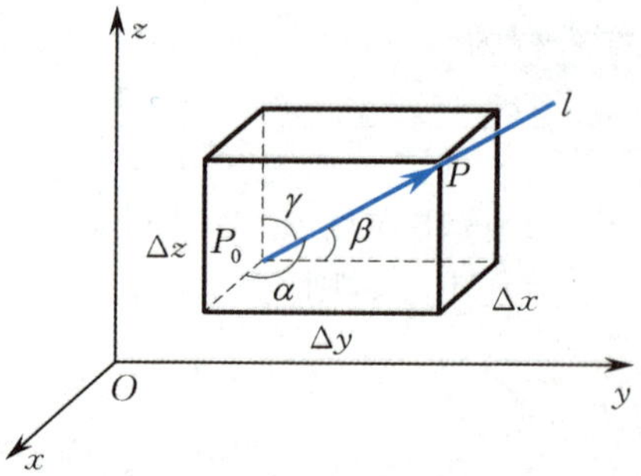

图 9-4-1

定义 1　如果极限

$$\lim_{\Delta l\to 0}\frac{f(x_0+\Delta l\cos\alpha, y_0+\Delta l\cos\beta, z_0+\Delta l\cos\gamma)-f(x_0,y_0,z_0)}{\Delta l}$$

存在，则称该极限值为函数 $u=f(x,y,z)$ 在点 $P_0(x_0,y_0,z_0)$ 处沿方向 $\boldsymbol{e}_l$（或说方向 l）的**方向导数**，记作

$$\left.\frac{\partial f}{\partial l}\right|_{P_0},\quad \left.\frac{\partial u}{\partial l}\right|_{P_0}\quad 或\quad f_l(P_0).$$

当 $\alpha=0,\beta=\gamma=\frac{\pi}{2}$ 时，$\boldsymbol{e}_l=(1,0,0)$，此时

$$\left.\frac{\partial f}{\partial l}\right|_{P_0}=\lim_{\Delta l\to 0}\frac{f(x_0+\Delta l,y_0,z_0)-f(x_0,y_0,z_0)}{\Delta l}=f_x(P_0),$$

即方向导数变成沿 x 轴正向的偏导数 $f_x(x_0,y_0,z_0)$.

类似地，当 $\alpha=\frac{\pi}{2},\beta=0,\gamma=\frac{\pi}{2}$ 时，$\boldsymbol{e}_l=(0,1,0)$，此时

$$\left.\frac{\partial f}{\partial l}\right|_{P_0}=f_y(x_0,y_0,z_0);$$

当 $\alpha=\beta=\frac{\pi}{2},\gamma=0$ 时，$\boldsymbol{e}_l=(0,0,1)$，此时

$$\left.\frac{\partial f}{\partial l}\right|_{P_0}=f_z(x_0,y_0,z_0).$$

定理 1　**若函数 $u=f(x,y,z)$ 在点 $P(x,y,z)$ 处可微，则该函数在点 P 处沿任意方向 $\boldsymbol{e}_l$ 的方向导数都存在，且**

$$\frac{\partial f}{\partial l}=\frac{\partial f}{\partial x}\cos\alpha+\frac{\partial f}{\partial y}\cos\beta+\frac{\partial f}{\partial z}\cos\gamma, \tag{9-4-1}$$

其中 $\boldsymbol{e}_l=(\cos\alpha,\cos\beta,\cos\gamma)$ 是与射线 l 同方向的单位向量.

证　由于 $u=f(x,y,z)$ 在点 $P(x,y,z)$ 处可微，因此 u 的全增量

$$\Delta u=f(x+\Delta x,y+\Delta y,z+\Delta z)-f(x,y,z)$$

可表示为

$$\Delta u=\frac{\partial u}{\partial x}\Delta x+\frac{\partial u}{\partial y}\Delta y+\frac{\partial u}{\partial z}\Delta z+o(\rho),$$

其中 $\rho=\sqrt{(\Delta x)^2+(\Delta y)^2+(\Delta z)^2}$. 上式两边都除以 ρ，得

$$\frac{\Delta u}{\rho}=\frac{\partial u}{\partial x}\cdot\frac{\Delta x}{\rho}+\frac{\partial u}{\partial y}\cdot\frac{\Delta y}{\rho}+\frac{\partial u}{\partial z}\cdot\frac{\Delta z}{\rho}+\frac{o(\rho)}{\rho}.$$

如果限制点 $(x+\Delta x,y+\Delta y,z+\Delta z)$ 取在射线 l 上，则有

$$\frac{\Delta x}{\rho}=\cos\alpha,\quad \frac{\Delta y}{\rho}=\cos\beta,\quad \frac{\Delta z}{\rho}=\cos\gamma,\quad \rho=\Delta l,$$

$$\Delta u=f(x+\rho\cos\alpha,y+\rho\cos\beta,z+\rho\cos\gamma)-f(x,y,z),$$

于是

$$\lim_{\rho\to 0}\frac{\Delta u}{\rho}=\frac{\partial u}{\partial x}\cos\alpha+\frac{\partial u}{\partial y}\cos\beta+\frac{\partial u}{\partial z}\cos\gamma=\frac{\partial f}{\partial l}.$$

特别地，在平面直角坐标系中，给定点 $P_0(x_0,y_0)$ 及单位向量 $\boldsymbol{e}_l=(\cos\alpha,\sin\alpha)$. 自点 P_0 引一条沿 $\boldsymbol{e}_l$ 方向的射线 l，易知其参数方程为

$$x=x_0+t\cos\alpha,\quad y=y_0+t\sin\alpha,$$

其中 t 为参数. 在射线 l 上任取异于 P_0 的一点 P，其坐标为

$$(x_0+\Delta l\cos\alpha, y_0+\Delta l\sin\alpha),$$

即 $t=0$ 与 $t=\Delta l$ 分别对应于射线 l 上的点 P_0 与点 P. 此时，函数 $f(x,y)$ 在点 $P_0(x_0,y_0)$ 处沿方向 $\boldsymbol{e}_l$ 的方向导数为

$$\left.\frac{\partial f}{\partial l}\right|_{P_0}=\lim_{\Delta l\to 0}\frac{f(x_0+\Delta l\cos\alpha, y_0+\Delta l\sin\alpha)-f(x_0,y_0)}{\Delta l}.$$

同理可知，函数 $z=f(x,y)$ 在点 $P_0(x_0,y_0)$ 处沿方向 l 的方向导数的计算公式为

$$\left.\frac{\partial f}{\partial l}\right|_{P_0}=\left.\frac{\partial f}{\partial x}\right|_{P_0}\cos\alpha+\left.\frac{\partial f}{\partial y}\right|_{P_0}\sin\alpha, \tag{9-4-2}$$

其中 α 为 x 轴正向到射线 l 方向的转角.

例 1　求函数 $u=x^2+y^2-z$ 在点(1,1,1) 处沿向量 $\boldsymbol{e}_l=2\boldsymbol{i}+\sqrt{3}\boldsymbol{j}+3\boldsymbol{k}$ 的方向的方向导数 $\left.\frac{\partial u}{\partial l}\right|_{(1,1,1)}$.

解　先求 $\boldsymbol{e}_l$ 的方向余弦，得

$$\cos\alpha=\frac{2}{\sqrt{2^2+(\sqrt{3})^2+3^2}}=\frac{1}{2},$$

$$\cos\beta=\frac{\sqrt{3}}{\sqrt{2^2+(\sqrt{3})^2+3^2}}=\frac{\sqrt{3}}{4},$$

$$\cos\gamma=\frac{3}{\sqrt{2^2+(\sqrt{3})^2+3^2}}=\frac{3}{4}.$$

因为

$$\frac{\partial u}{\partial x}=2x,\quad \frac{\partial u}{\partial y}=2y,\quad \frac{\partial u}{\partial z}=-1,$$

所以由公式(9-4-1) 得

$$\left.\frac{\partial u}{\partial l}\right|_{(1,1,1)}=2\cdot\frac{1}{2}+2\cdot\frac{\sqrt{3}}{4}+(-1)\cdot\frac{3}{4}=\frac{1+2\sqrt{3}}{4}.$$

二、梯度

与方向导数有关联的一个概念是函数的梯度. 首先介绍二元函数的梯度.

设函数 $z=f(x,y)$ 在平面区域 D 内具有连续的偏导数，则对每一点 $P(x,y)\in D$，都可以确定一个向量

$$\frac{\partial f}{\partial x}\boldsymbol{i}+\frac{\partial f}{\partial y}\boldsymbol{j}.$$

称这个向量为函数 $z=f(x,y)$ 在点 $P(x,y)$ 处的**梯度**，记作 $\mathbf{grad}f(x,y)$，即

$$\mathbf{grad}f(x,y)=\frac{\partial f}{\partial x}\boldsymbol{i}+\frac{\partial f}{\partial y}\boldsymbol{j}.$$

如果设 $\boldsymbol{e}_l=\cos\alpha\boldsymbol{i}+\sin\alpha\boldsymbol{j}$ 是与射线 l 方向相同的单位向量，则由方向导数的计算公式(9-4-2) 可知

$$\frac{\partial f}{\partial l}=\frac{\partial f}{\partial x}\cos\alpha+\frac{\partial f}{\partial y}\sin\alpha=\left(\frac{\partial f}{\partial x},\frac{\partial f}{\partial y}\right)\cdot(\cos\alpha,\sin\alpha)$$

$$=\mathbf{grad}f(x,y)\cdot\boldsymbol{e}_l=|\mathbf{grad}f(x,y)|\cos(\mathbf{grad}f(x,y)\widehat{,}\boldsymbol{e}_l),$$

这里$(\mathbf{grad}f(x,y)\widehat{,}\boldsymbol{e}_l)$是指向量 $\mathbf{grad}f(x,y)$ 与 $\boldsymbol{e}_l$ 的夹角. 由此可以看出，方向导数$\frac{\partial f}{\partial l}$就是梯度在射线 l 上的投影. 当方向 l 与梯度的方向相同时，有

$$\cos(\mathbf{grad}f(x,y)\widehat{,}\boldsymbol{e}_l)=1,$$

此时$\frac{\partial f}{\partial l}$最大. 所以沿梯度方向的方向导数达到最大值，梯度的模为方向导数的最大值. 也就是说，在点 $P(x,y)$ 处的梯度方向是函数 $z=f(x,y)$ 在该点增长最快的方向.

上述概念和结论可推广到三元函数的情形. 设函数 $u=f(x,y,z)$ 在某空间区域 G 内具有连续的偏导数，则对每一点 $P(x,y,z)\in G$，都可以确定一个向量

$$\frac{\partial f}{\partial x}\boldsymbol{i}+\frac{\partial f}{\partial y}\boldsymbol{j}+\frac{\partial f}{\partial z}\boldsymbol{k}.$$

称这个向量为函数 $u=f(x,y,z)$ 在点 $P(x,y,z)$ 处的**梯度**，记作 $\mathbf{grad}f(x,y,z)$，即

$$\mathbf{grad}f(x,y,z)=\frac{\partial f}{\partial x}\boldsymbol{i}+\frac{\partial f}{\partial y}\boldsymbol{j}+\frac{\partial f}{\partial z}\boldsymbol{k}.$$

与二元函数类似，三元函数的梯度也是一个向量，它的方向与取得最大方向导数的方向一致，而它的模为方向导数的最大值.

例 2　求 $\mathbf{grad}\ln(x^2+y^2)$.

解　设函数 $f(x,y)=\ln(x^2+y^2)$. 因为

$$\frac{\partial f}{\partial x}=\frac{2x}{x^2+y^2},\quad \frac{\partial f}{\partial y}=\frac{2y}{x^2+y^2},$$

所以

$$\mathbf{grad}\ln(x^2+y^2)=\frac{2x}{x^2+y^2}\boldsymbol{i}+\frac{2y}{x^2+y^2}\boldsymbol{j}.$$

例 3　设 $f(x,y,z)=x^2+y^2+z^2$，求 $\mathbf{grad}f(1,-1,1)$.

解　因为

$$f_x=2x,\quad f_y=2y,\quad f_z=2z,$$

所以

$$\mathbf{grad}f(x,y,z)=(f_x,f_y,f_z)=(2x,2y,2z).$$

故

$$\mathbf{grad}f(1,-1,1)=(2,-2,2).$$

练习 9.4

1. 求函数 $z=x^2+y^2$ 在点(1,2)处沿从点(1,2)到点$(2,2+\sqrt{3})$的方向的方向导数.

2. 求函数 $u=xy^2+z^3-xyz$ 在点(1,1,2)处沿方向角为 $\alpha=\frac{\pi}{3},\beta=\frac{\pi}{4},\gamma=\frac{\pi}{3}$ 的方向的方向导数.

3. 设函数 $f(x,y,z)=x^2+2y^2+3z^2+xy+3x-2y-6z$，试求 $\mathbf{grad}f(0,0,0)$ 和 $\mathbf{grad}\,f(1,1,1)$.

习 题 9

(A)

1. 求曲线 $x=\dfrac{t}{1+t},y=\dfrac{1+t}{t},z=t^2$ 在对应于 $t=1$ 的点处的切线方程与法平面方程.

2. 求曲线

$$\Gamma:\begin{cases}x+y+z=0,\\x^2+y^2+z^2=6\end{cases}$$

在点(1,−2,1)处的切线方程与法平面方程.

3. 在曲面 $z=xy$ 上求一点 P,使该曲面在点 P 处的切平面平行于平面 $x-2y+z=5$,并求出该曲面在点 P 处的切平面方程与法线方程.

4. 求下列曲面在给定点处的切平面方程与法线方程:

(1) $z=x^2+y^2,M_0(-1,2,5)$;

(2) $z=\arctan\dfrac{y}{x},M_0\left(1,1,\dfrac{\pi}{4}\right)$.

5. 求函数 $f(x,y,z)=xyz$ 在点(5,1,2)处沿从点(5,1,2)到点(9,4,14)的方向的方向导数.

6. 求函数 $f(x,y,z)=x^2+y^2+z^2$ 在曲线 $x=t,y=t^2,z=t^3$ 上点(1,1,1)处,沿此曲线在该点处的切线正向(对应 t 增大的方向)的方向导数.

7. 设函数 $f(x,y,z)=xy^2+z^3-xyz$,求 $\mathbf{grad}f(1,1,1)$.

8. 问:函数 $f(x,y,z)=xy^2z$ 在点 $P(1,-1,2)$ 处沿什么方向的方向导数最大?并求此方向导数的最大值.

9. 证明:曲面 $xyz=a^3$ 上任一点处的切平面与坐标面所围成四面体的体积为定值.

(B)

1. 选择题:

(1) 曲面 $x^2+\cos(xy)+yz+x=0$ 在点(0,1,−1)处的切平面方程为( ).

A. $x-y+z=-2$　　B. $x+y+z=2$

C. $x-2y+z=-3$　　D. $x-y-z=0$　　(2013 考研数一)

(2) 函数 $f(x,y,z)=x^2y+z^2$ 在点(1,2,0)处沿向量 $\boldsymbol{n}=(1,2,2)$ 的方向的方向导数为( ).

A. 12　　B. 6　　C. 4　　D. 2　　(2017 考研数一)

2. 填空题:

(1) $\mathbf{grad}\left(xy+\dfrac{z}{y}\right)\Big|_{(2,1,1)}=$__________.　　(2012 考研数一)

(2) 曲面 $z=x^2(1-\sin y)+y^2(1-\sin x)$ 在点(1,0,1)处的切平面方程为__________.

(2014 考研数一)

3. 已知函数 $f(x,y)=x+y+xy$,曲线 $C:x^2+y^2+xy=3$,求 $f(x,y)$ 在曲线 C 上的最大方向导数.

(2015 考研数一)

第 10 章

多元函数的积分

知识框图

本章将介绍多元函数的积分(包括二重积分和三重积分)的概念、计算方法及它们的某些应用.

§ 10.1 二重积分的概念与性质

在一元函数积分学中,我们已经知道,定积分是某种特定的和式的极限. 本章我们把一元函数定积分的概念推广到二元函数的情形,建立二重积分的概念,并讨论它的计算方法.

一、引例

1. 求曲顶柱体的体积

设有一立体,它的底是 xOy 面上的有界闭区域 D,侧面是以 D 的边界曲线为准线而母线平行于 z 轴的柱面,顶是曲面 $z=f(x,y)$,这里假设 $f(x,y)\geqslant 0$,且 $f(x,y)$ 在 D 上连续,如图 10-1-1(a) 所示. 形如这样的立体称为**曲顶柱体**. 现在我们来讨论如何求这个曲顶柱体的体积.

我们知道,平顶柱体的体积可用下面的公式来计算:

$$体积 = 底面积 \times 高.$$

但曲顶柱体的高是变化的,不能按上述公式来计算其体积. 我们同样可以用类似于曲边梯形面积的计算方法:先在局部上"以小平顶柱体代替小曲顶柱体",求得小曲顶柱体体积的近似值;然后通过做和、取极限,得到这个曲顶柱体体积的精确值. 也就是说,可以用"分割、近似、做和、取极限"的方法来求曲顶柱体的体积.

先将闭区域 D 分割成 n 个小闭区域 $\Delta\sigma_1,\Delta\sigma_2,\cdots,\Delta\sigma_n$,同时也用 $\Delta\sigma_i(i=1,2,\cdots,n)$ 表示第 i 个小闭区域的面积. 以每个小闭区域的边界曲线为准线,作母线平行于 z 轴的柱面,这样就把给定的曲顶柱体分割成 n 个小曲顶柱体. 用 $\lambda_i(i=1,2,\cdots,n)$ 表示第 i 个小闭区域内任意两点之间距离的最大值(称为第 i 个小闭区域的直径),并记

$$\lambda=\max\{\lambda_1,\lambda_2,\cdots,\lambda_n\}.$$

当分割很细密时,由于 $z=f(x,y)$ 是连续变化的,因此在每个小闭区域 $\Delta\sigma_i$ 上,小曲顶柱体的高度变化不大,可以近似看作小平顶柱体. 在 $\Delta\sigma_i$ 上任意取一点 (ξ_i,η_i),把这点的高度 $f(\xi_i,\eta_i)$ 作为第 i 个小平顶柱体的高,如图 10-1-1(b) 所示,所以第 i 个小曲顶柱体的体积

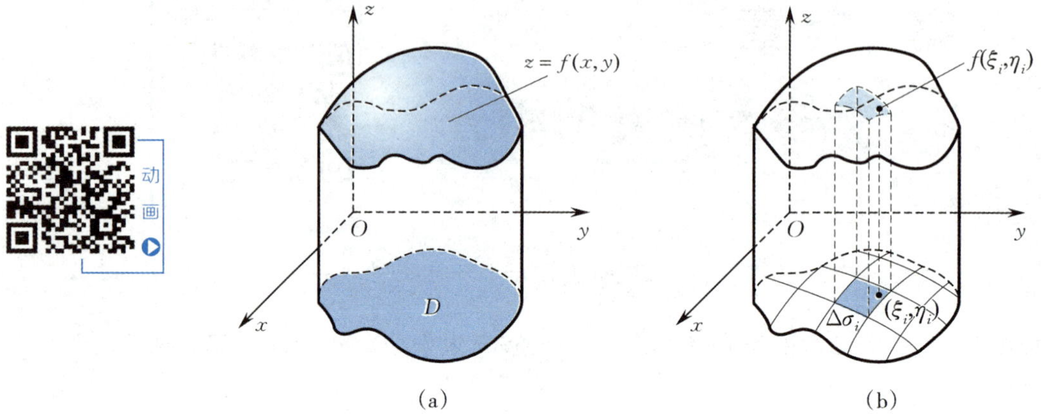

图 10-1-1

ΔV_i 的近似值为 $f(\xi_i,\eta_i)\Delta\sigma_i$，即

$$\Delta V_i \approx f(\xi_i,\eta_i)\Delta\sigma_i.$$

故所求的曲顶柱体体积为

$$V=\sum_{i=1}^{n}\Delta V_i \approx \sum_{i=1}^{n} f(\xi_i,\eta_i)\Delta\sigma_i.$$

当分割越来越细，小闭区域 $\Delta\sigma_i$ 的直径越来越小时，$\sum\limits_{i=1}^{n} f(\xi_i,\eta_i)\Delta\sigma_i$ 就越来越接近 V. 若令 $\lambda\to 0$，对 $\sum\limits_{i=1}^{n} f(\xi_i,\eta_i)\Delta\sigma_i$ 取极限，则该极限值就是曲顶柱体的体积 V，即

$$V=\lim_{\lambda\to 0}\sum_{i=1}^{n} f(\xi_i,\eta_i)\Delta\sigma_i.$$

2. 求平面薄片的质量

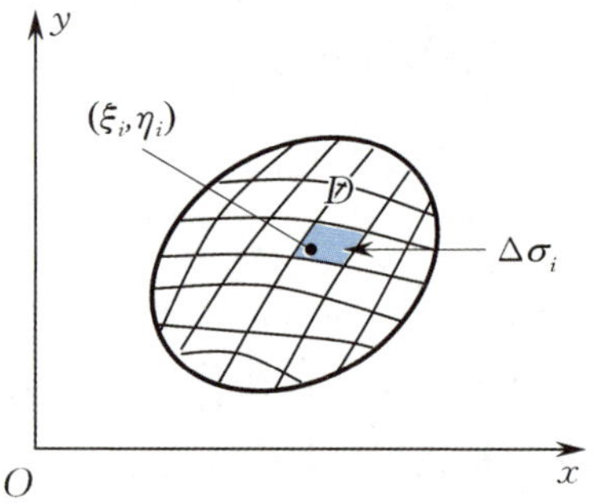

图 10-1-2

设一平面薄片占有 xOy 面上的有界闭区域 D(见图 10-1-2)，其上任一点 (x,y) 处的面密度为 $\rho(x,y)$，且 $\rho(x,y)$ 在 D 上连续. 现要计算它的质量 M.

先把闭区域 D 分割为 n 个小闭区域

$$\Delta\sigma_1,\Delta\sigma_2,\cdots,\Delta\sigma_n,$$

同时用 $\Delta\sigma_i(i=1,2,\cdots,n)$ 表示第 i 个小闭区域的面积. 在第 i 个小闭区域 $\Delta\sigma_i$ 上任取一点 (ξ_i,η_i)，则该点处的面密度为 $\rho(\xi_i,\eta_i)$. 由于 $\rho(x,y)$ 连续，而小闭区域 $\Delta\sigma_i$ 的直径很小，因此其上各点处的面密度变化很小，可近似认为小闭区域 $\Delta\sigma_i$ 上各点处的面密度都为 $\rho(\xi_i,\eta_i)$. 故第 i 个小闭区域 $\Delta\sigma_i$ 对应的小薄片的质量近似为

$$\rho(\xi_i,\eta_i)\Delta\sigma_i \quad (i=1,2,\cdots,n),$$

从而得到整个平面薄片的质量 M 的近似值：

$$M\approx\sum_{i=1}^{n}\rho(\xi_i,\eta_i)\Delta\sigma_i.$$

令 λ 为这 n 个小闭区域直径的最大值，则

$$M=\lim_{\lambda\to 0}\sum_{i=1}^{n}\rho(\xi_i,\eta_i)\Delta\sigma_i.$$

除去上述问题的背景意义，可以从这类问题中抽象地概括出它们共同的数学本质，得出二重积分的定义.

二、二重积分的定义

定义 1　设 $f(x,y)$ 是有界闭区域 D 上的有界函数. 将 D 任意划分成 n 个小闭区域 $\Delta\sigma_1,\Delta\sigma_2,\cdots,\Delta\sigma_n$，并以 $\Delta\sigma_i$ 和 $\lambda_i(i=1,2,\cdots,n)$ 分别表示第 i 个小闭区域的面积和直径，记

$$\lambda=\max\{\lambda_1,\lambda_2,\cdots,\lambda_n\}.$$

在每个小闭区域 $\Delta\sigma_i$ 上任取一点 $(\xi_i,\eta_i)(i=1,2,\cdots,n)$，并做和

$$\sum_{i=1}^{n}f(\xi_i,\eta_i)\Delta\sigma_i.$$

如果极限

$$\lim_{\lambda\to 0}\sum_{i=1}^{n}f(\xi_i,\eta_i)\Delta\sigma_i$$

存在，则称此极限值为函数 $f(x,y)$ 在闭区域 D 上的**二重积分**，记作 $\iint\limits_D f(x,y)\mathrm{d}\sigma$，即

$$\iint\limits_D f(x,y)\mathrm{d}\sigma=\lim_{\lambda\to 0}\sum_{i=1}^{n}f(\xi_i,\eta_i)\Delta\sigma_i,$$

其中 $f(x,y)$ 称为**被积函数**，x,y 称为**积分变量**，$f(x,y)\mathrm{d}\sigma$ 称为**被积表达式**，$\mathrm{d}\sigma$ 称为**面积元素**，D 称为**积分区域**，$\sum\limits_{i=1}^{n}f(\xi_i,\eta_i)\Delta\sigma_i$ 称为**积分和**.

二重积分定义的说明：

(1) 这里积分和的极限存在与积分区域 D 的分法及小闭区域 $\Delta\sigma_i$ 上点 (ξ_i,η_i) 的取法无关.

(2) 在直角坐标系中，常用分别平行于 x 轴和 y 轴的两组直线来分割积分区域 D，这样大多数小闭区域 $\Delta\sigma_i$ 都是小矩形区域，这时小闭区域的面积为 $\Delta\sigma_i=\Delta x_i\Delta y_i$，如图10－1－3 所示. 因此，在直角坐标系下面积元素为 $\mathrm{d}\sigma=\mathrm{d}x\mathrm{d}y$，则

$$\iint\limits_D f(x,y)\mathrm{d}\sigma=\iint\limits_D f(x,y)\mathrm{d}x\mathrm{d}y.$$

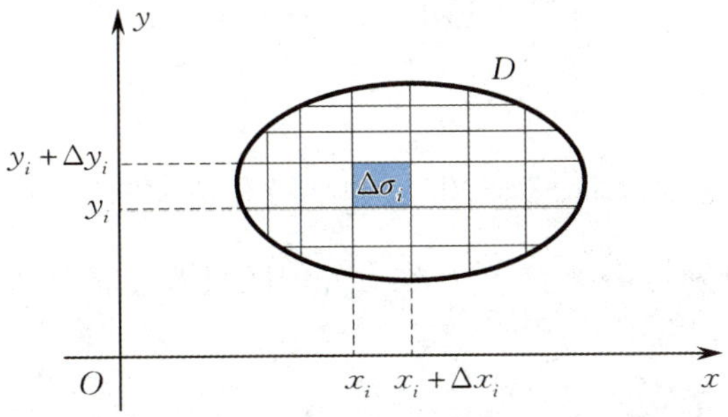

图 10－1－3

(3) 设函数 $f(x,y)$ 连续，当 $f(x,y)\geqslant 0$ 时，二重积分 $\iint\limits_D f(x,y)\mathrm{d}\sigma$ 在数值上等于以闭区域

D 为底，以曲面 $z=f(x,y)$ 为顶的曲顶柱体的体积；当 $f(x,y)\leqslant 0$ 时，二重积分 $\iint\limits_D f(x,y)\mathrm{d}\sigma$ 在数值上等于该曲顶柱体体积的相反数；当 $f(x,y)$ 有正、有负时，二重积分 $\iint\limits_D f(x,y)\mathrm{d}\sigma$ 在数值上等于以曲面 $z=f(x,y)$ 为顶，以 D 为底的被 xOy 面分成上方和下方曲顶柱体的体积的代数和（上方曲顶柱体的体积取正值，下方曲顶柱体的体积取负值）.

三、二重积分的性质

下面介绍二重积分的性质.

比较二重积分和定积分的定义可以看出，二重积分与定积分有类似的性质. 为了叙述简便，假设下面提到的二重积分都存在.

性质 1 设 α,β 为常数，则

$$\iint\limits_D(\alpha f(x,y)+\beta g(x,y))\mathrm{d}\sigma=\alpha\iint\limits_D f(x,y)\mathrm{d}\sigma+\beta\iint\limits_D g(x,y)\mathrm{d}\sigma.$$

特别地，当 $\alpha=1,\beta=\pm 1$ 时，有

$$\iint\limits_D(f(x,y)\pm g(x,y))\mathrm{d}\sigma=\iint\limits_D f(x,y)\mathrm{d}\sigma\pm\iint\limits_D g(x,y)\mathrm{d}\sigma;$$

当 $\beta=0$ 时，有

$$\iint\limits_D\alpha f(x,y)\mathrm{d}\sigma=\alpha\iint\limits_D f(x,y)\mathrm{d}\sigma.$$

性质 2 若积分区域 D 可分成两个区域 D_1 和 D_2（D_1 与 D_2 除边界外无公共点），则

$$\iint\limits_D f(x,y)\mathrm{d}\sigma=\iint\limits_{D_1} f(x,y)\mathrm{d}\sigma+\iint\limits_{D_2} f(x,y)\mathrm{d}\sigma.$$

性质 3 若 $f(x,y)=1$，区域 D 的面积为 σ，则

$$\iint\limits_D f(x,y)\mathrm{d}\sigma=\iint\limits_D 1\mathrm{d}\sigma=\iint\limits_D\mathrm{d}\sigma=\sigma.$$

性质 4 若在区域 D 上总有 $f(x,y)\leqslant g(x,y)$，则

$$\iint\limits_D f(x,y)\mathrm{d}\sigma\leqslant\iint\limits_D g(x,y)\mathrm{d}\sigma.$$

特别地，有

$$\left|\iint\limits_D f(x,y)\mathrm{d}\sigma\right|\leqslant\iint\limits_D|f(x,y)|\mathrm{d}\sigma.$$

性质 5 设 M,m 分别是函数 $f(x,y)$ 在有界闭区域 D 上的最大值和最小值，σ 是 D 的面积，则

$$m\sigma\leqslant\iint\limits_D f(x,y)\mathrm{d}\sigma\leqslant M\sigma.$$

性质 6（二重积分的中值定理） 设函数 $f(x,y)$ 在有界闭区域 D 上连续，σ 是 D 的面积，则在 D 内至少存在一点 (ξ,η)，使得

$$\iint_D f(x,y)\mathrm{d}\sigma = f(\xi,\eta)\sigma.$$

性质 7　(1) 若积分区域 D 关于直线 $x=0$(y 轴) 对称，则

$$\iint_D f(x,y)\mathrm{d}\sigma = \begin{cases} 2\iint_{D_1} f(x,y)\mathrm{d}\sigma, & f \text{ 是关于 } x \text{ 的偶函数}, \\ 0, & f \text{ 是关于 } x \text{ 的奇函数}, \end{cases}$$

其中 D_1 为区域 D 中满足 $x \geqslant 0$ 的区域；

(2) 若积分区域 D 关于直线 $y=0$(x 轴) 对称，则

$$\iint_D f(x,y)\mathrm{d}\sigma = \begin{cases} 2\iint_{D_1} f(x,y)\mathrm{d}\sigma, & f \text{ 是关于 } y \text{ 的偶函数}, \\ 0, & f \text{ 是关于 } y \text{ 的奇函数}, \end{cases}$$

其中 D_1 为区域 D 中满足 $y \geqslant 0$ 的区域.

练习 10.1

1. 试比较下列二重积分的大小：

(1) $I_1 = \iint_D (x+y)^2 \mathrm{d}\sigma$ 与 $I_2 = \iint_D (x+y)^3 \mathrm{d}\sigma$，其中 D 是由 x 轴、y 轴及直线 $x+y=1$ 所围成的闭区域；

(2) $I_1 = \iint_D \ln(x+y)\mathrm{d}\sigma$ 与 $I_2 = \iint_D (\ln(x+y))^2 \mathrm{d}\sigma$，其中 D 表示平面区域 $3 \leqslant x \leqslant 5, 0 \leqslant y \leqslant 2$；

(3) $I_1 = \iint_D (\ln(x+y))^3 \mathrm{d}\sigma, I_2 = \iint_D (x+y)^3 \mathrm{d}\sigma, I_3 = \iint_D (\sin(x+y))^3 \mathrm{d}\sigma$，其中 D 是由直线 $x=0, y=0$，$x+y=\dfrac{1}{2}$ 及 $x+y=1$ 所围成的闭区域.

2. 根据二重积分的几何意义，确定二重积分

$$\iint_D (a - \sqrt{a^2 - x^2 - y^2})\mathrm{d}\sigma \quad (a>0)$$

的值，其中 $D = \{(x,y) \mid x^2 + y^2 \leqslant a^2\}$.

3. 估计下列二重积分的值：

(1) $I = \iint_D xy(x+y)\mathrm{d}\sigma$，其中 D 表示矩形区域 $0 \leqslant x \leqslant 1, 0 \leqslant y \leqslant 1$；

(2) $I = \iint_D (x^2 + 4y^2 + 9)\mathrm{d}\sigma$，其中 D 表示圆形区域 $x^2 + y^2 \leqslant 4$.

§10.2　二重积分的计算

一、直角坐标系下二重积分的计算

若积分区域 D 可表示为如下形式：

$$D=\{(x,y)\mid\varphi_1(x)\leqslant y\leqslant\varphi_2(x),a\leqslant x\leqslant b\},$$

则称 D 为 X-型区域. 这种区域的特点是:穿过 D 内部且垂直于 x 轴的直线与 D 的边界的交点恰好有两点,如图 10-2-1 所示.

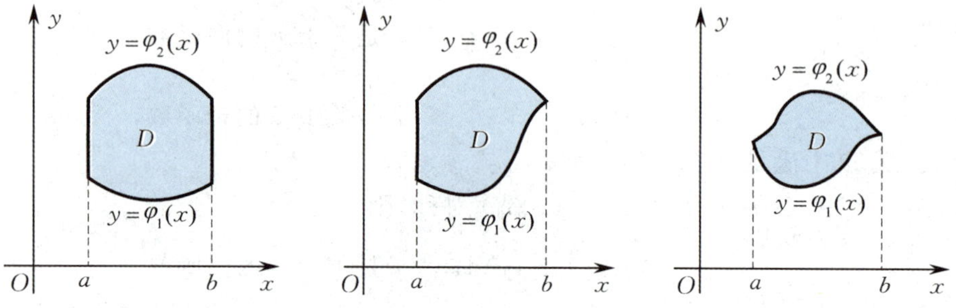

图 10-2-1

设函数 $z=f(x,y)$ 在 D 上连续,且 $f(x,y)\geqslant 0$,则由二重积分的几何意义知,$\iint\limits_D f(x,y)\mathrm{d}\sigma$ 的值等于以 D 为底,以曲面 $z=f(x,y)$ 为顶的曲顶柱体的体积,如图 10-2-2 所示.

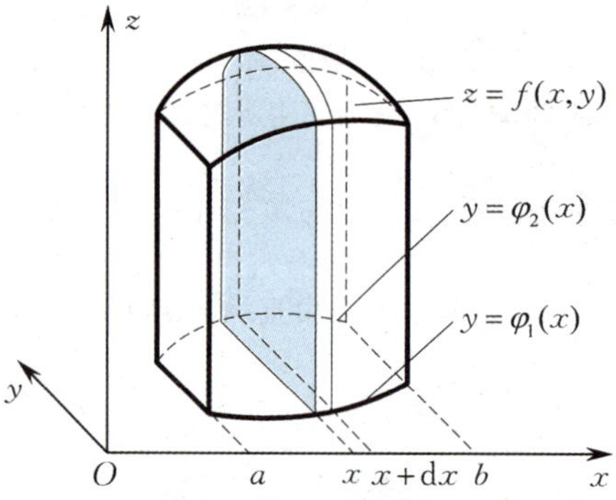

图 10-2-2

首先在区间$[a,b]$上任取一小区间$[x,x+\mathrm{d}x]$,然后把 x 看作常量,过点$(x,0,0)$作垂直于 x 轴的平面去截该曲顶柱体,则得到的截面是以$[\varphi_1(x),\varphi_2(x)]$为底边,以空间曲线 $z=f(x,y)$ 为曲边的曲边梯形,其面积为

$$A(x)=\int_{\varphi_1(x)}^{\varphi_2(x)}f(x,y)\mathrm{d}y.$$

再用过点$(x+\mathrm{d}x,0,0)$且垂直于 x 轴的平面去截该曲顶柱体,得一夹在两个平行平面之间的小曲顶柱体. 它可近似看作一个底面积为截面面积 $A(x)$,高为 $\mathrm{d}x$ 的薄柱体,其体积就是体积元素,于是

$$\mathrm{d}V=A(x)\mathrm{d}x.$$

由于 x 的变化范围是$[a,b]$,因此该曲顶柱体的体积为

$$V=\int_a^b A(x)\mathrm{d}x=\int_a^b\left(\int_{\varphi_1(x)}^{\varphi_2(x)}f(x,y)\mathrm{d}y\right)\mathrm{d}x,$$

简记为

$$V=\int_a^b\mathrm{d}x\int_{\varphi_1(x)}^{\varphi_2(x)}f(x,y)\mathrm{d}y.$$

于是得到在直角坐标系下二重积分的计算公式:

$$\iint\limits_D f(x,y)\mathrm{d}x\mathrm{d}y=\int_a^b\mathrm{d}x\int_{\varphi_1(x)}^{\varphi_2(x)}f(x,y)\mathrm{d}y,$$

其中 $D=\{(x,y)\mid\varphi_1(x)\leqslant y\leqslant\varphi_2(x),a\leqslant x\leqslant b\}$. 上式右端称为先对 y、后对 x 的二次积分(或累次积分). 先对 y 积分时,将 x 看作常量,y 是积分变量,而积分的上、下限是 x 的函数,故积分的结果是关于 x 的函数;再对 x 计算在区间$[a,b]$上的定积分.

若积分区域 D 由曲线 $x=\psi_1(y),x=\psi_2(y)(\psi_1(y)\leqslant\psi_2(y))$ 及直线 $y=c,y=d(c<$

d)所围成,即

$$D=\{(x,y)\mid \psi_1(y)\leqslant x\leqslant \psi_2(y),c\leqslant y\leqslant d\},$$

则称 D 为 Y-型区域. 这种区域的特点是:穿过 D 内部且垂直于 y 轴的直线与 D 的边界的交点恰好有两点,如图 10-2-3 所示.

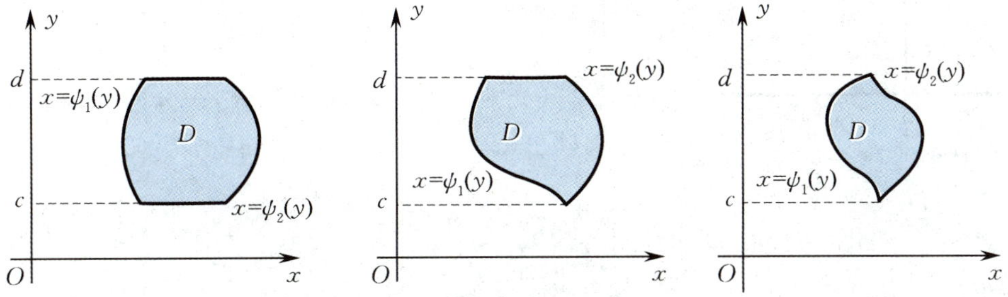

图 10-2-3

类似可得

$$\iint\limits_D f(x,y)\mathrm{d}x\mathrm{d}y=\int_c^d \mathrm{d}y\int_{\psi_1(y)}^{\psi_2(y)} f(x,y)\mathrm{d}x,$$

其中 $D=\{(x,y)\mid \psi_1(y)\leqslant x\leqslant \psi_2(y),c\leqslant y\leqslant d\}$. 这是将二重积分化为先对 x、后对 y 的二次积分来计算.

例 1　设函数 $f_1(x),f_2(x)$ 可积且 $f(x,y)=f_1(x)f_2(y)$,积分区域为

$$D=\{(x,y)\mid a\leqslant x\leqslant b,c\leqslant y\leqslant d\},$$

证明:

$$\iint\limits_D f(x,y)\mathrm{d}x\mathrm{d}y=\int_a^b f_1(x)\mathrm{d}x\cdot\int_c^d f_2(y)\mathrm{d}y.$$

证　先对 y 积分,后对 x 积分,得

$$\iint\limits_D f(x,y)\mathrm{d}x\mathrm{d}y=\int_a^b\left(\int_c^d f_1(x)f_2(y)\mathrm{d}y\right)\mathrm{d}x.$$

由于先对 y 积分时将 x 看作常量,常量 $f_1(x)$ 可移到积分符号外,而后对 x 积分时可把常量 $\int_c^d f_2(y)\mathrm{d}y$ 移到积分符号外,因此得

$$\begin{aligned}\iint\limits_D f(x,y)\mathrm{d}x\mathrm{d}y&=\int_a^b\left(\int_c^d f_1(x)f_2(y)\mathrm{d}y\right)\mathrm{d}x=\int_a^b f_1(x)\left(\int_c^d f_2(y)\mathrm{d}y\right)\mathrm{d}x\\&=\int_a^b f_1(x)\mathrm{d}x\cdot\int_c^d f_2(y)\mathrm{d}y.\end{aligned}$$

例 2　计算 $\iint\limits_D \mathrm{e}^{2x+y}\mathrm{d}x\mathrm{d}y$,其中 $D=\{(x,y)\mid 0\leqslant x\leqslant 1,0\leqslant y\leqslant 1\}$.

解　由例 1 得

$$\begin{aligned}\iint\limits_D \mathrm{e}^{2x+y}\mathrm{d}x\mathrm{d}y&=\iint\limits_D \mathrm{e}^{2x}\cdot\mathrm{e}^{y}\mathrm{d}x\mathrm{d}y=\int_0^1\mathrm{e}^{2x}\mathrm{d}x\cdot\int_0^1\mathrm{e}^{y}\mathrm{d}y=\frac{1}{2}\mathrm{e}^{2x}\Big|_0^1\cdot\mathrm{e}^{y}\Big|_0^1\\&=\frac{1}{2}(\mathrm{e}^2-1)(\mathrm{e}-1).\end{aligned}$$

例 3　计算 $\iint\limits_D x^2y\mathrm{d}x\mathrm{d}y$,其中 D 是由直线 $y=x,x=1$ 及 $y=0$ 所围成的闭区域.

解　**方法 1**　区域 D 如图 10-2-4 所示. 先对 y 积分,后对 x 积分,积分区域 D 可表示为

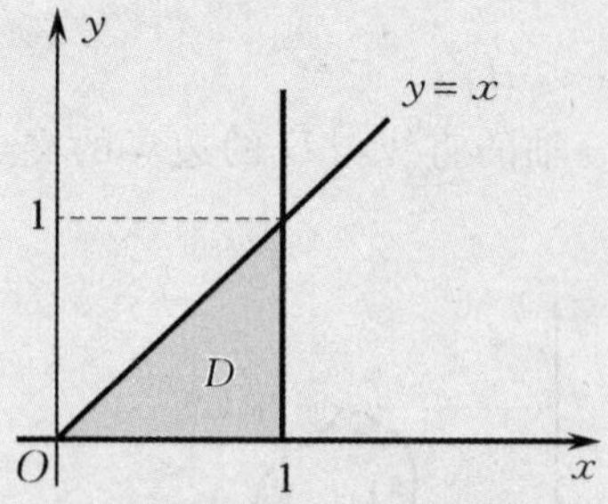

图 10-2-4

$$D=\{(x,y)\mid 0\leqslant y\leqslant x,0\leqslant x\leqslant 1\},$$

则有

$$\iint_D x^2 y\mathrm{d}x\mathrm{d}y=\int_0^1\mathrm{d}x\int_0^x x^2 y\mathrm{d}y=\int_0^1 x^2\cdot\frac{1}{2}y^2\Big|_0^x\mathrm{d}x$$
$$=\frac{1}{2}\int_0^1 x^4\mathrm{d}x=\frac{1}{2}\cdot\frac{1}{5}x^5\Big|_0^1=\frac{1}{10}.$$

方法 2 先对 x 积分，后对 y 积分，积分区域 D 可表示为

$$D=\{(x,y)\mid y\leqslant x\leqslant 1,0\leqslant y\leqslant 1\},$$

则有

$$\iint_D x^2 y\mathrm{d}x\mathrm{d}y=\int_0^1\mathrm{d}y\int_y^1 x^2 y\mathrm{d}x=\int_0^1 y\cdot\frac{1}{3}x^3\Big|_y^1\mathrm{d}y$$
$$=\int_0^1\frac{1}{3}y(1-y^3)\mathrm{d}y=\frac{1}{3}\int_0^1(y-y^4)\mathrm{d}y$$
$$=\frac{1}{3}\left(\frac{1}{2}y^2-\frac{1}{5}y^5\right)\Big|_0^1=\frac{1}{3}\left(\frac{1}{2}-\frac{1}{5}\right)=\frac{1}{10}.$$

例 4 计算 $\iint_D\frac{\sin x}{x}\mathrm{d}x\mathrm{d}y$，其中 D 是由直线 $y=0,y=x$ 及 $x=\pi$ 所围成的闭区域.

解 如图 10-2-5 所示，积分区域 D 可表示为

$$D=\{(x,y)\mid 0\leqslant y\leqslant x,0\leqslant x\leqslant \pi\}$$

或

$$D=\{(x,y)\mid y\leqslant x\leqslant \pi,0\leqslant y\leqslant \pi\}.$$

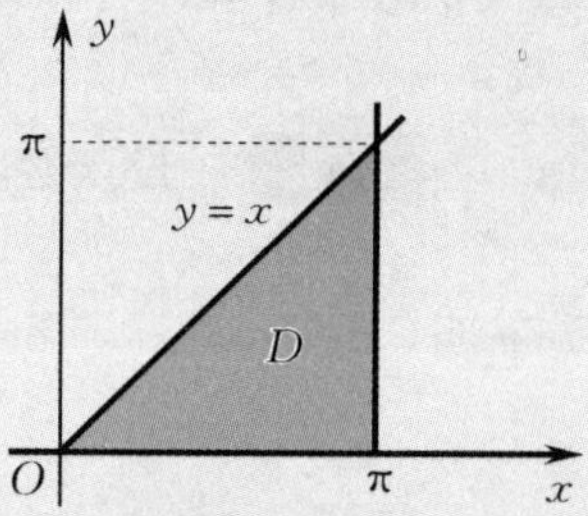

图 10-2-5

若先对 x 积分，后对 y 积分，则

$$\iint_D\frac{\sin x}{x}\mathrm{d}x\mathrm{d}y=\int_0^\pi\mathrm{d}y\int_y^\pi\frac{\sin x}{x}\mathrm{d}x.$$

由于 $\frac{\sin x}{x}$ 的原函数不能用初等函数表示，因此不能计算出定积分 $\int_y^\pi\frac{\sin x}{x}\mathrm{d}x$ 的值. 改为先对 y 积分，后对 x 积分，则

$$\iint_D\frac{\sin x}{x}\mathrm{d}x\mathrm{d}y=\int_0^\pi\mathrm{d}x\int_0^x\frac{\sin x}{x}\mathrm{d}y=\int_0^\pi\frac{\sin x}{x}\cdot y\Big|_0^x\mathrm{d}x$$
$$=\int_0^\pi\sin x\mathrm{d}x=-\cos x\Big|_0^\pi=2.$$

由上例可见，如果积分次序选取不正确，二重积分的值就可能计算不出来.

例 5 应用二重积分，计算在 xOy 面上由抛物线 $y=x^2$ 与 $y=4x-x^2$ 所围成的闭区域的面积.

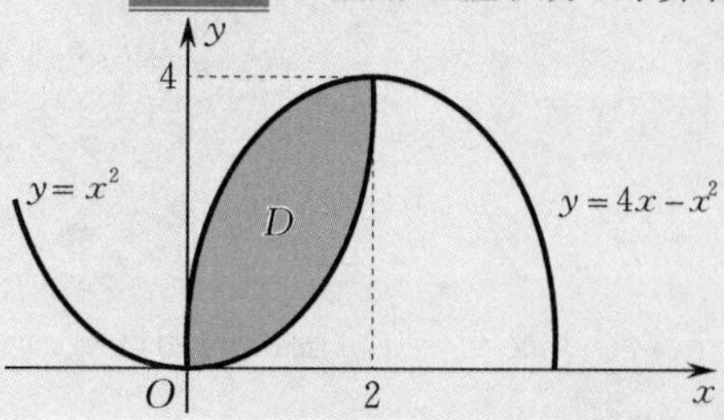

图 10-2-6

解 设由 $y=x^2$ 与 $y=4x-x^2$ 所围成的闭区域为 D，则由二重积分的性质知，D 的面积为二重积分 $\iint_D\mathrm{d}x\mathrm{d}y$，其中

$$D=\{(x,y)\mid x^2\leqslant y\leqslant 4x-x^2,0\leqslant x\leqslant 2\},$$

如图 10-2-6 所示. 因此，区域 D 的面积为

$$S=\iint\limits_D dxdy=\int_0^2 dx\int_{x^2}^{4x-x^2}dy=\int_0^2(4x-2x^2)dx=\left(2x^2-\frac{2}{3}x^3\right)\Big|_0^2=\frac{8}{3}.$$

例 6　交换二次积分 $\int_0^1 dy\int_y^{\sqrt{2-y^2}}f(x,y)dx$ 的积分次序.

解　由所给积分的上、下限可知，积分区域 D 可表示为

$$D=\{(x,y)\mid y\leqslant x\leqslant\sqrt{2-y^2},0\leqslant y\leqslant 1\}.$$

而区域 D 又可分成区域

$$D_1=\{(x,y)\mid 0\leqslant y\leqslant x,0\leqslant x\leqslant 1\}$$

和区域

$$D_2=\{(x,y)\mid 0\leqslant y\leqslant\sqrt{2-x^2},1\leqslant x\leqslant\sqrt{2}\}$$

两部分，如图 10－2－7 所示，故交换所给积分的积分次序，得

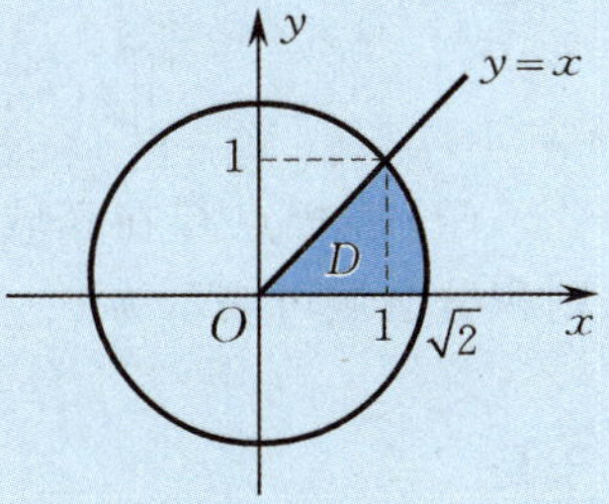

图 10－2－7

$$\int_0^1 dy\int_y^{\sqrt{2-y^2}}f(x,y)dx=\iint\limits_{D_1}f(x,y)d\sigma+\iint\limits_{D_2}f(x,y)d\sigma$$

$$=\int_0^1 dx\int_0^x f(x,y)dy+\int_1^{\sqrt{2}}dx\int_0^{\sqrt{2-x^2}}f(x,y)dy.$$

二、极坐标系下二重积分的计算

当积分区域或被积函数中含有 x^2+y^2 项时，用极坐标计算二重积分可能会比较简单.

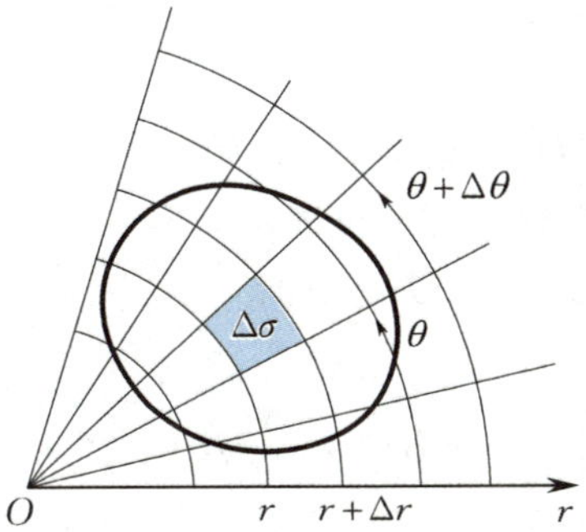

图 10－2－8

如图 10－2－8 所示，设在极坐标系下的积分区域为 D，我们用一组以极点 O 为圆心的同心圆($r=$ 常数)，以及过极点 O 的一组射线($\theta=$ 常数)将区域 D 分割成 n 个小闭区域. 将极角分别为 θ 与 $\theta+\Delta\theta$ 的两条射线，半径分别为 r 与 $r+\Delta r$ 的两条圆弧所围成的小闭区域记作 $\Delta\sigma$(仍用 $\Delta\sigma$ 表示其面积)，则由扇形面积的计算公式得

$$\Delta\sigma=\frac{1}{2}(r+\Delta r)^2\Delta\theta-\frac{1}{2}r^2\Delta\theta$$

$$=r\Delta r\Delta\theta+\frac{1}{2}(\Delta r)^2\Delta\theta.$$

由于当 $\Delta r\to 0,\Delta\theta\to 0$ 时，$\frac{1}{2}(\Delta r)^2\Delta\theta$ 是 $r\Delta r\Delta\theta$ 的高阶无穷小量，因此可略去 $\frac{1}{2}(\Delta r)^2\Delta\theta$. 于是

$$\Delta\sigma\approx r\Delta r\Delta\theta\quad(\Delta r\to 0,\Delta\theta\to 0),$$

从而二重积分的面积元素为

$$d\sigma=rdrd\theta.$$

再根据平面上点的直角坐标 (x,y) 与其极坐标 (r,θ) 之间的关系式

$$x=r\cos\theta,\quad y=r\sin\theta,$$

得到直角坐标系下的二重积分转化为极坐标系下的二重积分的公式

$$\iint\limits_D f(x,y)d\sigma=\iint\limits_D f(r\cos\theta,r\sin\theta)rdrd\theta.$$

与直角坐标系相似，极坐标系下的二重积分同样要化为关于积分变量 r 和 θ 的累次积分

来计算.下面依区域 D 的三种情形加以讨论:

(1) 若极点 O 在区域 D 之外,且 D 由两条连续曲线 $r=r_1(\theta)$,$r=r_2(\theta)$ 所围成,如图 10-2-9(a) 所示,则积分区域可表示为

$$D=\{(r,\theta)\mid r_1(\theta)\leqslant r\leqslant r_2(\theta),\alpha\leqslant\theta\leqslant\beta\}.$$

于是

$$\iint\limits_D f(r\cos\theta,r\sin\theta)r\mathrm{d}r\mathrm{d}\theta=\int_\alpha^\beta\mathrm{d}\theta\int_{r_1(\theta)}^{r_2(\theta)}f(r\cos\theta,r\sin\theta)r\mathrm{d}r.$$

(2) 若极点 O 在区域 D 的边界上,且 D 的边界曲线为 $r=r(\theta)$,如图10-2-9(b) 所示,则积分区域可表示为

$$D=\{(r,\theta)\mid 0\leqslant r\leqslant r(\theta),\alpha\leqslant\theta\leqslant\beta\}.$$

于是

$$\iint\limits_D f(r\cos\theta,r\sin\theta)r\mathrm{d}r\mathrm{d}\theta=\int_\alpha^\beta\mathrm{d}\theta\int_0^{r(\theta)}f(r\cos\theta,r\sin\theta)r\mathrm{d}r.$$

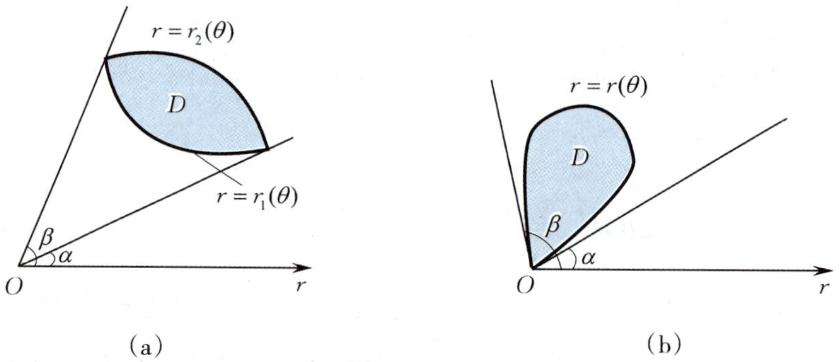

图 10-2-9

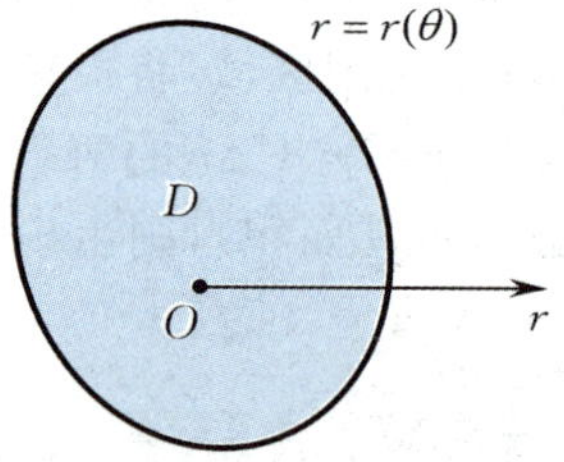

图 10-2-10

(3) 若极点 O 在区域 D 内,且 D 的边界曲线为 $r=r(\theta)$ $(0\leqslant\theta\leqslant 2\pi)$,如图 10-2-10 所示,则积分区域可表示为

$$D=\{(r,\theta)\mid 0\leqslant r\leqslant r(\theta),0\leqslant\theta\leqslant 2\pi\}.$$

于是

$$\iint\limits_D f(r\cos\theta,r\sin\theta)r\mathrm{d}r\mathrm{d}\theta=\int_0^{2\pi}\mathrm{d}\theta\int_0^{r(\theta)}f(r\cos\theta,r\sin\theta)r\mathrm{d}r.$$

例 7 计算 $\iint\limits_D \mathrm{e}^{-x^2-y^2}\mathrm{d}x\mathrm{d}y$,其中 D 为由圆周 $x^2+y^2=a^2(a>0)$ 所围成的闭区域.

解 积分区域 D 是一个圆形区域,且

$$D=\{(r,\theta)\mid 0\leqslant\theta\leqslant 2\pi,0\leqslant r\leqslant a\},$$

于是

$$\iint\limits_D \mathrm{e}^{-x^2-y^2}\mathrm{d}x\mathrm{d}y=\iint\limits_D \mathrm{e}^{-r^2}r\mathrm{d}r\mathrm{d}\theta=\int_0^{2\pi}\mathrm{d}\theta\int_0^a r\mathrm{e}^{-r^2}\mathrm{d}r=\int_0^{2\pi}\left(-\frac{1}{2}\mathrm{e}^{-r^2}\right)\Big|_0^a\mathrm{d}\theta$$

$$=\frac{1}{2}\int_0^{2\pi}(1-\mathrm{e}^{-a^2})\mathrm{d}\theta=\pi(1-\mathrm{e}^{-a^2}).$$

例 8　计算 $\iint\limits_D \dfrac{dxdy}{1+x^2+y^2}$，其中 D 是由圆周 $x^2+y^2=1$ 所围成的闭区域.

解　积分区域 D 是一个圆形区域，且

$$D=\{(r,\theta)\mid 0\leqslant r\leqslant 1,0\leqslant\theta\leqslant 2\pi\},$$

于是

$$\iint\limits_D \frac{dxdy}{1+x^2+y^2}=\int_0^{2\pi}d\theta\int_0^1\frac{r}{1+r^2}dr=\int_0^{2\pi}\frac{1}{2}\ln(1+r^2)\Big|_0^1 d\theta$$
$$=\frac{1}{2}\ln 2\int_0^{2\pi}d\theta=\pi\ln 2.$$

例 9　计算 $\iint\limits_D \dfrac{y^2}{x^2}d\sigma$，其中 D 是由圆周 $x^2+y^2=2x$ 所围成的闭区域.

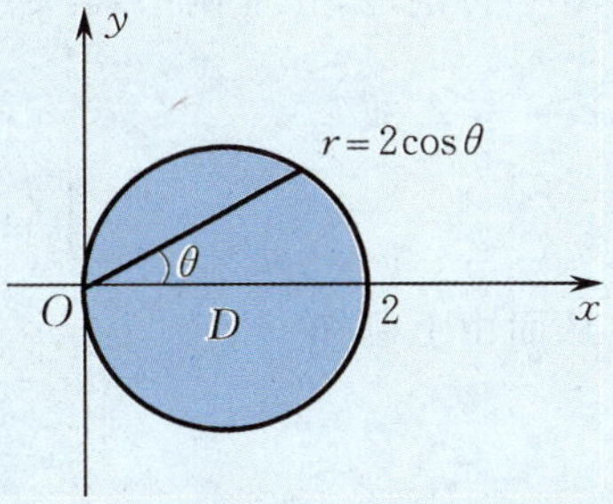

图 10-2-11

解　画出积分区域 D，如图 10-2-11 所示. 因为圆周 $x^2+y^2=2x$ 在极坐标系下的表达式为 $r=2\cos\theta$，所以圆形区域 D 用极坐标表示为

$$D=\left\{(r,\theta)\,\middle|\,0\leqslant r\leqslant 2\cos\theta,-\frac{\pi}{2}\leqslant\theta\leqslant\frac{\pi}{2}\right\}.$$

于是

$$\iint\limits_D \frac{y^2}{x^2}d\sigma=\int_{-\frac{\pi}{2}}^{\frac{\pi}{2}}d\theta\int_0^{2\cos\theta}\frac{\sin^2\theta}{\cos^2\theta}r\,dr=\int_{-\frac{\pi}{2}}^{\frac{\pi}{2}}\frac{\sin^2\theta}{\cos^2\theta}\cdot\frac{1}{2}r^2\Big|_0^{2\cos\theta}d\theta$$
$$=\int_{-\frac{\pi}{2}}^{\frac{\pi}{2}}2\sin^2\theta d\theta=\int_{-\frac{\pi}{2}}^{\frac{\pi}{2}}(1-\cos 2\theta)d\theta=\left(\theta-\frac{1}{2}\sin 2\theta\right)\Big|_{-\frac{\pi}{2}}^{\frac{\pi}{2}}=\pi.$$

一般地，当二重积分的积分区域为圆形区域或圆形区域的一部分，而被积函数为 $f(\sqrt{x^2+y^2})$，$f\left(\dfrac{y}{x}\right)$ 或 $f\left(\dfrac{x}{y}\right)$ 等形式时，用极坐标计算较方便.

例 10　证明：$\displaystyle\int_0^{+\infty}e^{-x^2}dx=\frac{\sqrt{\pi}}{2}.$

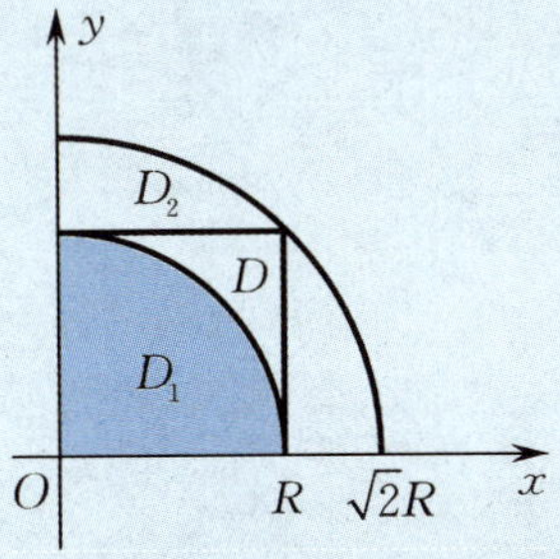

图 10-2-12

证　如图 10-2-12 所示，D_1，D_2 分别表示圆心在原点、半径为 R 和 $\sqrt{2}R$ 的圆形区域在第一象限内的部分，D 是边长为 R 的正方形区域.

由于 $D_1\subset D\subset D_2$，且函数 $e^{-x^2-y^2}>0$，因此有不等式

$$\iint\limits_{D_1}e^{-x^2-y^2}d\sigma\leqslant\iint\limits_D e^{-x^2-y^2}d\sigma\leqslant\iint\limits_{D_2}e^{-x^2-y^2}d\sigma.\qquad(10-2-1)$$

因为

$$\iint\limits_D e^{-x^2-y^2}d\sigma=\int_0^R e^{-x^2}dx\cdot\int_0^R e^{-y^2}dy=\left(\int_0^R e^{-x^2}dx\right)^2,$$

而由例 7 的结果知

$$\iint\limits_{D_1}e^{-x^2-y^2}d\sigma=\frac{\pi}{4}(1-e^{-R^2}),$$

$$\iint\limits_{D_2}e^{-x^2-y^2}d\sigma=\frac{\pi}{4}(1-e^{-2R^2}),$$

所以不等式(10-2-1)可化为

$$\frac{\pi}{4}(1-e^{-R^2})\leqslant\left(\int_0^R e^{-x^2}dx\right)^2\leqslant\frac{\pi}{4}(1-e^{-2R^2}).$$

若令 $R\to+\infty$,则上式两端的极限都等于$\frac{\pi}{4}$,从而

$$\int_0^{+\infty}e^{-x^2}dx=\lim_{R\to+\infty}\int_0^R e^{-x^2}dx=\sqrt{\frac{\pi}{4}}=\frac{\sqrt{\pi}}{2}.$$

特别地,在上例中,若令 $x=\frac{t}{\sqrt{2}}$,则 $x^2=\frac{t^2}{2}$,$dx=\frac{dt}{\sqrt{2}}$. 当 $x=0$ 时,$t=0$;当 $x\to+\infty$时,$t\to+\infty$. 故

$$\int_0^{+\infty}e^{-x^2}dx=\int_0^{+\infty}e^{-\frac{t^2}{2}}\cdot\frac{1}{\sqrt{2}}dt=\frac{1}{\sqrt{2}}\int_0^{+\infty}e^{-\frac{t^2}{2}}dt,$$

从而由上例知

$$\frac{1}{\sqrt{2}}\int_0^{+\infty}e^{-\frac{t^2}{2}}dt=\frac{\sqrt{\pi}}{2},$$

即$\int_0^{+\infty}e^{-\frac{t^2}{2}}dt=\frac{\sqrt{2\pi}}{2}$. 因此

$$\int_{-\infty}^{+\infty}e^{-\frac{t^2}{2}}dt=2\int_0^{+\infty}e^{-\frac{t^2}{2}}dt=\sqrt{2\pi}.$$

这个结果在概率统计中有着非常重要的应用.

例 11 求球体 $x^2+y^2+z^2\leqslant 4a^2$ 被圆柱面 $x^2+y^2=2ax(a>0)$ 所截得的(含在圆柱面内的)部分立体的体积(见图 10-2-13(a)).

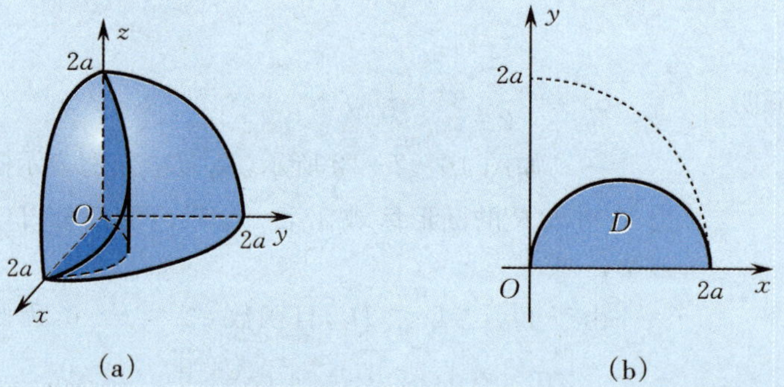

图 10-2-13

解 根据对称性知,所求的立体体积为

$$V=4\iint_D\sqrt{4a^2-x^2-y^2}\,dxdy,$$

其中积分区域 D 为半圆周 $y=\sqrt{2ax-x^2}$ 与 x 轴所围成的闭区域(见图 10-2-13(b)).
在极坐标系下,积分区域 D 可表示为

$$D=\left\{(r,\theta)\,\middle|\,0\leqslant r\leqslant 2a\cos\theta,0\leqslant\theta\leqslant\frac{\pi}{2}\right\},$$

从而

$$V=4\iint_D\sqrt{4a^2-x^2-y^2}\,dxdy=4\int_0^{\frac{\pi}{2}}d\theta\int_0^{2a\cos\theta}\sqrt{4a^2-r^2}\,rdr$$

$$=-2\int_0^{\frac{\pi}{2}}d\theta\int_0^{2a\cos\theta}(4a^2-r^2)^{\frac{1}{2}}d(4a^2-r^2)$$

$$=-2\int_0^{\frac{\pi}{2}}\frac{2}{3}(4a^2-r^2)^{\frac{3}{2}}\Big|_0^{2a\cos\theta}d\theta=\frac{32}{3}a^3\int_0^{\frac{\pi}{2}}(1-\sin^3\theta)d\theta$$

$$=\frac{32}{3}a^3\left(\frac{\pi}{2}-\frac{2}{3}\right).$$

练习 10.2

1. 计算下列二重积分：

(1) $\iint_D(x+y)d\sigma$，其中 D 为矩形区域 $|x|\leqslant 1,|y|\leqslant 1$；

(2) $\iint_D(3x+2y)d\sigma$，其中 D 是由直线 $x=0,y=0$ 及 $x+y=2$ 所围成的闭区域；

(3) $\iint_D\sin^2x\cos^2y\,d\sigma$，其中 $D:0\leqslant x\leqslant\pi,0\leqslant y\leqslant\pi$；

(4) $\iint_D xy\,d\sigma$，其中 D 是由直线 $y=x$ 与抛物线 $y=x^2$ 所围成的闭区域；

(5) $\iint_D(x-y^2)d\sigma$，其中 $D:0\leqslant x\leqslant\pi,0\leqslant y\leqslant\sin x$.

2. 交换下列二次积分的积分次序：

(1) $\int_0^1 dy\int_0^y f(x,y)dx$；　(2) $\int_0^2 dy\int_{y^2}^{2y} f(x,y)dx$；

(3) $\int_1^e dx\int_0^{\ln x} f(x,y)dy$；　(4) $\int_{-1}^0 dx\int_{x+1}^{\sqrt{1-x^2}} f(x,y)dy$；

(5) $\int_0^1 dy\int_{\frac{1}{2}y}^{y} f(x,y)dx+\int_1^2 dy\int_{\frac{1}{2}y}^{1} f(x,y)dx$.

3. 求由平面 $x=0,y=0,x=1,y=1$ 所围成的柱体被平面 $z=0$ 及 $2x+3y+z=6$ 截得的立体体积.

4. 画出积分区域 D，把二重积分 $\iint_D f(x,y)d\sigma$ 表示为极坐标系下的二次积分，其中积分区域 D 分别满足下列条件：

(1) $x^2+y^2\leqslant a^2(a\geqslant 0)$；　(2) $x^2+y^2\leqslant 2x$；

(3) $1\leqslant x^2+y^2\leqslant 9$；　(4) $0\leqslant y\leqslant 1-x,0\leqslant x\leqslant 1$.

5. 把下列二次积分表示为极坐标系下的积分形式，并计算其积分值：

(1) $\int_0^2 dx\int_0^{\sqrt{2x-x^2}}(x^2+y^2)dy$；　(2) $\int_0^1 dx\int_{x^2}^{x}\frac{1}{\sqrt{x^2+y^2}}dy$.

6. 在极坐标系下计算下列二重积分：

(1) $\iint_D e^{x^2+y^2}d\sigma$，其中 D 是圆形区域 $x^2+y^2\leqslant 1$；

(2) $\iint_D\ln(1+x^2+y^2)d\sigma$，其中 D 是由圆周 $x^2+y^2=1$ 及坐标轴所围成的在第一象限内的闭区域；

(3) $\iint_D\frac{y}{x}d\sigma$，其中 D 是由圆周 $x^2+y^2=1,x^2+y^2=4$ 及直线 $y=0,y=x$ 所围成的在第一象限内的闭区域.

7. 选择适当的坐标系计算下列二重积分：

（1）$\iint\limits_D \frac{x^2}{y^2}\mathrm{d}\sigma$，其中 D 是由直线 $x=2$，$y=x$ 及曲线 $xy=1$ 所围成的闭区域；

（2）$\iint\limits_D \sin\sqrt{x^2+y^2}\,\mathrm{d}\sigma$，其中 D 是由圆周 $x^2+y^2=\pi^2$ 及坐标轴所围成的在第一象限内的闭区域.

8. 求由抛物面 $z=6-x^2-y^2$ 与圆锥面 $z=\sqrt{x^2+y^2}$ 所围成的立体体积.

§10.3 二重积分的应用

在学习定积分时，我们知道有许多求总量的问题可以用定积分的微元法来处理. 这种微元法也可以推广到二重积分的应用中.

如果所要计算的某个量 U 对于有界闭区域 D 具有可加性，并且在闭区域 D 上任取一个直径很小的闭区域 $\mathrm{d}\sigma$ 时（仍用 $\mathrm{d}\sigma$ 表示小闭区域 $\mathrm{d}\sigma$ 的面积），相应的部分量都可以近似地表示为 $f(x,y)\mathrm{d}\sigma$ 的形式，其中点 (x,y) 为闭区域 $\mathrm{d}\sigma$ 上任取的一点，则称 $f(x,y)\mathrm{d}\sigma$ 为所求量 U 的**元素**，记作 $\mathrm{d}U$，即

$$\mathrm{d}U=f(x,y)\mathrm{d}\sigma.$$

以它为被积表达式，在闭区域 D 上积分，得

$$U=\iint\limits_D f(x,y)\mathrm{d}\sigma.$$

这就是所求量 U 的积分表达式.

一、曲面的面积

设曲面 S 由方程

$$z=f(x,y)$$

给出，有界闭区域 D 为曲面 S 在 xOy 面上的投影区域，函数 $f(x,y)$ 在闭区域 D 上具有连续的偏导数 $f_x(x,y)$，$f_y(x,y)$. 下面介绍如何计算曲面 S 的面积 A.

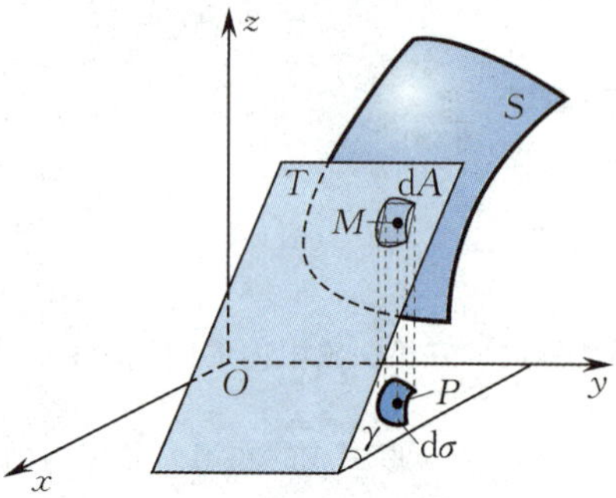

图 10-3-1

在闭区域 D 上任取一直径很小的闭区域 $\mathrm{d}\sigma$（这个小闭区域的面积也记作 $\mathrm{d}\sigma$）. 在 $\mathrm{d}\sigma$ 上任取一点 $P(x,y)$，对应地在曲面 S 上有一点 $M(x,y,f(x,y))$，则点 M 在 xOy 面上的投影即为点 P. 设曲面 S 在点 M 处的切平面为 T（见图 10-3-1）. 以小闭区域 $\mathrm{d}\sigma$ 的边界为准线作母线平行于 z 轴的柱面，该柱面在曲面 S 上截下一小块曲面，在切平面 T 上截下一小块平面. 由于闭区域 $\mathrm{d}\sigma$ 的直径很小，因此切平面 T 上的那一小块平面的面积 $\mathrm{d}A$ 可以近似代替曲面 S 上相应的那一小块曲面的面积. 设点 M 处曲面 S 的法线（指向朝上）与 z 轴所成的角为 γ，则根据投影定理，有

$$\mathrm{d}A=\frac{\mathrm{d}\sigma}{\cos\gamma}.$$

又由 §9.3 知，曲面 S 在点 M 处的法向量为

$$\boldsymbol{n}=(f_x(x,y),f_y(x,y),-1),$$

所以

$$\cos\gamma=\frac{1}{\sqrt{1+f_x^2(x,y)+f_y^2(x,y)}}\quad（取正号）.$$

因此

$$\mathrm{d}A=\sqrt{1+f_x^2(x,y)+f_y^2(x,y)}\,\mathrm{d}\sigma.$$

这就是**曲面 S 的面积元素**. 以它为被积表达式在闭区域 D 上积分,得

$$A=\iint\limits_D \sqrt{1+f_x^2(x,y)+f_y^2(x,y)}\,\mathrm{d}\sigma$$

或

$$A=\iint\limits_D \sqrt{1+\left(\frac{\partial z}{\partial x}\right)^2+\left(\frac{\partial z}{\partial y}\right)^2}\,\mathrm{d}x\mathrm{d}y.$$

这就是**曲面 S 的面积计算公式**.

若曲面 S 的方程为 $x=g(y,z)$ 或 $y=h(z,x)$,则可分别把曲面 S 投影到 yOz 面上(投影区域记作 D_{yz})或 zOx 面上(投影区域记作 D_{zx}),类似可得

$$A=\iint\limits_{D_{yz}} \sqrt{1+\left(\frac{\partial x}{\partial y}\right)^2+\left(\frac{\partial x}{\partial z}\right)^2}\,\mathrm{d}y\mathrm{d}z$$

或

$$A=\iint\limits_{D_{zx}} \sqrt{1+\left(\frac{\partial y}{\partial x}\right)^2+\left(\frac{\partial y}{\partial z}\right)^2}\,\mathrm{d}z\mathrm{d}x.$$

例 1　求曲面 $z=1-x^2-y^2$ 在 xOy 面上方部分的面积.

解　所给曲面在 xOy 面上方部分在 xOy 面上的投影区域为 $D_{xy}:x^2+y^2\leqslant 1$. 由

$$\frac{\partial z}{\partial x}=-2x,\quad \frac{\partial z}{\partial y}=-2y$$

可得

$$\sqrt{1+\left(\frac{\partial z}{\partial x}\right)^2+\left(\frac{\partial z}{\partial y}\right)^2}=\sqrt{1+4x^2+4y^2},$$

故所求面积为

$$A=\iint\limits_{D_{xy}}\sqrt{1+\left(\frac{\partial z}{\partial x}\right)^2+\left(\frac{\partial z}{\partial y}\right)^2}\,\mathrm{d}x\mathrm{d}y=\iint\limits_{D_{xy}}\sqrt{1+4x^2+4y^2}\,\mathrm{d}x\mathrm{d}y.$$

利用极坐标计算,可得所求面积为

$$\begin{aligned}A&=\iint\limits_{D_{xy}}\sqrt{1+4x^2+4y^2}\,\mathrm{d}x\mathrm{d}y=\int_0^{2\pi}\mathrm{d}\theta\int_0^1\sqrt{1+4r^2}\,r\mathrm{d}r=2\pi\int_0^1\sqrt{1+4r^2}\,r\mathrm{d}r\\&=\frac{\pi}{6}(1+4r^2)^{\frac{3}{2}}\Big|_0^1=\frac{\pi}{6}(5\sqrt{5}-1).\end{aligned}$$

例 2　求半径为 $a(a>0)$ 的球的表面积.

解　以球心为原点建立空间直角坐标系. 取 xOy 面上方的上半球面,其方程为 $z=\sqrt{a^2-x^2-y^2}$,则它在 xOy 面上的投影区域为 $D_{xy}:x^2+y^2\leqslant a^2$. 由

$$\frac{\partial z}{\partial x}=\frac{-x}{\sqrt{a^2-x^2-y^2}},\quad \frac{\partial z}{\partial y}=\frac{-y}{\sqrt{a^2-x^2-y^2}}$$

可得

$$\sqrt{1+\left(\frac{\partial z}{\partial x}\right)^2+\left(\frac{\partial z}{\partial y}\right)^2}=\frac{a}{\sqrt{a^2-x^2-y^2}}.$$

由于上述被积函数在闭区域 D_{xy} 的边界上无界,因此不能直接应用曲面的面积计算公式.首先取闭区域 $D_1:x^2+y^2\leqslant b^2(0<b<a)$ 为积分区域,计算出相应于 D_1 上的球面面积 A_1;再令 $b\to a$,则 A_1 的极限即为上半球面的面积.

利用极坐标计算,得

$$\begin{aligned}A_1&=\iint\limits_{D_1}\frac{a}{\sqrt{a^2-x^2-y^2}}\mathrm{d}x\mathrm{d}y=\int_0^{2\pi}\mathrm{d}\theta\int_0^b\frac{ar}{\sqrt{a^2-r^2}}\mathrm{d}r=2\pi a\int_0^b\frac{r}{\sqrt{a^2-r^2}}\mathrm{d}r\\&=-2\pi a(a^2-r^2)^{\frac{1}{2}}\Big|_0^b=2\pi a(a-\sqrt{a^2-b^2}).\end{aligned}$$

因为

$$\lim_{b\to a}A_1=\lim_{b\to a}2\pi a(a-\sqrt{a^2-b^2})=2\pi a^2,$$

所以上半球面面积为 $2\pi a^2$,从而所求的球表面积为 $4\pi a^2$.

二、平面薄片的质心

设 xOy 面上有 n 个质点,它们分别位于 $(x_1,y_1),(x_2,y_2),\cdots,(x_n,y_n)$ 处,其质量分别为 $m_1,m_2,\cdots,m_n$.由力学知识知道,该质点系的**质心**坐标为

$$\bar{x}=\frac{M_y}{M}=\frac{\sum\limits_{i=1}^n m_ix_i}{\sum\limits_{i=1}^n m_i},\quad \bar{y}=\frac{M_x}{M}=\frac{\sum\limits_{i=1}^n m_iy_i}{\sum\limits_{i=1}^n m_i},$$

其中 $M=\sum\limits_{i=1}^n m_i$ 为该质点系的总质量,

$$M_y=\sum_{i=1}^n m_ix_i,\quad M_x=\sum_{i=1}^n m_iy_i$$

分别为该质点系对 y 轴和 x 轴的**静矩**.

设一平面薄片占有 xOy 面上的闭区域 D,其上点 (x,y) 处的面密度为 $\rho(x,y)$.假定 $\rho(x,y)$ 在 D 上连续.现在要找出该薄片的质心坐标.

在闭区域 D 上任取一直径很小的闭区域 $\mathrm{d}\sigma$(该小闭区域的面积也记作 $\mathrm{d}\sigma$),设 (x,y) 是该小闭区域 $\mathrm{d}\sigma$ 上的一点.由于 $\mathrm{d}\sigma$ 的直径很小,且 $\rho(x,y)$ 在 D 上连续,因此该薄片相应于 $\mathrm{d}\sigma$ 的部分的质量近似等于 $\rho(x,y)\mathrm{d}\sigma$,且这部分的质量可近似看作集中在点 (x,y) 上.于是可以得到对 y 轴和对 x 轴的静矩元素

$$\mathrm{d}M_y=x\rho(x,y)\mathrm{d}\sigma,\quad \mathrm{d}M_x=y\rho(x,y)\mathrm{d}\sigma.$$

分别以它们为被积表达式,在闭区域 D 上积分,得

$$M_y=\iint\limits_D x\rho(x,y)\mathrm{d}\sigma,\quad M_x=\iint\limits_D y\rho(x,y)\mathrm{d}\sigma.$$

而由二重积分定义的引例可知，所给薄片的质量为

$$M=\iint_D \rho(x,y)\mathrm{d}\sigma,$$

故该薄片的质心坐标为

$$\bar{x}=\frac{M_y}{M}=\frac{\iint_D x\rho(x,y)\mathrm{d}\sigma}{\iint_D \rho(x,y)\mathrm{d}\sigma},\quad \bar{y}=\frac{M_x}{M}=\frac{\iint_D y\rho(x,y)\mathrm{d}\sigma}{\iint_D \rho(x,y)\mathrm{d}\sigma}.$$

如果薄片是均匀的，即面密度 $\rho(x,y)$ 为常量，则上式中可把 $\rho(x,y)$ 提到积分符号外面，然后从分子、分母中约去，从而得到均匀薄片的质心坐标

$$\bar{x}=\frac{\iint_D x\,\mathrm{d}\sigma}{\iint_D \mathrm{d}\sigma},\quad \bar{y}=\frac{\iint_D y\,\mathrm{d}\sigma}{\iint_D \mathrm{d}\sigma},$$

其中 $\iint_D \mathrm{d}\sigma$ 等于闭区域 D 的面积. 这时薄片的质心坐标完全由闭区域 D 的形状决定. 我们把均匀平面薄片的质心称为该平面薄片的**形心**. 显然，形心坐标为

$$\bar{x}=\frac{\iint_D x\,\mathrm{d}\sigma}{\iint_D \mathrm{d}\sigma},\quad \bar{y}=\frac{\iint_D y\,\mathrm{d}\sigma}{\iint_D \mathrm{d}\sigma}.$$

例 3　求位于圆 $r=1$，$r=2$ 之间的均匀半圆环薄片的形心坐标.

解　如图 10-3-2 所示，建立坐标系. 因为该半圆环薄片所占的闭区域 D 关于 x 轴对称，所以其形心必位于 x 轴上，即 $\bar{y}=0$. 计算得闭区域 D 的面积为

$$A=\frac{1}{2}\times 2^2\pi-\frac{1}{2}\times 1^2\pi=\frac{3}{2}\pi.$$

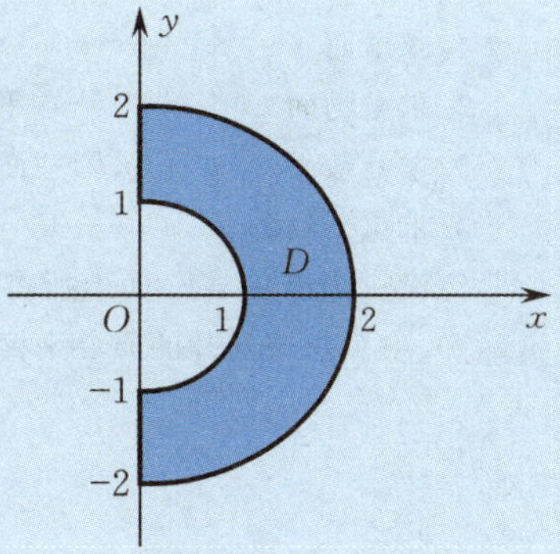

图 10-3-2

因为

$$\iint_D x\,\mathrm{d}\sigma=\int_{-\frac{\pi}{2}}^{\frac{\pi}{2}}\mathrm{d}\theta\int_1^2 r^2\cos\theta\mathrm{d}r=\int_{-\frac{\pi}{2}}^{\frac{\pi}{2}}\cos\theta\mathrm{d}\theta\int_1^2 r^2\,\mathrm{d}r$$

$$=\sin\theta\Big|_{-\frac{\pi}{2}}^{\frac{\pi}{2}}\cdot\frac{1}{3}r^3\Big|_1^2=\frac{14}{3},$$

所以

$$\bar{x}=\frac{1}{A}\iint_D x\,\mathrm{d}\sigma=\frac{\frac{14}{3}}{\frac{3}{2}\pi}=\frac{28}{9\pi}.$$

故该半圆环薄片的形心坐标为 $\left(\frac{28}{9\pi},0\right)$.

例 4　设一平面薄片的形状是第一象限内半径为 $a(a>0)$、圆心为原点 O 的四分

之一圆盘（见图 10-3-3）. 若该薄片上每一点处的面密度与该点到圆心的距离成正比，求该薄片的质心坐标.

解 可设该薄片的面密度为 $\rho(x,y)=k\sqrt{x^2+y^2}$，其中 k 为非零常数.

利用极坐标计算，可得

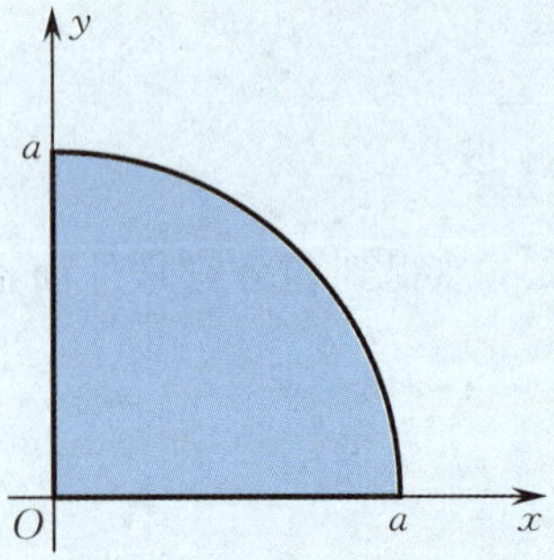

图 10-3-3

$$M=\iint_D \rho(x,y)\mathrm{d}\sigma=\iint_D k\sqrt{x^2+y^2}\,\mathrm{d}x\mathrm{d}y$$
$$=\int_0^{\frac{\pi}{2}}\mathrm{d}\theta\int_0^a kr\cdot r\mathrm{d}r=\frac{1}{6}k\pi a^3,$$
$$M_y=\iint_D x\rho(x,y)\mathrm{d}\sigma=\iint_D xk\sqrt{x^2+y^2}\,\mathrm{d}x\mathrm{d}y$$
$$=\int_0^{\frac{\pi}{2}}\mathrm{d}\theta\int_0^a r\cos\theta\cdot kr\cdot r\mathrm{d}r$$
$$=k\int_0^{\frac{\pi}{2}}\cos\theta\mathrm{d}\theta\int_0^a r^3\mathrm{d}r=\frac{1}{4}ka^4,$$

所以质心的横坐标为

$$\overline{x}=\frac{M_y}{M}=\frac{\frac{ka^4}{4}}{\frac{k\pi a^3}{6}}=\frac{3a}{2\pi}.$$

根据对称性知，质心的纵坐标为 $\overline{y}=\frac{3a}{2\pi}$. 故该薄片的质心坐标为 $\left(\frac{3a}{2\pi},\frac{3a}{2\pi}\right)$.

练习 10.3

1. 求球面 $x^2+y^2+z^2=a^2$ 含在圆柱面 $x^2+y^2=ax(a>0)$ 内部分的面积.
2. 求抛物面 $z=x^2+y^2$ 在平面 $z=9$ 下方部分的面积.
3. 求马鞍面 $z=xy$ 被圆柱面 $x^2+y^2=4$ 截下部分的面积.
4. 求位于两圆 $x^2+(y-1)^2=1$ 和 $x^2+(y-2)^2=4$ 之间的均匀薄片的形心坐标.
5. 设一薄片在 xOy 面上所占的闭区域由直线 $y=3+2x$，$y=3-2x$ 与 $y=0$ 所围成，其面密度为 $\rho(x,y)=y$，求该薄片的质心坐标.

§10.4 三重积分的概念及计算方法

二重积分为二元函数某种和式的极限，把它推广到三元函数上，可得到三重积分的定义.

定义 1 设 $f(x,y,z)$ 是空间有界闭区域 Ω 上的有界函数. 将 Ω 任意分成 n 个小闭区域

$$\Delta v_1,\Delta v_2,\cdots,\Delta v_n,$$

其中 $\Delta v_i(i=1,2,\cdots,n)$ 表示第 i 个小闭区域，同时也表示它的体积. 在每个 Δv_i 上任取一点 (ξ_i,η_i,ζ_i)，做积 $f(\xi_i,\eta_i,\zeta_i)\Delta v_i$，并做和

$$\sum_{i=1}^{n}f(\xi_i,\eta_i,\zeta_i)\Delta v_i.$$

如果当各小闭区域直径中的最大值 λ 趋于零时，上述和式的极限总存在，则称该极限值为函数 $f(x,y,z)$ 在闭区域 Ω 上的**三重积分**，记作 $\iiint\limits_{\Omega} f(x,y,z)\mathrm{d}v$，即

$$\iiint\limits_{\Omega} f(x,y,z)\mathrm{d}v = \lim_{\lambda\to 0}\sum_{i=1}^{n} f(\xi_i,\eta_i,\zeta_i)\Delta v_i, \tag{10-4-1}$$

其中 $f(x,y,z)$ 称为**被积函数**，$\mathrm{d}v$ 称为**体积元素**，Ω 称为**积分区域**.

在直角坐标系中，用平行于坐标面的平面分割积分区域 Ω 时，可将 Ω 分成若干个小长方体 Δv_i（包含 Ω 的边界的小闭区域除外）. 设小长方体 Δv_i 的边长分别为 $\Delta x_i,\Delta y_i,\Delta z_i$，则 $\Delta v_i = \Delta x_i \Delta y_i \Delta z_i$. 因此，在直角坐标系中，把体积元素 $\mathrm{d}v$ 记作 $\mathrm{d}x\mathrm{d}y\mathrm{d}z$，而把三重积分记作

$$\iiint\limits_{\Omega} f(x,y,z)\mathrm{d}x\mathrm{d}y\mathrm{d}z,$$

其中 $\mathrm{d}x\mathrm{d}y\mathrm{d}z$ 称为**直角坐标系中三重积分的体积元素**.

注：当 $f(x,y,z)=1$ 时，$\iiint\limits_{\Omega} f(x,y,z)\mathrm{d}v = \iiint\limits_{\Omega} 1\mathrm{d}v = \iiint\limits_{\Omega}\mathrm{d}v = V$，其中 V 为积分区域 Ω 的体积.

三重积分的性质与二重积分的性质类似，这里不再重复，只介绍利用奇偶对称性简化三重积分计算的性质：

性质 1　(1) 若积分区域 Ω 关于平面 $x=0$ 对称，则

$$\iiint\limits_{\Omega} f(x,y,z)\mathrm{d}v = \begin{cases} 2\iiint\limits_{\Omega_1} f(x,y,z)\mathrm{d}v, & f \text{ 是关于 } x \text{ 的偶函数}, \\ 0, & f \text{ 是关于 } x \text{ 的奇函数}, \end{cases}$$

其中 Ω_1 为区域 Ω 中 $x \geqslant 0$ 的部分；

(2) 若积分区域 Ω 关于平面 $y=0$ 对称，则

$$\iiint\limits_{\Omega} f(x,y,z)\mathrm{d}v = \begin{cases} 2\iiint\limits_{\Omega_1} f(x,y,z)\mathrm{d}v, & f \text{ 是关于 } y \text{ 的偶函数}, \\ 0, & f \text{ 是关于 } y \text{ 的奇函数}, \end{cases}$$

其中 Ω_1 为区域 Ω 中 $y \geqslant 0$ 的部分；

(3) 若积分区域 Ω 关于平面 $z=0$ 对称，则

$$\iiint\limits_{\Omega} f(x,y,z)\mathrm{d}v = \begin{cases} 2\iiint\limits_{\Omega_1} f(x,y,z)\mathrm{d}v, & f \text{ 是关于 } z \text{ 的偶函数}, \\ 0, & f \text{ 是关于 } z \text{ 的奇函数}, \end{cases}$$

其中 Ω_1 为区域 Ω 中 $z \geqslant 0$ 的部分.

如果 $f(x,y,z)$ 表示某物体在点 (x,y,z) 处的体密度，Ω 是该物体所占的空间闭区域，且 $f(x,y,z)$ 在 Ω 上连续，则 $\sum\limits_{i=1}^{n} f(\xi_i,\eta_i,\zeta_i)\Delta v_i$ 是该物体质量的近似值. 当 $\lambda\to 0$ 时，$\sum\limits_{i=1}^{n} f(\xi_i,\eta_i,\zeta_i)\Delta v_i$ 的极限就是该物体的质量 M，即

$$M = \iiint\limits_{\Omega} f(x,y,z)\mathrm{d}v = \lim_{\lambda\to 0}\sum_{i=1}^{n} f(\xi_i,\eta_i,\zeta_i)\Delta v_i.$$

下面介绍三重积分的计算方法.

当平行于 z 轴且穿过积分区域 Ω 内部的直线与 Ω 的边界曲面 S 恰好有两个交点时，把 Ω

向 xOy 面作投影,得一平面区域 D_{xy}(见图 10-4-1). 以 D_{xy} 的边界为准线作母线平行于 z 轴的柱面,该柱面把 Ω 的边界曲面 S 分成上、下两部分曲面(可能中间有部分是柱面),设它们的方程分别是

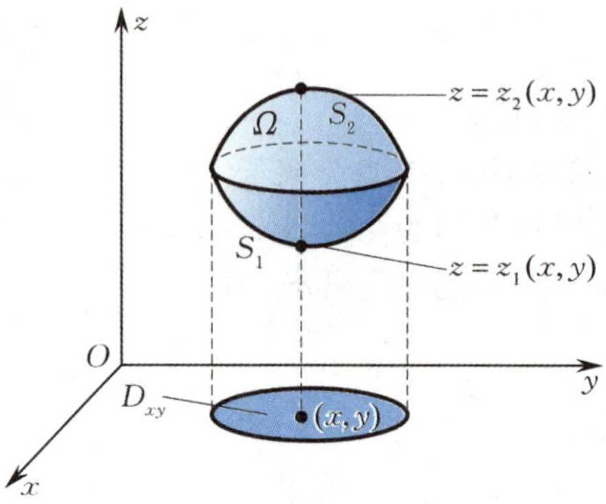

图 10-4-1

$$S_1: z = z_1(x,y) \quad 和 \quad S_2: z = z_2(x,y),$$

则 Ω 可以表示成

$$\Omega = \{(x,y,z) \mid z_1(x,y) \leqslant z \leqslant z_2(x,y), (x,y) \in D_{xy}\}.$$

这时三重积分的计算公式为

$$\iiint_{\Omega} f(x,y,z)\,\mathrm{d}x\mathrm{d}y\mathrm{d}z = \iint_{D_{xy}} \mathrm{d}x\mathrm{d}y \int_{z_1(x,y)}^{z_2(x,y)} f(x,y,z)\,\mathrm{d}z.$$

进一步,若区域 D_{xy} 可以表示为

$$D_{xy} = \{(x,y) \mid \varphi_1(x) \leqslant y \leqslant \varphi_2(x), a \leqslant x \leqslant b\},$$

则三重积分可以化成三次积分,即

$$\iiint_{\Omega} f(x,y,z)\,\mathrm{d}x\mathrm{d}y\mathrm{d}z = \int_a^b \mathrm{d}x \int_{\varphi_1(x)}^{\varphi_2(x)} \mathrm{d}y \int_{z_1(x,y)}^{z_2(x,y)} f(x,y,z)\,\mathrm{d}z.$$

例 1 已知 Ω 由平面 $x+y+z=1$ 与三个坐标面所围成,计算三重积分 $\iiint_{\Omega} x\,\mathrm{d}x\mathrm{d}y\mathrm{d}z$.

解 Ω 在 xOy 面上的投影区域为

$$D_{xy} = \{(x,y) \mid 0 \leqslant y \leqslant 1-x, 0 \leqslant x \leqslant 1\},$$

且 Ω 可以表示成

$$\Omega = \{(x,y,z) \mid 0 \leqslant z \leqslant 1-x-y, 0 \leqslant y \leqslant 1-x, 0 \leqslant x \leqslant 1\},$$

如图 10-4-2 所示,所以

$$\begin{aligned}\iiint_{\Omega} x\,\mathrm{d}x\mathrm{d}y\mathrm{d}z &= \int_0^1 \mathrm{d}x \int_0^{1-x} \mathrm{d}y \int_0^{1-x-y} x\,\mathrm{d}z = \int_0^1 \mathrm{d}x \int_0^{1-x} x(1-x-y)\,\mathrm{d}y \\ &= \int_0^1 \mathrm{d}x \int_0^{1-x} [x(1-x) - xy]\,\mathrm{d}y \\ &= \int_0^1 \left[x(1-x)y - \frac{1}{2}xy^2\right]\Big|_0^{1-x} \mathrm{d}x \\ &= \frac{1}{2}\int_0^1 (x - 2x^2 + x^3)\,\mathrm{d}x = \frac{1}{24}.\end{aligned}$$

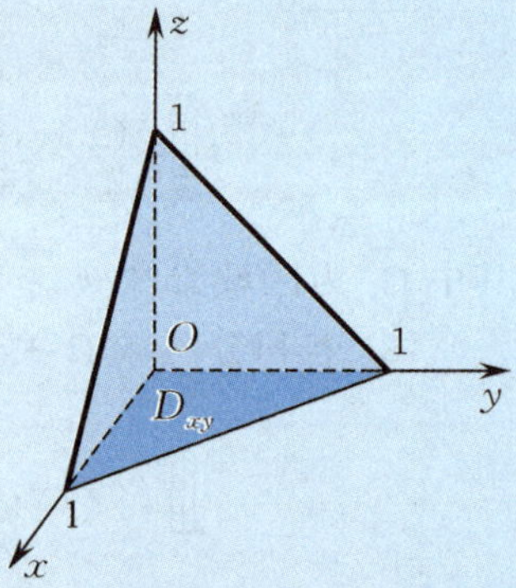

图 10-4-2

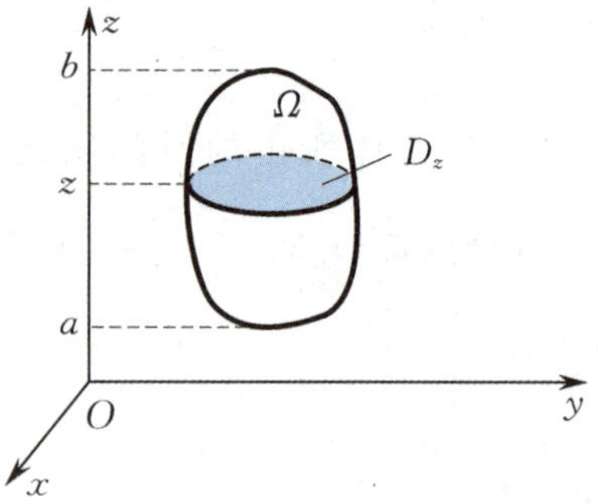

图 10-4-3

有时,我们也可以将一个三重积分化为先计算一个二重积分,再计算一个定积分的形式.

设积分区域 Ω 位于两个垂直于 z 轴的平面 $z=a$ 和 $z=b\,(a<b)$ 之间,对于区间 $[a,b]$ 上的任意一点 z,过点 z 作垂直于 z 轴的平面,该平面截 Ω 所得的截面记为 D_z,如图 10-4-3 所示. 若将截面 D_z 在 xOy 面上的投影区域仍记为 D_z,则 Ω 可以表示成

$$\Omega = \{(x,y,z) \mid (x,y) \in D_z, a \leqslant z \leqslant b\}.$$

这时可推导出三重积分的如下计算公式:

$$\iiint_{\Omega} f(x,y,z)\,\mathrm{d}x\mathrm{d}y\mathrm{d}z = \int_a^b \mathrm{d}z \iint_{D_z} f(x,y,z)\,\mathrm{d}x\mathrm{d}y.$$

例 2　计算三重积分 $\iiint\limits_{\Omega} z^2 \mathrm{d}x\mathrm{d}y\mathrm{d}z$，其中 Ω 是由椭球面 $\dfrac{x^2}{a^2}+\dfrac{y^2}{b^2}+\dfrac{z^2}{c^2}=1(a,b,c>0)$ 所围成的闭区域.

解　闭区域 Ω 可表示为

$$\Omega=\{(x,y,z)\mid(x,y)\in D_z,-c\leqslant z\leqslant c\},$$

其中 $D_z:\dfrac{x^2}{a^2}+\dfrac{y^2}{b^2}\leqslant 1-\dfrac{z^2}{c^2}$，如图 10-4-4 所示.

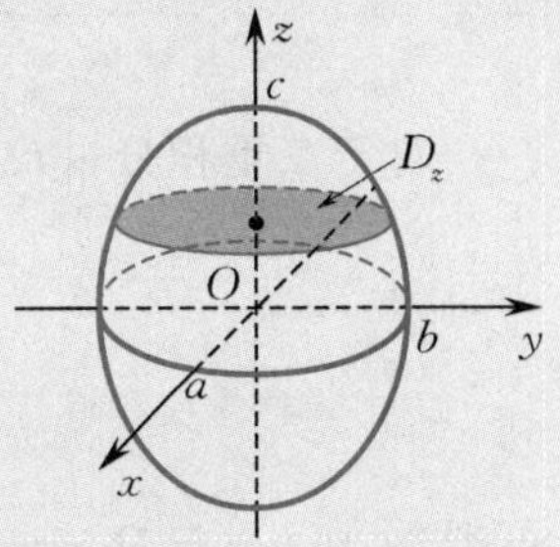

图 10-4-4

因为 D_z 由椭圆

$$\frac{x^2}{\left(a\sqrt{1-\dfrac{z^2}{c^2}}\right)^2}+\frac{y^2}{\left(b\sqrt{1-\dfrac{z^2}{c^2}}\right)^2}=1$$

所围成，其面积为 $\pi a\sqrt{1-\dfrac{z^2}{c^2}}\cdot b\sqrt{1-\dfrac{z^2}{c^2}}=\pi ab\left(1-\dfrac{z^2}{c^2}\right)$，所以

$$\begin{aligned}\iiint\limits_{\Omega} z^2\mathrm{d}x\mathrm{d}y\mathrm{d}z&=\int_{-c}^{c} z^2\mathrm{d}z\iint\limits_{D_z}\mathrm{d}x\mathrm{d}y=\int_{-c}^{c} z^2\pi ab\left(1-\frac{z^2}{c^2}\right)\mathrm{d}z\\&=\pi ab\int_{-c}^{c} z^2\left(1-\frac{z^2}{c^2}\right)\mathrm{d}z=2\pi ab\int_0^c z^2\left(1-\frac{z^2}{c^2}\right)\mathrm{d}z\\&=2\pi ab\left(\frac{1}{3}z^3-\frac{1}{5c^2}z^5\right)\Big|_0^c=\frac{4}{15}\pi abc^3.\end{aligned}$$

例 3　计算三重积分 $I=\iiint\limits_{\Omega}\dfrac{z\ln(1+x^2+y^2+z^2)}{1+x^2+y^2+z^2}\mathrm{d}x\mathrm{d}y\mathrm{d}z$，其中 Ω 是由球面 $x^2+y^2+z^2=1$ 所围成的闭区域.

解　由于被积函数

$$\frac{z\ln(1+x^2+y^2+z^2)}{1+x^2+y^2+z^2}$$

是关于 z 的奇函数，且积分区域 Ω 关于平面 $z=0$ 对称，因此

$$I=\iiint\limits_{\Omega}\frac{z\ln(1+x^2+y^2+z^2)}{1+x^2+y^2+z^2}\mathrm{d}x\mathrm{d}y\mathrm{d}z=0.$$

练习 10.4

1. 计算下列三次积分：

(1) $\int_0^2\mathrm{d}x\int_{-1}^4\mathrm{d}y\int_0^{3y+x}\mathrm{d}z$；　　(2) $\int_0^{\frac{\pi}{2}}\mathrm{d}x\int_0^x\mathrm{d}y\int_0^y\sin(x+y+z)\mathrm{d}z$.

2. 计算下列空间闭区域 Ω 的体积：

(1) Ω 是由曲面 $y=2x^2$ 和平面 $y+4z=8$ 所围成的在第 Ⅰ 卦限内的闭区域；

(2) Ω 是由曲面 $y=x^2+2$ 和平面 $y=4,z=0$ 及 $3y-4z=0$ 所围成的闭区域.

3. 计算 $\iiint\limits_{\Omega} xy^2z^3\mathrm{d}x\mathrm{d}y\mathrm{d}z$，其中 Ω 是由曲面 $z=xy$ 及平面 $y=x,x=1$ 和 $z=0$ 所围成的闭区域.

4. 计算 $\iiint\limits_{\Omega} xyz\mathrm{d}x\mathrm{d}y\mathrm{d}z$，其中 Ω 是由球体 $x^2+y^2+z^2=1$ 与三个坐标面所围成的在第 Ⅰ 卦限内的闭区域.

5. 利用三重积分计算由曲面 $z=6-x^2-y^2$ 和 $z=\sqrt{x^2+y^2}$ 所围成的立体体积.

§10.5 利用柱面坐标及球面坐标计算三重积分

对于三重积分$\iiint\limits_{\Omega} f(x,y,z)\mathrm{d}v$,做变量替换

$$\begin{cases} x = x(u,v,w), \\ y = y(u,v,w), \\ z = z(u,v,w), \end{cases}$$

可把$(u,v,w)\in\Omega_1$一一地对应到$(x,y,z)\in\Omega$,从而把在空间直角坐标系$Oxyz$中的三重积分转化为在新坐标系$Ouvw$中的三重积分.我们有下面的等式:

$$\iiint\limits_{\Omega} f(x,y,z)\mathrm{d}x\mathrm{d}y\mathrm{d}z = \iiint\limits_{\Omega_1} f(x(u,v,w),y(u,v,w),z(u,v,w))\,|J|\,\mathrm{d}u\mathrm{d}v\mathrm{d}w,$$

其中

$$J = \frac{\partial(x,y,z)}{\partial(u,v,w)} = \begin{vmatrix} \frac{\partial x}{\partial u} & \frac{\partial y}{\partial u} & \frac{\partial z}{\partial u} \\ \frac{\partial x}{\partial v} & \frac{\partial y}{\partial v} & \frac{\partial z}{\partial v} \\ \frac{\partial x}{\partial w} & \frac{\partial y}{\partial w} & \frac{\partial z}{\partial w} \end{vmatrix} \neq 0$$

称为**雅可比(Jacobi)行列式**.

在三维空间中表示一个点,除了用直角坐标外,常用的还有柱面坐标和球面坐标.

一、利用柱面坐标系计算三重积分

设$M(x,y,z)$是空间中的一点,点$M(x,y,z)$在xOy面上的投影为点P.若点P在xOy面上的极坐标为(r,θ),则称三元有序数组(r,θ,z)为点M的**柱面坐标**(相应的坐标系称为**柱面坐标系**,见图10-5-1).这里规定r,θ,z的取值范围是

$$0\leqslant r<+\infty,\quad 0\leqslant\theta\leqslant 2\pi,\quad -\infty<z<+\infty.$$

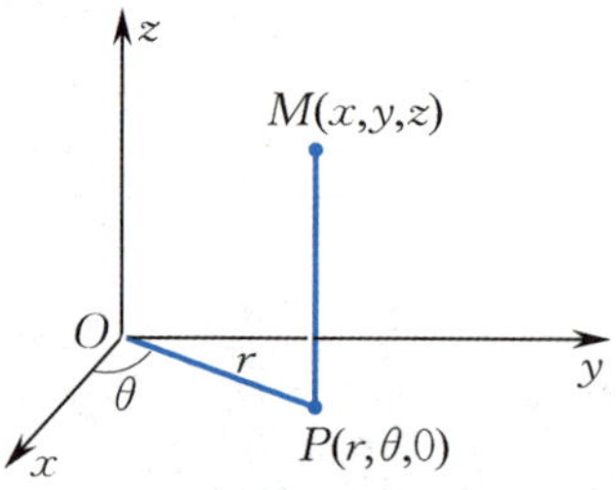

图 10-5-1

在柱面坐标系下,三组坐标面分别如下:

(1) $r=$常数,表示以z轴为轴的圆柱面;

(2) $\theta=$常数,表示过z轴的半平面;

(3) $z=$常数,表示垂直于z轴的平面.

根据定义,空间中点的直角坐标与柱面坐标的关系式为

$$\begin{cases} x = x(r,\theta,z) = r\cos\theta, \\ y = y(r,\theta,z) = r\sin\theta, \\ z = z(r,\theta,z) = z, \end{cases}$$

于是雅可比行列式为

$$J = \begin{vmatrix} \cos\theta & \sin\theta & 0 \\ -r\sin\theta & r\cos\theta & 0 \\ 0 & 0 & 1 \end{vmatrix} = r.$$

故有三重积分计算公式

$$\iiint\limits_{\Omega} f(x,y,z)\mathrm{d}x\mathrm{d}y\mathrm{d}z = \iiint\limits_{\Omega_1} f(r\cos\theta, r\sin\theta, z) r\mathrm{d}r\mathrm{d}\theta\mathrm{d}z, \qquad (10-5-1)$$

其中 Ω_1 是区域 Ω 在柱面坐标系下的对应区域.

例 1　设一物体在空间中所占的闭区域 Ω 由曲面 $z = x^2 + y^2$ 与平面 $z = 4$ 所围成,且该物体在任一点 (x,y,z) 处的体密度为 $\rho(x,y,z) = z$,求该物体的质量.

解　把 Ω 投影到 xOy 面上,得到半径为 2,圆心为原点 O 的圆形区域

$$D: 0 \leqslant r \leqslant 2, 0 \leqslant \theta \leqslant 2\pi.$$

在 D 内任取一点 $(r,\theta,0)$,过此点作平行于 z 轴的直线,此直线先通过曲面 $z = x^2 + y^2$,后通过平面 $z = 4$. 于是,在柱面坐标系下,Ω 可以表示为

$$\Omega_1 = \{(r,\theta,z) \mid r^2 \leqslant z \leqslant 4, 0 \leqslant r \leqslant 2, 0 \leqslant \theta \leqslant 2\pi\}.$$

故该物体的质量为

$$M = \iiint\limits_{\Omega} \rho(x,y,z)\mathrm{d}x\mathrm{d}y\mathrm{d}z = \iiint\limits_{\Omega_1} zr\mathrm{d}r\mathrm{d}\theta\mathrm{d}z = \int_0^{2\pi}\mathrm{d}\theta\int_0^2 r\mathrm{d}r\int_{r^2}^4 z\mathrm{d}z$$

$$= \frac{1}{2}\int_0^{2\pi}\mathrm{d}\theta\int_0^2 r(16 - r^4)\mathrm{d}r = \frac{1}{2}\times 2\pi\left(8r^2 - \frac{1}{6}r^6\right)\Big|_0^2 = \frac{64}{3}\pi.$$

二、利用球面坐标系计算三重积分

设 $M(x,y,z)$ 是空间中的一点,它在 xOy 面上的投影为点 P. 把原点 O 与点 M 的距离记作 r,有向线段 $\overrightarrow{OM}$ 与 z 轴正向的夹角记作 φ,有向线段 $\overrightarrow{OP}$ 与 x 轴正向的转角记作 θ. 这样对于每一个点 $M(x,y,z)$,就得到一组数 r,φ 和 θ,则称三元有序数组 (r,φ,θ) 为点 M 的**球面坐标**(相应的坐标系称为**球面坐标系**,见图 10-5-2). 这里规定 r,φ,θ 的取值范围是

$$0 \leqslant r < +\infty,\quad 0 \leqslant \varphi \leqslant \pi,\quad 0 \leqslant \theta \leqslant 2\pi.$$

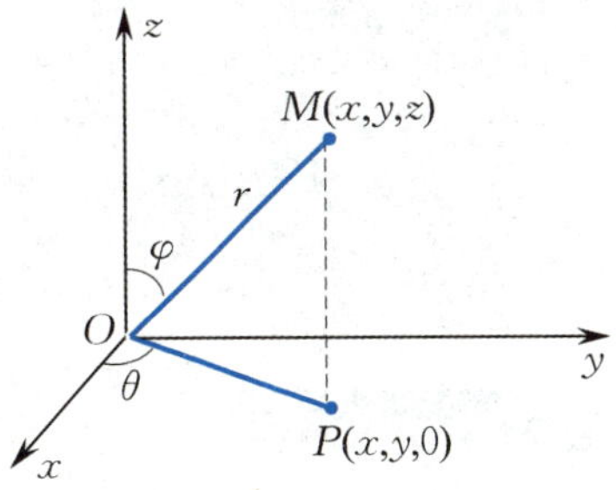

图 10-5-2

在球面坐标系下,三组坐标面分别如下:

(1) $r =$ 常数,表示以原点为球心的球面;

(2) $\varphi =$ 常数,表示以原点为顶点,以 z 轴为对称轴的圆锥面;

(3) $\theta =$ 常数,表示过 z 轴的半平面.

根据定义,空间中点的直角坐标与球面坐标的关系式为

$$\begin{cases} x = x(r,\varphi,\theta) = r\sin\varphi\cos\theta, \\ y = y(r,\varphi,\theta) = r\sin\varphi\sin\theta, \\ z = z(r,\varphi,\theta) = r\cos\varphi, \end{cases}$$

于是雅可比行列式为

$$J = \begin{vmatrix} \sin\varphi\cos\theta & \sin\varphi\sin\theta & \cos\varphi \\ r\cos\varphi\cos\theta & r\cos\varphi\sin\theta & -r\sin\varphi \\ -r\sin\varphi\sin\theta & r\sin\varphi\cos\theta & 0 \end{vmatrix} = r^2\sin\varphi.$$

故有三重积分计算公式

$$\iiint_{\Omega} f(x,y,z)\mathrm{d}x\mathrm{d}y\mathrm{d}z = \iiint_{\Omega_1} f(r\sin\varphi\cos\theta, r\sin\varphi\sin\theta, r\cos\varphi) r^2 \sin\varphi \mathrm{d}r\mathrm{d}\varphi\mathrm{d}\theta, \quad (10-5-2)$$

其中 Ω_1 是区域 Ω 在球面坐标系下的对应区域.

例 2　已知 Ω 是球体 $\{(x,y,z)\mid x^2+y^2+z^2\leqslant a^2\}(a>0)$，计算三重积分

$$\iiint_{\Omega}\sqrt{x^2+y^2+z^2}\,\mathrm{d}x\mathrm{d}y\mathrm{d}z.$$

解　在球面坐标系下，球体 Ω 可以表示为

$$\Omega_1 = \{(r,\varphi,\theta)\mid 0\leqslant r\leqslant a, 0\leqslant\varphi\leqslant\pi, 0\leqslant\theta\leqslant 2\pi\},$$

所以

$$\iiint_{\Omega}\sqrt{x^2+y^2+z^2}\,\mathrm{d}x\mathrm{d}y\mathrm{d}z = \int_0^{\pi}\mathrm{d}\varphi\int_0^{2\pi}\mathrm{d}\theta\int_0^a r\cdot r^2\sin\varphi\mathrm{d}r = 2\pi\int_0^{\pi}\sin\varphi\mathrm{d}\varphi\cdot\int_0^a r^3\mathrm{d}r$$

$$= 2\pi(-\cos\varphi)\Big|_0^{\pi}\cdot\frac{1}{4}r^4\Big|_0^a = \pi a^4.$$

例 3　求均匀半球体 $\Omega=\{(x,y,z)\mid x^2+y^2+z^2\leqslant a^2, z\geqslant 0\}(a>0)$ 的质心坐标.

解　由对称性可知，其质心在 z 轴上，即 $\bar{x}=\bar{y}=0$. 设半球体 Ω 的体密度为 $\rho(x,y,z)=c$（常数），体积为 V，则 $V=\frac{2}{3}\pi a^3$，从而

$$\bar{z} = \frac{1}{M}\iiint_{\Omega} z\rho(x,y,z)\mathrm{d}v = \frac{1}{\frac{2}{3}\pi a^3 c}\iiint_{\Omega} zc\,\mathrm{d}v = \frac{3}{2\pi a^3}\iiint_{\Omega} z\,\mathrm{d}v.$$

因为

$$\iiint_{\Omega} z\,\mathrm{d}v = \iiint_{\Omega} r\cos\varphi\cdot r^2\sin\varphi\mathrm{d}r\mathrm{d}\varphi\mathrm{d}\theta = \int_0^{2\pi}\mathrm{d}\theta\int_0^{\frac{\pi}{2}}\cos\varphi\sin\varphi\mathrm{d}\varphi\int_0^a r^3\mathrm{d}r$$

$$= 2\pi\,\frac{\sin^2\varphi}{2}\Big|_0^{\frac{\pi}{2}}\cdot\frac{a^4}{4} = \frac{\pi a^4}{4},$$

所以 $\bar{z}=\frac{3}{2\pi a^3}\cdot\frac{\pi a^4}{4}=\frac{3}{8}a$. 故所求的质心坐标为 $\left(0,0,\frac{3}{8}a\right)$.

练习 10.5

1. 利用柱面坐标计算下列三重积分：

(1) $\iiint_{\Omega}(x^2+y^2)\mathrm{d}x\mathrm{d}y\mathrm{d}z$，其中 Ω 是由曲面 $z=x^2+y^2$ 和平面 $z=4$ 所围成的闭区域；

(2) $\iiint_{\Omega} z\mathrm{d}x\mathrm{d}y\mathrm{d}z$，其中 Ω 是由曲面 $z=\sqrt{9-x^2-y^2}$，$x^2+y^2=4$ 及平面 $z=0$ 所围成的闭区域；

(3) $\iiint_{\Omega}\sqrt{x^2+y^2}\,\mathrm{d}x\mathrm{d}y\mathrm{d}z$，其中 Ω 是由曲面 $z=\sqrt{x^2+y^2}$ 和 $z=x^2+y^2$ 所围成的闭区域.

2. 利用球面坐标计算下列三重积分：

(1) $\iiint_{\Omega}(x^2+y^2+z^2)\mathrm{d}x\mathrm{d}y\mathrm{d}z$，其中 Ω 是球体 $x^2+y^2+z^2\leqslant 1$；

(2) $\iiint_{\Omega}(x+y+z)\mathrm{d}x\mathrm{d}y\mathrm{d}z$，其中 Ω 是由曲面 $z=\sqrt{1-x^2-y^2}$ 和 $z=\sqrt{x^2+y^2}$ 所围成的闭区域.

3. 设一半球体 $\Omega=\{(x,y,z)\mid x^2+y^2+z^2\leqslant a^2, z\geqslant 0\}(a>0)$ 的体密度为 $\rho(x,y,z)=\sqrt{x^2+y^2+z^2}$，求该半球体的质心坐标.

习　题　10

(A)

1. 交换下列二次积分的积分次序：

(1) $\int_0^1 \mathrm{d}y\int_y^{\sqrt{y}} f(x,y)\mathrm{d}x$；

(2) $\int_0^1 \mathrm{d}x\int_0^x f(x,y)\mathrm{d}y+\int_1^2 \mathrm{d}x\int_0^{\sqrt{2x-x^2}} f(x,y)\mathrm{d}y$；

(3) $\int_0^1 \mathrm{d}x\int_0^x f(x,y)\mathrm{d}y+\int_1^2 \mathrm{d}x\int_0^{2-x} f(x,y)\mathrm{d}y$.

2. 计算下列二重积分：

(1) $\iint\limits_D (1+x+y)\mathrm{d}\sigma$，其中 D：$|x|\leqslant 1, |y|\leqslant 1$；

(2) $\iint\limits_D xy\mathrm{d}x\mathrm{d}y$，其中 D 是由直线 $y=1, x=2$ 及 $y=x$ 所围成的闭区域；

(3) $\iint\limits_D (2x-y)\mathrm{d}x\mathrm{d}y$，其中 D 是由直线 $y=1, y=x+3$ 和 $x+y=3$ 所围成的闭区域；

(4) $\iint\limits_D (1+x)\sin y\mathrm{d}\sigma$，其中 D 是由直线 $x=1, y=x+1$ 和 $x=0, y=0$ 所围成的闭区域.

3. 计算下列二重积分：

(1) $\iint\limits_D xy^2\mathrm{d}\sigma$，其中 D 是单位圆盘在第一象限内的部分；

(2) $\iint\limits_D x^2\mathrm{d}x\mathrm{d}y$，其中 D 是圆周 $x^2+y^2=1$ 和圆周 $x^2+y^2=4$ 之间的闭区域；

(3) $\iint\limits_D \frac{1-x^2-y^2}{1+x^2+y^2}\mathrm{d}x\mathrm{d}y$，其中 $D=\{(x,y)\mid x^2+y^2\leqslant a^2\}(a>0)$.

4. 求由平面 $z=0$ 与曲面 $z=4-x^2-y^2$ 所围成的立体体积.

5. 证明：

$$\int_0^1 \mathrm{d}y\int_0^{\sqrt{y}} \mathrm{e}^y f(x)\mathrm{d}x=\int_0^1(\mathrm{e}-\mathrm{e}^{x^2})f(x)\mathrm{d}x.$$

6. 计算三重积分 $\iiint\limits_\Omega \frac{\mathrm{d}x\mathrm{d}y\mathrm{d}z}{(1+x+y+z)^3}$，其中 Ω 是由三个坐标面与平面 $x+y+z=1$ 所围成的四面体.

7. 求由球面 $x^2+y^2+z^2=2az(a>0)$ 与圆锥面 $z^2=x^2+y^2$ 所围成的立体(含 z 轴的部分)体积.

8. 利用三重积分计算由下列曲面所围成的立体体积：

(1) $z=0, z=y, y=1$ 及 $y=x^2$；　　(2) $z=\sqrt{x^2+y^2}$ 与 $z=x^2+y^2$；

(3) $z=\sqrt{5-x^2+y^2}$ 与 $4z=x^2+y^2$.

9. 利用柱面坐标计算下列三重积分：

(1) $\iiint\limits_\Omega z\mathrm{d}v$，其中 Ω 是由曲面 $z=\sqrt{x^2+y^2}$ 及 $z=x^2+y^2$ 所围成的闭区域；

(2) $\iiint\limits_\Omega (x^2+y^2)\mathrm{d}v$，其中 Ω 是由曲面 $x^2+y^2=2z$ 与平面 $z=2$ 所围成的闭区域.

10. 利用球面坐标计算下列三重积分：

(1) $\iiint\limits_{\Omega} z\mathrm{d}v$，其中 Ω 是由曲面 $x^2+y^2+(z-a)^2=a^2(a>0)$ 及 $x^2+y^2=z^2$ 所围成的闭区域；

(2) $\iiint\limits_{\Omega}\sqrt{x^2+y^2+z^2}\,\mathrm{d}v$，其中 Ω 是由球面 $x^2+y^2+z^2=z$ 所围成的闭区域.

11. 计算三重积分 $\iiint\limits_{\Omega} xy\mathrm{d}v$，其中 Ω 是由柱面 $x^2+y^2=1$ 与平面 $z=1$ 及三个坐标面所围成的在第 Ⅰ 卦限内的闭区域.

(B)

1. 选择题：

(1) 设区域 D 由曲线 $y=\sin x$ 与直线 $x=\pm\dfrac{\pi}{2}$，$y=1$ 所围成，则 $\iint\limits_{D}(x^5y-1)\mathrm{d}x\mathrm{d}y=$（　）.

A. π　　B. 2　　C. -2　　D. $-\pi$　　（2012 考研数二）

(2) 设函数 $f(t)$ 连续，则二次积分 $\int_0^{\frac{\pi}{2}}\mathrm{d}\theta\int_{2\cos\theta}^{2} f(r^2)r\mathrm{d}r=$（　）.

A. $\int_0^2\mathrm{d}x\int_{\sqrt{2x-x^2}}^{\sqrt{4-x^2}}\sqrt{x^2+y^2}f(x^2+y^2)\mathrm{d}y$　　B. $\int_0^2\mathrm{d}x\int_{\sqrt{2x-x^2}}^{\sqrt{4-x^2}}f(x^2+y^2)\mathrm{d}y$

C. $\int_0^2\mathrm{d}x\int_{1+\sqrt{2x-x^2}}^{\sqrt{4-x^2}}\sqrt{x^2+y^2}f(x^2+y^2)\mathrm{d}y$　　D. $\int_0^2\mathrm{d}x\int_{1+\sqrt{2x-x^2}}^{\sqrt{4-x^2}}f(x^2+y^2)\mathrm{d}y$　　（2012 考研数三）

(3) 设 D_k 是圆形区域 $D=\{(x,y)\mid x^2+y^2\leqslant 1\}$ 位于第 k 象限的部分，$I_k=\iint\limits_{D_k}(y-x)\mathrm{d}x\mathrm{d}y(k=1,2,3,4)$，则（　）.

A. $I_1>0$　　B. $I_2>0$　　C. $I_3>0$　　D. $I_4>0$　（2013 考研数二、三）

(4) 设函数 $f(x,y)$ 连续，则 $\int_0^1\mathrm{d}y\int_{-\sqrt{1-y^2}}^{1-y}f(x,y)\mathrm{d}x=$（　）.

A. $\int_0^1\mathrm{d}x\int_0^{x-1}f(x,y)\mathrm{d}y+\int_{-1}^0\mathrm{d}x\int_0^{\sqrt{1-x^2}}f(x,y)\mathrm{d}y$

B. $\int_0^1\mathrm{d}x\int_0^{1-x}f(x,y)\mathrm{d}y+\int_{-1}^0\mathrm{d}x\int_{-\sqrt{1-x^2}}^0 f(x,y)\mathrm{d}y$

C. $\int_0^{\frac{\pi}{2}}\mathrm{d}\theta\int_0^{\frac{1}{\cos\theta+\sin\theta}}f(r\cos\theta,r\sin\theta)\mathrm{d}r+\int_{\frac{\pi}{2}}^{\pi}\mathrm{d}\theta\int_0^1 f(r\cos\theta,r\sin\theta)\mathrm{d}r$

D. $\int_0^{\frac{\pi}{2}}\mathrm{d}\theta\int_0^{\frac{1}{\cos\theta+\sin\theta}}f(r\cos\theta,r\sin\theta)r\mathrm{d}r+\int_{\frac{\pi}{2}}^{\pi}\mathrm{d}\theta\int_0^1 f(r\cos\theta,r\sin\theta)r\mathrm{d}r$　　（2014 考研数一）

(5) 设 D 是由曲线 $2xy=1$，$4xy=1$ 与直线 $y=x$，$y=\sqrt{3}x$ 所围成的位于第一象限内的平面区域，函数 $f(x,y)$ 在 D 上连续，则 $\iint\limits_{D}f(x,y)\mathrm{d}x\mathrm{d}y=$（　）.

A. $\int_{\frac{\pi}{4}}^{\frac{\pi}{3}}\mathrm{d}\theta\int_{\frac{1}{2\sin2\theta}}^{\frac{1}{\sin2\theta}}f(r\cos\theta,r\sin\theta)r\mathrm{d}r$　　B. $\int_{\frac{\pi}{4}}^{\frac{\pi}{3}}\mathrm{d}\theta\int_{\frac{1}{\sqrt{2\sin2\theta}}}^{\frac{1}{\sqrt{\sin2\theta}}}f(r\cos\theta,r\sin\theta)r\mathrm{d}r$

C. $\int_{\frac{\pi}{4}}^{\frac{\pi}{3}}\mathrm{d}\theta\int_{\frac{1}{2\sin2\theta}}^{\frac{1}{\sin2\theta}}f(r\cos\theta,r\sin\theta)\mathrm{d}r$　　D. $\int_{\frac{\pi}{4}}^{\frac{\pi}{3}}\mathrm{d}\theta\int_{\frac{1}{\sqrt{2\sin2\theta}}}^{\frac{1}{\sqrt{\sin2\theta}}}f(r\cos\theta,r\sin\theta)\mathrm{d}r$　（2015 考研数一、二）

(6) 设 $D=\{(x,y)\mid x^2+y^2\leqslant 2x,x^2+y^2\leqslant 2y\}$，函数 $f(x,y)$ 在 D 上连续，则 $\iint\limits_{D}f(x,y)\mathrm{d}x\mathrm{d}y=$（　）.

A. $\int_0^{\frac{\pi}{4}}\mathrm{d}\theta\int_0^{2\cos\theta}f(r\cos\theta,r\sin\theta)r\mathrm{d}r+\int_{\frac{\pi}{4}}^{\frac{\pi}{2}}\mathrm{d}\theta\int_0^{2\sin\theta}f(r\cos\theta,r\sin\theta)r\mathrm{d}r$

B. $\int_0^{\frac{\pi}{4}} d\theta \int_0^{2\sin\theta} f(r\cos\theta, r\sin\theta) r dr + \int_{\frac{\pi}{4}}^{\frac{\pi}{2}} d\theta \int_0^{2\cos\theta} f(r\cos\theta, r\sin\theta) r dr$

C. $2\int_0^1 dx \int_{1-\sqrt{1-x^2}}^{x} f(x,y) dy$

D. $2\int_0^1 dx \int_x^{\sqrt{2x-x^2}} f(x,y) dy$　（2015 考研数三）

2. 填空题：

(1) 设一闭曲线 L 的极坐标方程为 $r=\cos 3\theta\left(-\frac{\pi}{6}\leqslant\theta\leqslant\frac{\pi}{6}\right)$，则 L 所围成的平面图形的面积为 ______.　（2013 考研数二）

(2) 一根长为1的细棒位于 x 轴的区间 $[0,1]$ 上，其线密度为 $\rho(x)=-x^2+2x+1$，则该棒的质心坐标 $\bar{x}=$ ______.　（2014 考研数二）

(3) 二次积分 $\int_0^1 dy \int_y^1 \left(\frac{e^{x^2}}{x}-e^{y^2}\right) dx=$ ______.　（2014 考研数三）

(4) 设 Ω 是由平面 $x+y+z=1$ 与三个坐标面所围成的空间闭区域，则 $\iiint\limits_{\Omega}(x+2y+3z)dxdydz=$ ______.　（2015 考研数一）

3. 过点 $(0,1)$ 作曲线 $L: y=\ln x$ 的切线，切点为 A. 又 L 与 x 轴交于点 B，区域 D 由 L 与直线 AB 及 x 轴所围成. 求：

(1) 区域 D 的面积；

(2) D 绕 x 轴旋转一周所得旋转体的体积.　（2012 考研数二）

4. 计算二重积分 $\iint\limits_D xy d\sigma$，其中 D 是极坐标系中由曲线 $r=1+\cos\theta(0\leqslant\theta\leqslant\pi)$ 与极轴所围成的闭区域.　（2012 考研数二）

5. 计算二重积分 $\iint\limits_D e^x xy dxdy$，其中 D 是由曲线 $y=\sqrt{x}$，$y=\frac{1}{\sqrt{x}}$ 与 y 轴所围成的闭区域.

（2012 考研数三）

6. 设平面闭区域 D 由直线 $x=3y$，$y=3x$ 及 $x+y=8$ 所围成，计算 $\iint\limits_D x^2 dxdy$.（2013 考研数二、三）

7. 计算 $\int_0^1 \frac{f(x)}{\sqrt{x}} dx$，其中函数 $f(x)=\int_1^x \frac{\ln(1+t)}{t} dt$.　（2013 考研数一）

8. 设直线 L 过 $A(1,0,0)$，$B(0,1,1)$ 两点，将 L 绕 z 轴旋转一周得到曲面 Σ，其与平面 $z=0$，$z=2$ 所围成的立体为 Ω，求：

(1) 曲面 Σ 的方程；

(2) 均匀立体 Ω 的形心坐标.　（2013 考研数一）

9. 设平面区域 $D=\{(x,y)\mid 1\leqslant x^2+y^2\leqslant 4, x\geqslant 0, y\geqslant 0\}$，计算 $\iint\limits_D \frac{x\sin(\pi\sqrt{x^2+y^2})}{x+y} dxdy$.

（2014 考研数二、三）

10. 计算二重积分 $\iint\limits_D x(x+y) dxdy$，其中 $D=\{(x,y)\mid x^2+y^2\leqslant 2, y\geqslant x^2\}$.（2015 考研数二、三）

11. 已知平面区域 $D=\left\{(r,\theta)\,\middle|\, 2\leqslant r\leqslant 2(1+\cos\theta), -\frac{\pi}{2}\leqslant\theta\leqslant\frac{\pi}{2}\right\}$，计算 $\iint\limits_D x dxdy$.

（2016 考研数一）

12. 计算二重积分 $\iint\limits_D \frac{y^3}{(1+x^2+y^4)^2} dxdy$，其中 D 是由第一象限中的曲线 $y=\sqrt{x}$ 与 x 轴所围成的无界区域.　（2017 考研数三）

第10章数学实验　用Matlab计算重积分

一般说来，用数学软件求解积分问题比求解微分问题要复杂得多．由于计算重积分的基本思想是转化为定积分进行计算，因此在Matlab中仍选用命令函数int(　)来求重积分．一旦确定了重积分的积分限后，若两次使用该命令，则是求二重积分；若三次使用该命令，则是求三重积分．这时函数int(　)的调用格式和功能说明与求定积分相同．

例1　计算二重积分$\iint\limits_{D}\frac{x}{1+xy}\mathrm{d}x\mathrm{d}y$，其中$D:0\leqslant x\leqslant 1,0\leqslant y\leqslant 1$.

解　积分区域D是矩形区域，两个定积分的上、下限已给定，可自由选择是先对x积分，还是先对y积分．

方法1　[Matlab操作命令]

```
>> syms x y
>> sx = int(x/(1 + x * y),x,0,1)
```

[Matlab输出结果]

```
sx =
    - 1/y^2 * log(1 + y) + 1/y
```

[Matlab操作命令]

```
>> sy = int(sx,y,0,1)
```

[Matlab输出结果]

```
sy =
    2 * log(2) - 1
```

方法2　[Matlab操作命令]

```
>> syms x y
>> s = int(int(x/(1 + x * y),x,0,1),y,0,1)
```

[Matlab输出结果]

```
s =
   2 * log(2) - 1
```

例2　计算二重积分$\iint\limits_{D}\frac{y}{x}\mathrm{d}x\mathrm{d}y$，其中$D$是由直线$y=2x,y=x,x=2,x=4$所围成的闭区域．

解　选择先对y积分，后对x积分．y的变化范围为$x\leqslant y\leqslant 2x$，x的变化范围为$2\leqslant x\leqslant 4$.

[Matlab操作命令]

```
>> syms x y
>> sy = int(y/x,y,x,2 * x)
```

[Matlab 输出结果]

```
sy =
    3/2 * x
```

[Matlab 操作命令]

```
>> sx = int(sy,x,2,4)
```

[Matlab 输出结果]

```
sx =
    9
```

例 3　计算二重积分$\iint\limits_D e^{-x^2-y^2}\mathrm{d}x\mathrm{d}y$,其中 $D:x^2+y^2\leqslant a^2(a>0)$.

解　选用极坐标进行计算. r 的变化范围为 $0\leqslant r\leqslant a$,θ 的变化范围为 $0\leqslant\theta\leqslant 2\pi$.

[Matlab 操作命令]

```
>> syms a r theta
>> s = int(int(r * exp(- r^2),r,0,a),theta,0,2 * pi)
```

[Matlab 输出结果]

```
s =
    - exp(- a^2) * pi + pi
```

例 4　计算三重积分$\iiint\limits_\Omega x\mathrm{d}x\mathrm{d}y\mathrm{d}z$,其中 Ω 为三个坐标面与平面 $x+2y+z=1$ 所围成的闭区域.

解　先对 z 积分,其变化范围为 $0\leqslant z\leqslant 1-x-2y$;再对 y 积分,其变化范围为 $0\leqslant y\leqslant\dfrac{1-x}{2}$;最后对 x 积分,其变化范围为 $0\leqslant x\leqslant 1$.

[Matlab 操作命令]

```
>> syms x y z
>> s = int(int(int(x,z,0,1 - x - 2 * y),y,0,(1 - x)/2),x,0,1)
```

[Matlab 输出结果]

```
s =
    1/48
```

【思考题】

1. 用 Matlab 计算重积分的关键是什么?

第 11 章 曲线积分与曲面积分

知识框图

本章将积分的概念推广到一段曲线弧和一块曲面上，所得的积分分别称为曲线积分和曲面积分. 本章主要介绍曲线积分和曲面积分的一些基本概念、性质及其计算方法.

§11.1 对弧长的曲线积分

若曲线上每一点处都具有切线，且切线随切点的移动而连续移动，则称这样的曲线为光滑曲线. 如果一条曲线由有限段光滑曲线组成，那么称该曲线是分段光滑的.

一、对弧长的曲线积分的概念与性质

引例 曲线形物件的质量.

设有一平面光滑曲线形物件 L，其两个端点为 A,B，其上任一点 $M(x,y)$ 处的线密度(单位长度的质量)为 $\rho(x,y)$，且 $\rho(x,y)$ 在 L 上连续. 下面我们仍用“分割、近似、做和、取极限”的方法来计算曲线形物件 L 的质量.

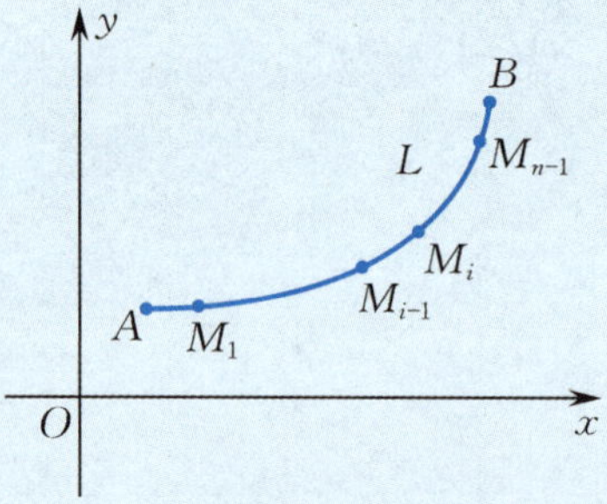

图 11-1-1

用分点 $A=M_0,M_1,\cdots,M_{n-1},M_n=B$ 把 L 分成 n 小段(见图 11-1-1)，即

$$\widehat{M_0M_1},\ \widehat{M_1M_2},\ \cdots,\ \widehat{M_{n-1}M_n},$$

将每小段的弧长记作 $\Delta s_i(i=1,2,\cdots,n)$. 当 Δs_i 很小时，因 $\widehat{M_{i-1}M_i}$ 上的线密度变化很小，故可把这一小段的线密度近似看作常量，用该小段上任意取定的一点 (ξ_i,η_i) 处的线密度 $\rho(\xi_i,\eta_i)$ 来近似表示. 于是，$\widehat{M_{i-1}M_i}$ 的质量为

$$\Delta M_i\approx\rho(\xi_i,\eta_i)\Delta s_i.$$

对它们做和，可得曲线形物件 L 的质量的近似值：

$$M=\sum_{i=1}^{n}\Delta M_i\approx\sum_{i=1}^{n}\rho(\xi_i,\eta_i)\Delta s_i.$$

用 λ 表示 n 段小弧中长度的最大值，取极限得

$$M=\lim_{\lambda\to0}\sum_{i=1}^{n}\rho(\xi_i,\eta_i)\Delta s_i.$$

由此，我们引入对弧长的曲线积分的概念.

定义 1　设函数 $f(x,y)$ 在 xOy 面上的光滑曲线弧 L 上有界，A,B 为曲线弧 L 的两个端点. 在 L 上任意插入分点 $A=M_0,M_1,\cdots,M_{n-1},M_n=B$，把曲线弧 L 分成 n 小段，第 i 段小弧的长度记为 $\Delta s_i(i=1,2,\cdots,n)$. 在第 i 段小弧上任取一点 (ξ_i,η_i)，做和 $\sum\limits_{i=1}^{n} f(\xi_i,\eta_i)\Delta s_i$. 如果当 n 段小弧中长度的最大值 $\lambda\to 0$ 时，该和式的极限总存在，则称此极限值为函数 $f(x,y)$ 在曲线弧 L 上**对弧长的曲线积分**或**第一类曲线积分**，记作 $\int_L f(x,y)\mathrm{d}s$，即

$$\int_L f(x,y)\mathrm{d}s=\lim_{\lambda\to 0}\sum_{i=1}^{n} f(\xi_i,\eta_i)\Delta s_i,$$

其中 $f(x,y)$ 称为**被积函数**，L 称为**积分弧段**.

特别地，当被积函数 $f(x,y)=1$ 时，$\int_L f(x,y)\mathrm{d}s=\int_L 1\mathrm{d}s=\int_L \mathrm{d}s=s$，其中 s 为曲线弧 L 的长度.

由上述定义可知，前面引例中曲线形物件 L 的质量 M 等于线密度 $\rho(x,y)$ 在 L 上对弧长的曲线积分，即

$$M=\int_L \rho(x,y)\mathrm{d}s.$$

如果光滑曲线弧 L 是闭曲线，那么函数 $f(x,y)$ 在 L 上对弧长的曲线积分记为

$$\oint_L f(x,y)\mathrm{d}s.$$

注：当函数 $f(x,y)$ 在光滑曲线弧 L 上连续时，对弧长的曲线积分 $\int_L f(x,y)\mathrm{d}s$ 一定存在. 以后除特殊说明外，均假设被积函数 $f(x,y)$ 在积分弧段 L 上连续.

由对弧长的曲线积分的定义可知，有如下性质：

(1) $\int_L kf(x,y)\mathrm{d}s=k\int_L f(x,y)\mathrm{d}s$　(k 为常数)；

(2) $\int_L (f(x,y)\pm g(x,y))\mathrm{d}s=\int_L f(x,y)\mathrm{d}s\pm\int_L g(x,y)\mathrm{d}s$；

(3) 如果光滑曲线弧 L 分成 L_1,L_2 两段，即 $L=L_1+L_2$，则

$$\int_L f(x,y)\mathrm{d}s=\int_{L_1} f(x,y)\mathrm{d}s+\int_{L_2} f(x,y)\mathrm{d}s.$$

性质(3)可以推广到曲线弧 L 分成有限段 $L_1,L_2,\cdots,L_k$ 的情形. 进一步，可以把对弧长的曲线积分的概念推广到分段光滑的曲线弧上.

上面对弧长的曲线积分的概念可推广到积分弧段为空间曲线弧 Γ 的情形：三元函数 $f(x,y,z)$ 在空间曲线弧 Γ 上对弧长的曲线积分定义为

$$\int_\Gamma f(x,y,z)\mathrm{d}s=\lim_{\lambda\to 0}\sum_{i=1}^{n} f(\xi_i,\eta_i,\zeta_i)\Delta s_i.$$

二、对弧长的曲线积分的计算

设曲线弧 L 的参数方程为

$$\begin{cases}x=\varphi(t),\\ y=\psi(t)\end{cases}\quad(\alpha\leqslant t\leqslant\beta),$$

其中 $\varphi(t),\psi(t)$ 都在 $[\alpha,\beta]$ 上具有连续的导数.

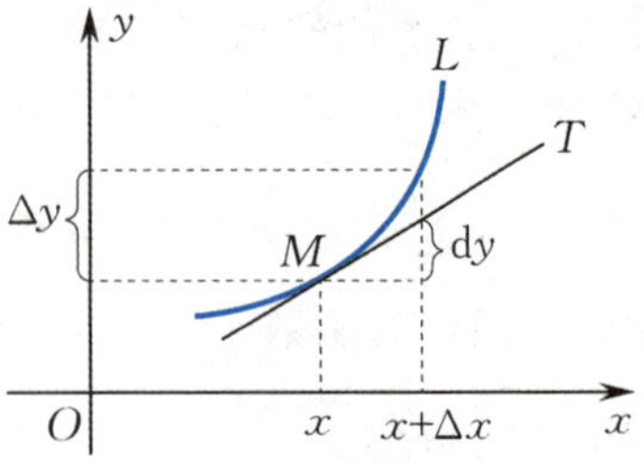

图 11-1-2

在 $[\alpha,\beta]$ 上任意取定参数 t,得到曲线弧 L 上一点 $M(x,y)$. 当 Δt 很小时,$\Delta x=\varphi(t+\Delta t)-\varphi(t)$ 也很小,故曲线弧 L 上对应于小区间 $[x,x+\Delta x]$ 的一段长度可用点 $M(x,y)$ 处的切线 T 上相应的一小段长度来近似代替(见图 11-1-2),而切线 T 上这一小段的长度为 $\sqrt{(\Delta x)^2+(\mathrm{d}y)^2}$. 用 $\mathrm{d}x$ 代替 Δx,可得弧长元素为

$$\mathrm{d}s=\sqrt{(\mathrm{d}x)^2+(\mathrm{d}y)^2}.$$

将 $\mathrm{d}x=\varphi'(t)\mathrm{d}t,\mathrm{d}y=\psi'(t)\mathrm{d}t$ 代入上式,即得

$$\mathrm{d}s=\sqrt{(\varphi'(t))^2+(\psi'(t))^2}\,\mathrm{d}t.$$

所以,我们有下面的定理:

定理 1 **设函数 $f(x,y)$ 在曲线弧 L 上连续,L 的参数方程为**

$$\begin{cases}x=\varphi(t),\\ y=\psi(t)\end{cases}\quad(\alpha\leqslant t\leqslant\beta),$$

其中 $\varphi(t),\psi(t)$ 都在 $[\alpha,\beta]$ 上具有连续的导数,且 $(\varphi'(t))^2+(\psi'(t))^2\neq 0$,则对弧长的曲线积分 $\int_L f(x,y)\mathrm{d}s$ 存在,且

$$\int_L f(x,y)\mathrm{d}s=\int_\alpha^\beta f(\varphi(t),\psi(t))\sqrt{(\varphi'(t))^2+(\psi'(t))^2}\,\mathrm{d}t.\qquad(11-1-1)$$

若曲线弧 L 由方程 $y=\psi(x)\ (a\leqslant x\leqslant b)$ 给出,可把 x 看作参数,此时 L 的参数方程为

$$\begin{cases}x=x,\\ y=\psi(x)\end{cases}\quad(a\leqslant x\leqslant b).$$

于是有

$$\int_L f(x,y)\mathrm{d}s=\int_a^b f(x,\psi(x))\sqrt{1+(\psi'(x))^2}\,\mathrm{d}x.\qquad(11-1-2)$$

公式(11-1-1)可以推广到空间曲线 Γ 由参数方程

$$\begin{cases}x=x(t),\\ y=y(t),\\ z=z(t)\end{cases}\quad(\alpha\leqslant t\leqslant\beta)$$

给出的情形,此时有

$$\int_\Gamma f(x,y,z)\mathrm{d}s=\int_\alpha^\beta f(x(t),y(t),z(t))\sqrt{(x'(t))^2+(y'(t))^2+(z'(t))^2}\,\mathrm{d}t.\qquad(11-1-3)$$

例 1 计算曲线 $y=\frac{2}{3}x^{\frac{3}{2}}$ 上相应于 x 从 0 到 1 的一段弧的长度.

解 由对弧长的曲线积分的定义知,当被积函数 $f(x,y)=1$ 时,$\int_L f(x,y)\mathrm{d}s$ 等于曲线弧 L 的长度. 因为 $y'=x^{\frac{1}{2}}$,所以所求的曲线弧长度为

$$s=\int_0^1\sqrt{1+(x^{\frac{1}{2}})^2}\,\mathrm{d}x=\int_0^1\sqrt{1+x}\,\mathrm{d}x=\frac{2}{3}(1+x)^{\frac{3}{2}}\Big|_0^1=\frac{2}{3}(2\sqrt{2}-1).$$

例 2 计算曲线积分 $\int_L xy\mathrm{d}s$,其中 L 的参数方程为

$$\begin{cases} x = a\cos t, \\ y = a\sin t \end{cases} \quad \left(0 \leqslant t \leqslant \frac{\pi}{2}, a \geqslant 0\right).$$

解　因为 $x' = -a\sin t, y' = a\cos t$，所以由公式(11-1-1)可得

$$\int_L xy\mathrm{d}s = \int_0^{\frac{\pi}{2}} a\cos t \cdot a\sin t \sqrt{(-a\sin t)^2 + (a\cos t)^2}\,\mathrm{d}t$$

$$= a^3 \int_0^{\frac{\pi}{2}} \cos t \cdot \sin t\mathrm{d}t = a^3 \cdot \frac{1}{2}\sin^2 t\Big|_0^{\frac{\pi}{2}} = \frac{1}{2}a^3.$$

例 3　计算曲线积分 $\int_\Gamma (x^2 + y^2 + z^2)\mathrm{d}s$，其中 Γ 为螺旋线

$$\begin{cases} x = a\cos t, \\ y = a\sin t, \\ z = bt \end{cases}$$

上相应于参数 t 从 0 到 2π 的一段弧.

解　因为 $x' = -a\sin t, y' = a\cos t, z' = b$，所以由公式(11-1-3)可得

$$\int_\Gamma (x^2 + y^2 + z^2)\mathrm{d}s = \int_0^{2\pi} [(a\cos t)^2 + (a\sin t)^2 + (bt)^2] \sqrt{(-a\sin t)^2 + (a\cos t)^2 + b^2}\,\mathrm{d}t$$

$$= \sqrt{a^2 + b^2} \int_0^{2\pi} (a^2 + b^2t^2)\mathrm{d}t = \sqrt{a^2 + b^2}\left(a^2 t + \frac{b^2t^3}{3}\right)\Big|_0^{2\pi}$$

$$= \frac{2}{3}\pi\sqrt{a^2 + b^2}(3a^2 + 4\pi^2 b^2).$$

练习 11.1

1. 计算摆线

$$\begin{cases} x = a(\theta - \sin\theta), \\ y = a(1 - \cos\theta) \end{cases}$$

上相应于 θ 从 0 到 2π 的一段弧的长度.

2. 计算下列对弧长的曲线积分：

(1) $\oint_L (x^2 + y^2)^n \mathrm{d}s$，其中 L 为圆周 $x = a\cos t, y = a\sin t (0 \leqslant t \leqslant 2\pi)$；

(2) $\int_L xy\mathrm{d}s$，其中 L 为连接(0,1)，(1,0)两点的线段；

(3) $\oint_L x\mathrm{d}s$，其中 L 为直线 $y = x$ 与抛物线 $y = x^2$ 所围成区域的整个边界；

(4) $\oint_L \mathrm{e}^{\sqrt{x^2+y^2}}\mathrm{d}s$，其中 L 为圆周 $x^2 + y^2 = a^2 (a > 0)$ 与直线 $y = x$ 及 x 轴在第一象限内所围成扇形区域的整个边界；

(5) $\int_\Gamma \frac{1}{x^2 + y^2 + z^2}\mathrm{d}s$，其中 Γ 为 $x = \mathrm{e}^t\cos t, y = \mathrm{e}^t\sin t, z = \mathrm{e}^t$ 上相应于 t 从 0 到 1 的一段弧；

(6) $\int_\Gamma xyz\mathrm{d}s$，其中 Γ 为折线段 $ABCD$，这里点 A,B,C,D 的坐标依次为(0,0,0)，(0,0,1)，(1,0,1)，(1,1,1).

3. 求半径为 a、中心角为 2φ 的均匀圆弧(线密度为常量)的形心坐标.

§11.2 对坐标的曲线积分

一、对坐标的曲线积分的概念与性质

引例 变力沿曲线所做的功.

设一质点受力

$$\boldsymbol{F}(x,y)=P(x,y)\boldsymbol{i}+Q(x,y)\boldsymbol{j}$$

的作用沿有向光滑曲线弧 L 从 L 的始点 A 运动到终点 B(见图 11-2-1),其中函数 $P(x,y),Q(x,y)$ 在 L 上连续. 现要计算力 $\boldsymbol{F}(x,y)$ 对该质点所做的功 W.

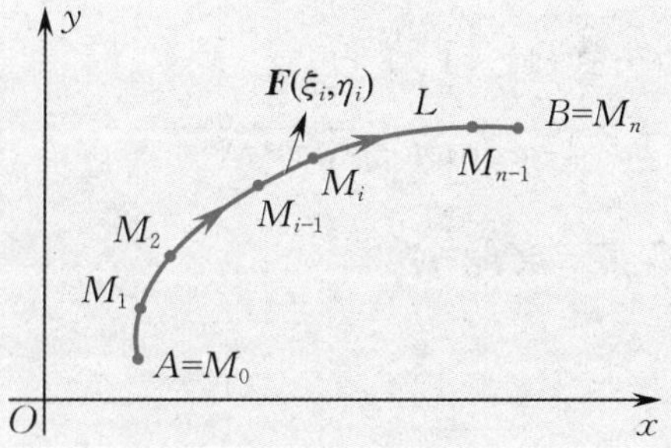

图 11-2-1

如果力 $\boldsymbol{F}$ 是常力,且该质点沿直线从点 A 运动到点 B,那么常力 $\boldsymbol{F}$ 所做的功 W 等于两个向量的数量积,即

$$W=\boldsymbol{F}\cdot\overrightarrow{AB}.$$

但现在力 $\boldsymbol{F}(x,y)$ 是变力,且该质点沿曲线运动,所以功 W 不能直接按以上公式计算. 下面我们仍用"分割、近似、做和、取极限"的方法来解决这个问题.

在曲线弧 L 上取点

$$A=M_0(x_0,y_0),M_1(x_1,y_1),\cdots,M_{n-1}(x_{n-1},y_{n-1}),M_n(x_n,y_n)=B,$$

将 L 分成 n 小段,取其中一段有向小弧 $\widehat{M_{i-1}M_i}$ 来分析. 由于 $\widehat{M_{i-1}M_i}$ 光滑且很短,因此可以用有向线段

$$\overrightarrow{M_{i-1}M_i}=\Delta x_i\boldsymbol{i}+\Delta y_i\boldsymbol{j}$$

来近似代替它,其中 $\Delta x_i=x_i-x_{i-1},\Delta y_i=y_i-y_{i-1}$. 因为函数 $P(x,y),Q(x,y)$ 在 L 上连续,所以可以用 $\widehat{M_{i-1}M_i}$ 上任意取定的一点 (ξ_i,η_i) 处的力

$$\boldsymbol{F}(\xi_i,\eta_i)=P(\xi_i,\eta_i)\boldsymbol{i}+Q(\xi_i,\eta_i)\boldsymbol{j}$$

来近似代替这一小段上各点处的力. 于是,变力 $\boldsymbol{F}(x,y)$ 沿有向小弧 $\widehat{M_{i-1}M_i}$ 所做的功 ΔW_i 可认为近似等于常力 $\boldsymbol{F}(\xi_i,\eta_i)$ 沿有向线段 $\overrightarrow{M_{i-1}M_i}$ 所做的功,即

$$\Delta W_i\approx\boldsymbol{F}(\xi_i,\eta_i)\cdot\overrightarrow{M_{i-1}M_i}=P(\xi_i,\eta_i)\Delta x_i+Q(\xi_i,\eta_i)\Delta y_i.$$

因此有

$$W=\sum_{i=1}^{n}\Delta W_i\approx\sum_{i=1}^{n}(P(\xi_i,\eta_i)\Delta x_i+Q(\xi_i,\eta_i)\Delta y_i).$$

用 λ 表示 n 段小弧中长度的最大值,当 $\lambda\to0$ 时,取上述和式的极限,所得的极限就是变力 $\boldsymbol{F}$ 对质点所做功 W 的精确值,即

$$W=\lim_{\lambda\to0}\sum_{i=1}^{n}(P(\xi_i,\eta_i)\Delta x_i+Q(\xi_i,\eta_i)\Delta y_i).$$

由此引入下面的定义：

定义 1　设 L 是 xOy 面上从点 A 到点 B 的一段有向光滑曲线弧，函数 $P(x,y)$，$Q(x,y)$ 在 L 上有界. 在 L 上沿 L 的方向任意插入一点列

$$A = M_0(x_0,y_0), M_1(x_1,y_1), \cdots, M_{n-1}(x_{n-1},y_{n-1}), M_n(x_n,y_n) = B,$$

把 L 分成 n 段有向小弧

$$\widehat{M_{i-1}M_i} \quad (i = 1,2,\cdots,n).$$

设 $\Delta x_i = x_i - x_{i-1}$，$\Delta y_i = y_i - y_{i-1}$，点 (ξ_i,η_i) 为 $\widehat{M_{i-1}M_i}$ 上任意取定的一点. 如果当各段小弧长度的最大值 $\lambda \to 0$ 时，$\sum\limits_{i=1}^{n} P(\xi_i,\eta_i)\Delta x_i$ 的极限总存在，则称该极限值为函数 $P(x,y)$ 在有向曲线弧 L 上**对坐标 x 的曲线积分**，记作 $\int_L P(x,y)\mathrm{d}x$，即

$$\int_L P(x,y)\mathrm{d}x = \lim_{\lambda\to 0}\sum_{i=1}^{n} P(\xi_i,\eta_i)\Delta x_i;$$

如果 $\lim\limits_{\lambda\to 0}\sum\limits_{i=1}^{n} Q(\xi_i,\eta_i)\Delta y_i$ 总存在，则称该极限值为函数 $Q(x,y)$ 在有向曲线弧 L 上**对坐标 y 的曲线积分**，记作 $\int_L Q(x,y)\mathrm{d}y$，即

$$\int_L Q(x,y)\mathrm{d}y = \lim_{\lambda\to 0}\sum_{i=1}^{n} Q(\xi_i,\eta_i)\Delta y_i.$$

这里 $P(x,y)$，$Q(x,y)$ 称为**被积函数**，L 称为**积分弧段**（也称为**积分路径**）. 以上两个积分也称为**第二类曲线积分**.

应用上经常出现的是

$$\int_L P(x,y)\mathrm{d}x + \int_L Q(x,y)\mathrm{d}y$$

这种和的形式，为简便起见，一般把它写成

$$\int_L P(x,y)\mathrm{d}x + Q(x,y)\mathrm{d}y,$$

即

$$\int_L P(x,y)\mathrm{d}x + Q(x,y)\mathrm{d}y = \int_L P(x,y)\mathrm{d}x + \int_L Q(x,y)\mathrm{d}y.$$

例如，前面引例中讨论的力 $\boldsymbol{F}(x,y) = P(x,y)\boldsymbol{i} + Q(x,y)\boldsymbol{j}$ 对质点所做功 W 可表示为

$$W = \int_L P(x,y)\mathrm{d}x + Q(x,y)\mathrm{d}y.$$

注： 当函数 $P(x,y)$，$Q(x,y)$ 在有向光滑曲线弧 L 上连续时，两个对坐标的曲线积分 $\int_L P(x,y)\mathrm{d}x$，$\int_L Q(x,y)\mathrm{d}y$ 都存在. 以后我们总假定被积函数 $P(x,y)$，$Q(x,y)$ 在积分弧段 L 上连续.

根据定义，可得出对坐标的曲线积分有下面一些性质：

(1) $\int_L k_1 P(x,y)\mathrm{d}x = k_1\int_L P(x,y)\mathrm{d}x$　（k_1 为常数），

$\int_L k_2 Q(x,y)\mathrm{d}y = k_2\int_L Q(x,y)\mathrm{d}y$　（k_2 为常数）.

(2) $\int_L (P_1(x,y) + P_2(x,y))\mathrm{d}x = \int_L P_1(x,y)\mathrm{d}x + \int_L P_2(x,y)\mathrm{d}x$，

$\int_L (Q_1(x,y) + Q_2(x,y))\mathrm{d}y = \int_L Q_1(x,y)\mathrm{d}y + \int_L Q_2(x,y)\mathrm{d}y$.

(3) 如果 L 分成两段有向光滑曲线弧 L_1 和 L_2，则

$$\int_L P(x,y)\mathrm{d}x + Q(x,y)\mathrm{d}y = \int_{L_1} P(x,y)\mathrm{d}x + Q(x,y)\mathrm{d}y + \int_{L_2} P(x,y)\mathrm{d}x + Q(x,y)\mathrm{d}y.$$

该性质可以推广到L是由有限段有向光滑曲线弧$L_1,L_2,\cdots,L_k$组成的情形,进而可将对坐标的曲线积分的概念推广到分段光滑的曲线弧上.

(4) 设L是有向光滑曲线弧,$-L$是与L方向相反的有向曲线弧,则

$$\int_L P(x,y)\mathrm{d}x=-\int_{-L}P(x,y)\mathrm{d}x,$$

$$\int_L Q(x,y)\mathrm{d}y=-\int_{-L}Q(x,y)\mathrm{d}y.$$

上述对坐标的曲线积分的概念可以推广到积分弧段为空间有向光滑曲线弧Γ的情形,即

$$\int_\Gamma P(x,y,z)\mathrm{d}x=\lim_{\lambda\to0}\sum_{i=1}^n P(\xi_i,\eta_i,\zeta_i)\Delta x_i,$$

$$\int_\Gamma Q(x,y,z)\mathrm{d}y=\lim_{\lambda\to0}\sum_{i=1}^n Q(\xi_i,\eta_i,\zeta_i)\Delta y_i,$$

$$\int_\Gamma R(x,y,z)\mathrm{d}z=\lim_{\lambda\to0}\sum_{i=1}^n R(\xi_i,\eta_i,\zeta_i)\Delta z_i.$$

它们的和可以合并起来写成

$$\int_\Gamma P(x,y,z)\mathrm{d}x+Q(x,y,z)\mathrm{d}y+R(x,y,z)\mathrm{d}z.$$

二、对坐标的曲线积分的计算

关于对坐标的曲线积分的计算方法,我们不加证明地给出下面的定理:

定理 1 **设函数$P(x,y),Q(x,y)$在有向曲线弧L上有定义且连续,L的参数方程为**

$$\begin{cases}x=\varphi(t),\\y=\psi(t)\end{cases}\quad(t\in[\alpha,\beta]\text{或}[\beta,\alpha]),$$

当参数t单调地由α变到β时,点$M(x,y)$从L的始点A沿L运动到终点B.若$\varphi(t),\psi(t)$在以α及β为端点的闭区间上具有连续的导数,且$(\varphi'(t))^2+(\psi'(t))^2\neq0$,则对坐标的曲线积分$\int_L P(x,y)\mathrm{d}x+Q(x,y)\mathrm{d}y$存在,且

$$\int_L P(x,y)\mathrm{d}x+Q(x,y)\mathrm{d}y=\int_\alpha^\beta(P(\varphi(t),\psi(t))\varphi'(t)+Q(\varphi(t),\psi(t))\psi'(t))\mathrm{d}t.\tag{11-2-1}$$

注:这里下限α对应于L的始点,上限β对应于L的终点,α不一定小于β.

该定理表明,计算对坐标的曲线积分

$$\int_L P(x,y)\mathrm{d}x+Q(x,y)\mathrm{d}y$$

时,只需把$x,y,\mathrm{d}x,\mathrm{d}y$依次换为$\varphi(t),\psi(t),\varphi'(t)\mathrm{d}t,\psi'(t)\mathrm{d}t$,然后从$L$的始点所对应的参数$\alpha$到$L$的终点所对应的参数$\beta$做定积分即可.

如果L由方程$y=\varphi(x)$(或$x=\psi(y)$)给出,可把x(或y)当作参数,然后应用公式(11-2-1)计算曲线积分的值.

公式(11-2-1)可以推广到空间有向光滑曲线弧Γ由参数方程

$$\begin{cases}x=\varphi(t),\\y=\psi(t),\quad(t\in[\alpha,\beta]\text{或}[\beta,\alpha])\\z=\omega(t)\end{cases}$$

给出的情形,即

$$\int_\Gamma P(x,y,z)\mathrm{d}x+Q(x,y,z)\mathrm{d}y+R(x,y,z)\mathrm{d}z$$

$$=\int_{\alpha}^{\beta}(P(\varphi(t),\psi(t),\omega(t))\varphi'(t)+Q(\varphi(t),\psi(t),\omega(t))\psi'(t)+R(\varphi(t),\psi(t),\omega(t))\omega'(t))\mathrm{d}t,$$

这里下限 α 对应于 Γ 的始点，上限 β 对应于 Γ 的终点，α 不一定小于 β.

例 1　计算曲线积分 $\int_L y^2\mathrm{d}x$，其中 L 是曲线 $y=\sin x$ 上从点 $(0,0)$ 到点 $(\pi,0)$ 的一段弧.

解　把 x 看作参数，由公式(11-2-1)得

$$\int_L y^2\mathrm{d}x=\int_0^{\pi}\sin^2 x\mathrm{d}x=\int_0^{\pi}\frac{1-\cos 2x}{2}\mathrm{d}x=\frac{1}{2}\int_0^{\pi}\mathrm{d}x-\frac{1}{2}\int_0^{\pi}\cos 2x\mathrm{d}x$$

$$=\frac{\pi}{2}-\frac{1}{4}\sin 2x\Big|_0^{\pi}=\frac{\pi}{2}.$$

例 2　计算曲线积分 $\int_L xy^2\mathrm{d}x+xy^2\mathrm{d}y$，其中

(1) L 是从点 $(0,0)$ 到点 $(1,0)$，再到点 $(1,2)$ 的折线段；

(2) L 是从点 $(0,0)$ 沿直线 $y=2x$ 到点 $(1,2)$ 的线段.

解　(1) 把从点 $(0,0)$ 到点 $(1,0)$ 的有向线段记为 L_1，从点 $(1,0)$ 到点 $(1,2)$ 的有向线段记为 L_2，如图 11-2-2 所示，于是

$$\int_L xy^2\mathrm{d}x+xy^2\mathrm{d}y=\int_{L_1}xy^2\mathrm{d}x+xy^2\mathrm{d}y+\int_{L_2}xy^2\mathrm{d}x+xy^2\mathrm{d}y$$

$$=0+\int_{L_2}xy^2\mathrm{d}x+xy^2\mathrm{d}y=0+\int_0^2 1\cdot y^2\mathrm{d}y$$

$$=\frac{y^3}{3}\Big|_0^2=\frac{8}{3}.$$

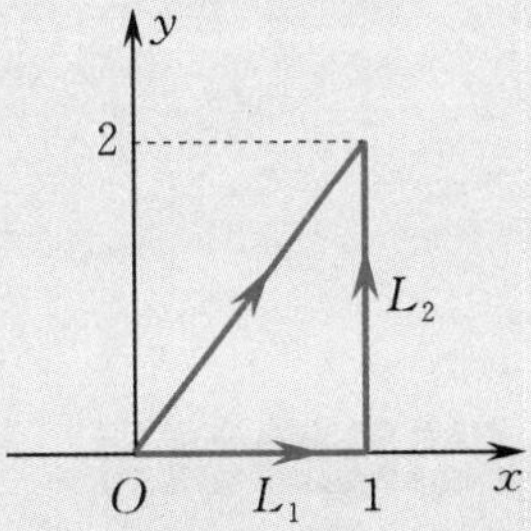

图 11-2-2

(2) $$\int_L xy^2\mathrm{d}x+xy^2\mathrm{d}y=\int_0^1[x(2x)^2+x(2x)^2\cdot 2]\mathrm{d}x$$

$$=\int_0^1 12x^3\mathrm{d}x=3x^4\Big|_0^1=3.$$

上例说明，对坐标的曲线积分的值与具体的积分路径是有关系的.

例 3　计算曲线积分 $\int_L 2xy\mathrm{d}x+x^2\mathrm{d}y$，其中 L 是：

(1) 曲线 $y=x^2$ 上从点 $O(0,0)$ 到点 $B(1,1)$ 的一段弧；

(2) 直线 $y=x$ 上从点 $O(0,0)$ 到点 $B(1,1)$ 的线段；

(3) 从点 $O(0,0)$ 到点 $A(1,0)$，再到点 $B(1,1)$ 的折线段.

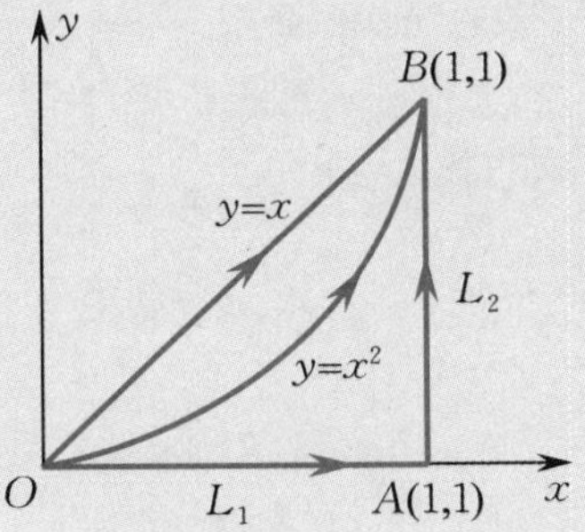

图 11-2-3

解　如图 11-2-3 所示，将从点 $O(0,0)$ 到点 $A(1,0)$ 的有向线段记为 L_1，从点 $A(1,0)$ 到点 $B(1,1)$ 的有向线段记为 L_2.

(1) 由于 L 在曲线 $y=x^2$ 上，x 从 0 变到 1，因此

$$\int_L 2xy\mathrm{d}x+x^2\mathrm{d}y=\int_0^1(2x\cdot x^2+x^2\cdot 2x)\mathrm{d}x$$

$$=\int_0^1 4x^3\mathrm{d}x=x^4\Big|_0^1=1.$$

(2) 由于 L 在直线 $y=x$ 上，x 从 0 变到 1，因此

$$\int_L 2xy\mathrm{d}x + x^2\mathrm{d}y = \int_0^1 (2x \cdot x + x^2)\mathrm{d}x = \int_0^1 3x^2\mathrm{d}x = x^3\Big|_0^1 = 1.$$

(3) 由于在线段 L_1 上 $y = 0, \mathrm{d}y = 0$，在线段 L_2 上 $x = 1, \mathrm{d}x = 0$，因此

$$\begin{aligned}\int_L 2xy\mathrm{d}x + x^2\mathrm{d}y &= \int_{L_1} 2xy\mathrm{d}x + x^2\mathrm{d}y + \int_{L_2} 2xy\mathrm{d}x + x^2\mathrm{d}y \\ &= 0 + \int_{L_2} 2xy\mathrm{d}x + x^2\mathrm{d}y = \int_0^1 \mathrm{d}y = 1.\end{aligned}$$

例 4 计算曲线积分 $\int_\Gamma x^2\mathrm{d}x + 3yz\mathrm{d}y - xy\mathrm{d}z$，其中 Γ 是从点 $A(1,2,3)$ 到点 $B(0,0,0)$ 的线段.

解 直线 AB 的方程为

$$\frac{x}{1} = \frac{y}{2} = \frac{z}{3},$$

化为参数方程为

$$\begin{cases} x = t, \\ y = 2t, \quad (t\text{ 为参数}). \\ z = 3t \end{cases}$$

易知，$t = 1$ 对应于点 $A(1,2,3)$，$t = 0$ 对应于点 $B(0,0,0)$，所以

$$\begin{aligned}\int_\Gamma x^2\mathrm{d}x + 3yz\mathrm{d}y - xy\mathrm{d}z &= \int_1^0 (t^2 + 3 \cdot 2t \cdot 3t \cdot 2 - t \cdot 2t \cdot 3)\mathrm{d}t \\ &= \int_1^0 31t^2\mathrm{d}t = -\frac{31}{3}.\end{aligned}$$

练习 11.2

1. 计算下列对坐标的曲线积分：

(1) $\int_L (3x^2 - y^2)\mathrm{d}x$，其中 L 是抛物线 $y = x^2$ 上从点 $(0,0)$ 到点 $(2,4)$ 的一段弧；

(2) $\oint_L xy\mathrm{d}x$，其中 L 是圆周 $(x-a)^2 + y^2 = a^2 (a > 0)$ 与 x 轴所围成的在第一象限内的区域的整个边界，取逆时针方向；

(3) $\int_L y\mathrm{d}x + x\mathrm{d}y$，其中 L 是圆周 $x = a\cos t, y = a\sin t (a > 0)$ 上对应于 t 从 0 到 $\frac{\pi}{2}$ 的一段弧；

(4) $\oint_L \frac{(x+y)\mathrm{d}x - (x-y)\mathrm{d}y}{x^2 + y^2}$，其中 L 是圆周 $x^2 + y^2 = a^2 (a > 0)$，取逆时针方向；

(5) $\int_\Gamma x\mathrm{d}x + y\mathrm{d}y + (x + y - z)\mathrm{d}z$，其中 Γ 是从点 $A(1,1,1)$ 到点 $B(2,3,4)$ 的线段.

2. 计算 $\int_L (x+y)\mathrm{d}x + (y-x)\mathrm{d}y$，其中 L 是：

(1) 抛物线 $y^2 = x$ 上从点 $(1,1)$ 到点 $(4,2)$ 的一段弧；

(2) 从点 $(1,1)$ 到点 $(4,2)$ 的线段；

(3) 先沿直线从点 $(1,1)$ 到点 $(1,2)$，再沿直线到点 $(4,2)$ 的折线段；

(4) 曲线 $x = 2t^2 + t + 1, y = t^2 + 1$ 上从点 $(1,1)$ 到点 $(4,2)$ 的一段弧.

§11.3 格林公式

一、格林公式

在一元函数中，如果函数 $f(x)$ 在 $[a,b]$ 上连续，且 $F'(x)=f(x)$，则

$$\int_a^b f(x)\mathrm{d}x=F(b)-F(a).$$

上式表示，$f(x)$ 在 $[a,b]$ 上的定积分可以通过它的原函数 $F(x)$ 在这个区间端点处的值来表示. 下面将要介绍的格林(Green)公式表明，在平面有界闭区域 D 上的二重积分可以通过沿闭区域 D 的边界曲线 L 的曲线积分来表示.

先介绍平面单连通区域的概念. 设 D 为平面区域，如果 D 内任一闭曲线所围的部分都属于 D，则称 D 为**单连通区域**；否则，称 D 为**复连通区域**. 也就是说，平面上单连通区域就是不含有“洞”(包括点“洞”)的区域，复连通区域就是含有“洞”(包括点“洞”)的区域. 例如，单位圆内部所有点构成的集合、平面直角坐标系中 x 轴上方的半平面所有点构成的集合都是单连通区域，圆环区域 $\{(x,y)\mid 1<x^2+y^2<4\}$，$\{(x,y)\mid 0<x^2+y^2<1\}$ 都是复连通区域.

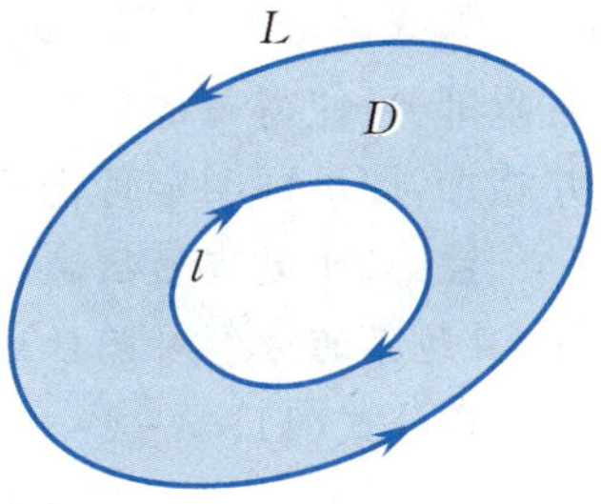

图 11-3-1

对平面区域 D 的边界曲线 L，我们规定 L 的**正向**如下：当观察者沿 L 的这个方向行走时，D 总在他的左侧. 例如，D 是由边界曲线 L 及 l 所围成的复连通区域(见图 11-3-1)，作为 D 的正向边界，L 的方向是逆时针方向，而 l 的方向是顺时针方向.

定理 1　**设闭区域 D 由分段光滑的曲线 L 围成，函数 $P(x,y)$ 和 $Q(x,y)$ 在闭区域 D 上具有一阶连续偏导数，则**

$$\iint_D\left(\frac{\partial Q}{\partial x}-\frac{\partial P}{\partial y}\right)\mathrm{d}x\mathrm{d}y=\oint_L P\mathrm{d}x+Q\mathrm{d}y,\qquad(11-3-1)$$

其中 L 是 D 的取正向的边界曲线.

公式(11-3-1)称为**格林公式**.

证　只证平行于坐标轴且穿过 D 内部的直线与 D 的边界曲线 L 恰好有两个交点，即区域 D 既是 X-型区域又是 Y-型区域的情形(见图 11-3-2).

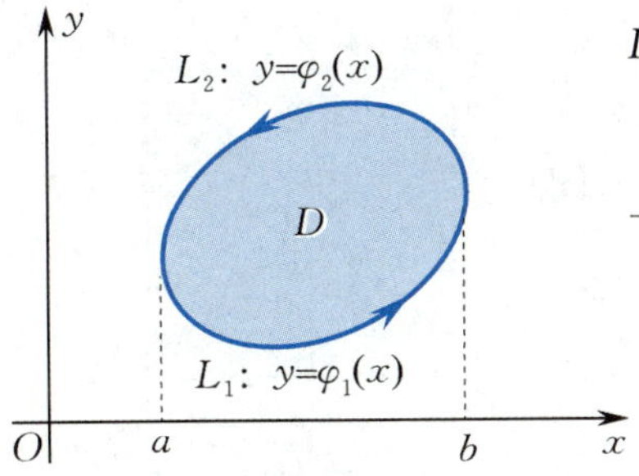

图 11-3-2

这时可设 $D=\{(x,y)\mid\varphi_1(x)\leqslant y\leqslant\varphi_2(x),a\leqslant x\leqslant b\}$.

一方面，因为 $\dfrac{\partial P}{\partial y}$ 连续，所以由二重积分的计算方法得

$$\iint_D\frac{\partial P}{\partial y}\mathrm{d}x\mathrm{d}y=\int_a^b\left(\int_{\varphi_1(x)}^{\varphi_2(x)}\frac{\partial P(x,y)}{\partial y}\mathrm{d}y\right)\mathrm{d}x$$

$$=\int_a^b(P(x,\varphi_2(x))-P(x,\varphi_1(x)))\mathrm{d}x;$$

另一方面,由对坐标的曲线积分的性质及计算方法得

$$\oint_L P\mathrm{d}x = \int_{L_1} P\mathrm{d}x + \int_{L_2} P\mathrm{d}x = \int_a^b P(x,\varphi_1(x))\mathrm{d}x + \int_b^a P(x,\varphi_2(x))\mathrm{d}x$$
$$= \int_a^b P(x,\varphi_1(x))\mathrm{d}x - \int_a^b P(x,\varphi_2(x))\mathrm{d}x$$
$$= -\int_a^b (P(x,\varphi_2(x)) - P(x,\varphi_1(x)))\mathrm{d}x.$$

综上,有

$$-\iint_D \frac{\partial P}{\partial y}\mathrm{d}x\mathrm{d}y = \oint_L P\mathrm{d}x. \qquad (11-3-2)$$

而 D 又可以写成 $D = \{(x,y) \mid \psi_1(y) \leqslant x \leqslant \psi_2(y), c \leqslant y \leqslant d\}$ 的形式,类似于等式(11-3-2)的证明,可得

$$\iint_D \frac{\partial Q}{\partial x}\mathrm{d}x\mathrm{d}y = \oint_L Q\mathrm{d}y. \qquad (11-3-3)$$

由于等式(11-3-2)和等式(11-3-3)同时成立,因此合并后即得

$$\iint_D \left(\frac{\partial Q}{\partial x} - \frac{\partial P}{\partial y}\right)\mathrm{d}x\mathrm{d}y = \oint_L P\mathrm{d}x + Q\mathrm{d}y.$$

如果区域 D 不满足既是 X-型区域又是 Y-型区域的条件,则可引进若干辅助线把 D 分成有限部分,使得每部分既是 X-型区域,又是 Y-型区域,然后在每部分都使用公式(11-3-1)并相加,即可证明定理仍然成立.

注:对于复连通区域 D,格林公式(11-3-1)右端应包括沿闭区域 D 的全部边界的曲线积分,且边界的方向对闭区域 D 来说都是正向.

在公式(11-3-1)中,如果取 $P = -y, Q = x$,则有

$$\iint_D \left(\frac{\partial Q}{\partial x} - \frac{\partial P}{\partial y}\right)\mathrm{d}x\mathrm{d}y = 2\iint_D \mathrm{d}x\mathrm{d}y = \oint_L (-y)\mathrm{d}x + x\mathrm{d}y.$$

故闭区域 D 的面积为

$$A = \iint_D \mathrm{d}x\mathrm{d}y = \frac{1}{2}\oint_L x\mathrm{d}y - y\mathrm{d}x.$$

例 1 求椭圆 $x = a\cos\theta, y = b\sin\theta$ 所围成图形的面积 A.

解 由于 $\mathrm{d}x = -a\sin\theta\mathrm{d}\theta, \mathrm{d}y = b\cos\theta\mathrm{d}\theta$,因此

$$A = \frac{1}{2}\oint_L x\mathrm{d}y - y\mathrm{d}x = \frac{1}{2}\int_0^{2\pi}[a\cos\theta \cdot b\cos\theta - b\sin\theta(-a\sin\theta)]\mathrm{d}\theta$$
$$= \frac{1}{2}ab\int_0^{2\pi}\mathrm{d}\theta = \pi ab.$$

例 2 计算 $\oint_L (5 - xy - y^2)\mathrm{d}x + (x^2 - 2xy)\mathrm{d}y$,其中 L 是以 $O(0,0), A(1,0), B(1,1), C(0,1)$ 为顶点的正方形闭区域 D 的正向边界(见图 11-3-3).

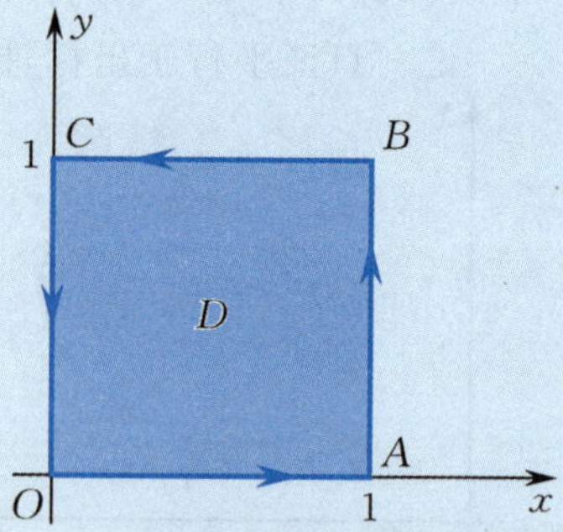

图 11-3-3

解 设 $P = 5 - xy - y^2, Q = x^2 - 2xy$,则

$$\frac{\partial Q}{\partial x} - \frac{\partial P}{\partial y} = 3x.$$

于是，由公式(11-3-1)得

$$\oint_L (5-xy-y^2)\mathrm{d}x+(x^2-2xy)\mathrm{d}y=\iint_D 3x\mathrm{d}x\mathrm{d}y=3\int_0^1 x\mathrm{d}x\int_0^1\mathrm{d}y=\frac{3}{2}.$$

例 3　计算 $\oint_L \dfrac{x\mathrm{d}y-y\mathrm{d}x}{x^2+y^2}$，其中 L 是一条无重点、分段光滑且不经过原点的连续闭曲线，L 的方向为逆时针方向.

解　记 L 所围成的闭区域为 D. 设

$$P=\frac{-y}{x^2+y^2},\quad Q=\frac{x}{x^2+y^2},$$

则当 $x^2+y^2\neq 0$ 时，有

$$\frac{\partial Q}{\partial x}=\frac{y^2-x^2}{(x^2+y^2)^2}=\frac{\partial P}{\partial y}.$$

当 $(0,0)\notin D$ 时，由公式(11-3-1)得

$$\oint_L \frac{x\mathrm{d}y-y\mathrm{d}x}{x^2+y^2}=0.$$

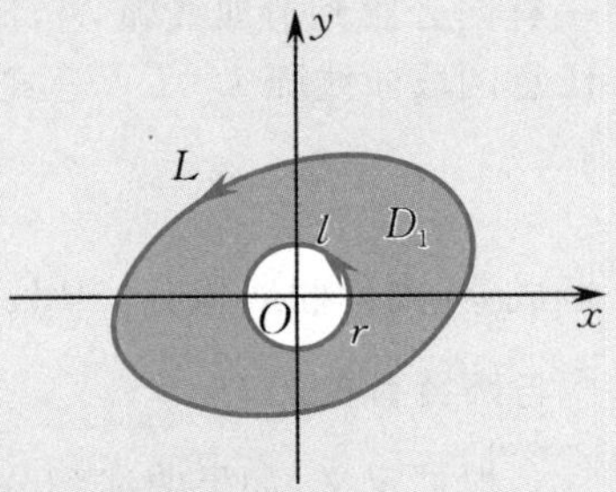

图 11-3-4

当 $(0,0)\in D$ 时，选取适当小的 $r>0$，在 D 内作圆周 l：$x^2+y^2=r^2$，取逆时针方向. 记 L 和 l 所围成的闭区域为 D_1（见图 11-3-4）. 对 D_1 应用格林公式，得

$$\oint_L \frac{x\mathrm{d}y-y\mathrm{d}x}{x^2+y^2}+\oint_{-l}\frac{x\mathrm{d}y-y\mathrm{d}x}{x^2+y^2}=\iint_{D_1}\left(\frac{\partial Q}{\partial x}-\frac{\partial P}{\partial y}\right)\mathrm{d}x\mathrm{d}y=0,$$

即

$$\oint_L \frac{x\mathrm{d}y-y\mathrm{d}x}{x^2+y^2}-\oint_l \frac{x\mathrm{d}y-y\mathrm{d}x}{x^2+y^2}=0.$$

于是

$$\oint_L \frac{x\mathrm{d}y-y\mathrm{d}x}{x^2+y^2}=\oint_l \frac{x\mathrm{d}y-y\mathrm{d}x}{x^2+y^2}=\int_0^{2\pi}\frac{r^2\cos^2\theta+r^2\sin^2\theta}{r^2}\mathrm{d}\theta=2\pi.$$

例 4　计算 $I=\int_L (\mathrm{e}^x\sin y-x-y)\mathrm{d}x+(\mathrm{e}^x\cos y-x)\mathrm{d}y$，其中 L 是曲线 $y=\sqrt{1-(x-1)^2}$ 上从点 $A(2,0)$ 到点 $O(0,0)$ 的一段弧（见图 11-3-5）.

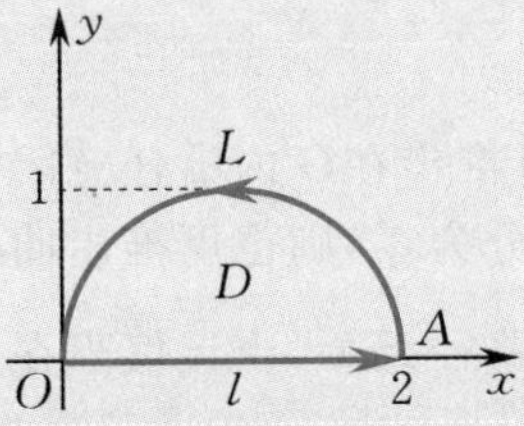

图 11-3-5

解　取 l 为沿 x 轴上从点 O 到点 A 的线段，则 L 与 l 可围成闭区域 D. 设 $P=\mathrm{e}^x\sin y-x-y$，$Q=\mathrm{e}^x\cos y-x$，则

$$\frac{\partial Q}{\partial x}=\mathrm{e}^x\cos y-1,\quad \frac{\partial P}{\partial y}=\mathrm{e}^x\cos y-1,$$

从而 $\dfrac{\partial Q}{\partial x}-\dfrac{\partial P}{\partial y}=0$. 再由格林公式得

$$0=\iint_D\left(\frac{\partial Q}{\partial x}-\frac{\partial P}{\partial y}\right)\mathrm{d}x\mathrm{d}y=\int_{L+l}(\mathrm{e}^x\sin y-x-y)\mathrm{d}x+(\mathrm{e}^x\cos y-x)\mathrm{d}y,$$

所以

$$\int_L (\mathrm{e}^x\sin y-x-y)\mathrm{d}x+(\mathrm{e}^x\cos y-x)\mathrm{d}y=\int_{-l}(\mathrm{e}^x\sin y-x-y)\mathrm{d}x+(\mathrm{e}^x\cos y-x)\mathrm{d}y.$$

由于在 x 轴上 $y=0$，$\mathrm{d}y=0$，因此由对坐标的曲线积分的计算方法得

$$\int_{-l}(\mathrm{e}^x\sin y-x-y)\mathrm{d}x+(\mathrm{e}^x\cos y-x)\mathrm{d}y=\int_2^0(-x)\mathrm{d}x=2.$$

于是得

$$I=\int_L (e^x\sin y-x-y)dx+(e^x\cos y-x)dy=2.$$

二、平面上曲线积分与路径无关的条件

在物理学中,重力做功、保守力场中场力做功等均与路径无关.对这些做功问题的探讨,反映在数学上就是研究曲线积分与路径无关的条件.

设 G 是一个开区域,函数 $P(x,y)$ 及 $Q(x,y)$ 在区域 G 内具有连续的偏导数,L 为 G 内任一有向分段光滑曲线弧,A,B 分别是曲线弧 L 的始点和终点.如果对于 G 内从点 A 到点 B 的任意两段曲线弧 L_1,L_2,等式

$$\int_{L_1} Pdx+Qdy=\int_{L_2} Pdx+Qdy$$

恒成立,则称曲线积分 $\int_L Pdx+Qdy$ 在 G 内**与路径无关**;否则,称曲线积分 $\int_L Pdx+Qdy$ 在 G 内**与路径有关**.

根据定义,如果曲线积分 $\int_L Pdx+Qdy$ 在 G 内与路径无关,则

$$\int_{L_1} Pdx+Qdy=\int_{L_2} Pdx+Qdy,$$

从而有

$$\int_{L_1} Pdx+Qdy-\int_{L_2} Pdx+Qdy=0.$$

因为

$$\int_{L_2} Pdx+Qdy=-\int_{-L_2} Pdx+Qdy,$$

所以

$$\int_{L_1} Pdx+Qdy+\int_{-L_2} Pdx+Qdy=0,$$

即

$$\int_{L_1+(-L_2)} Pdx+Qdy=0,$$

这里 $L_1+(-L_2)$ 是一条闭曲线.因此,由曲线积分在 G 内与路径无关可推出在 G 内沿任意闭曲线的曲线积分为零;反过来,如果在区域 G 内沿任意闭曲线的曲线积分为零,则也可推出曲线积分在 G 内与路径无关.故得结论:曲线积分 $\int_L Pdx+Qdy$ 在 G 内与路径无关,当且仅当在 G 内沿任意闭曲线 C 的曲线积分 $\oint_C Pdx+Qdy$ 为零.

定理 2 **设开区域 G 是一个单连通区域,函数 $P(x,y)$ 及 $Q(x,y)$ 在区域 G 内具有连续的偏导数,则曲线积分 $\int_L Pdx+Qdy$ 在 G 内与路径无关(或在 G 内沿任意闭曲线 C 的曲线积分 $\oint_C Pdx+Qdy$ 为零),当且仅当**

$$\frac{\partial Q}{\partial x}=\frac{\partial P}{\partial y}$$

在 G 内恒成立.

证明从略.

例如,在 § 11.2 的例 3 中,曲线积分 $\int_L 2xy\,dx + x^2\,dy$ 在始点和终点相同的三条路径上的积分值相等. 这是因为 $\frac{\partial Q}{\partial x} = \frac{\partial P}{\partial y} = 2x$ 在整个 xOy 面上都成立,而整个 xOy 面是单连通区域,故曲线积分 $\int_L 2xy\,dx + x^2\,dy$ 与路径无关.

注:定理 2 要求区域 G 是单连通区域,函数 $P(x,y)$ 及 $Q(x,y)$ 在区域 G 内具有连续的偏导数. 如果这两个条件有一个不满足,那么就不能保证此定理的结论成立.

三、二元函数全微分的判别

当函数 $P(x,y)$ 及 $Q(x,y)$ 满足什么条件时,表达式

$$P(x,y)\,dx + Q(x,y)\,dy$$

才是某个函数 $u(x,y)$ 的全微分? 当这个函数 $u(x,y)$ 存在时,怎样把它求出来? 这就是下面我们将要讨论的问题.

定理 3　设开区域 G 是一个单连通区域,函数 $P(x,y)$ 及 $Q(x,y)$ 在区域 G 内具有连续的偏导数,则 $P(x,y)\,dx + Q(x,y)\,dy$ 在 G 内是某个二元函数 $u(x,y)$ 的全微分,当且仅当

$$\frac{\partial Q}{\partial x} = \frac{\partial P}{\partial y} \qquad (11-3-4)$$

在 G 内恒成立.

证　必要性　若 $P(x,y)\,dx + Q(x,y)\,dy$ 是某个函数 $u(x,y)$ 的全微分,则

$$du(x,y) = P(x,y)\,dx + Q(x,y)\,dy.$$

故必有

$$\frac{\partial u}{\partial x} = P(x,y), \quad \frac{\partial u}{\partial y} = Q(x,y).$$

由此得

$$\frac{\partial^2 u}{\partial x \partial y} = \frac{\partial P}{\partial y}, \quad \frac{\partial^2 u}{\partial y \partial x} = \frac{\partial Q}{\partial x}.$$

由于 $P(x,y)$ 及 $Q(x,y)$ 在区域 G 内具有连续的偏导数,因此

$$\frac{\partial^2 u}{\partial x \partial y} = \frac{\partial^2 u}{\partial y \partial x},$$

从而

$$\frac{\partial Q}{\partial x} = \frac{\partial P}{\partial y}.$$

充分性　设等式 $\frac{\partial Q}{\partial x} = \frac{\partial P}{\partial y}$ 在 G 内恒成立,则由定理 2 知,曲线积分 $\int_L P\,dx + Q\,dy$ 在 G 内与路径无关. 设 $M_0(x_0,y_0)$ 与 $M(x,y)$ 是 L 的始点和终点,因积分值只与始点、终点有关,故可把这个曲线积分记作

$$\int_{(x_0,y_0)}^{(x,y)} P(x,y)\,dx + Q(x,y)\,dy.$$

当始点 $M_0(x_0,y_0)$ 固定时,这个积分值只与终点 $M(x,y)$ 有关,因此它是 x,y 的函数,记作 $u(x,y)$,即

$$u(x,y)=\int_{(x_0,y_0)}^{(x,y)} P(x,y)\mathrm{d}x+Q(x,y)\mathrm{d}y. \tag{11-3-5}$$

这里要特别注意,不要把积分变量 x,y 与函数 $u(x,y)$ 的自变量 x,y 混淆.

下面来证明函数 $u(x,y)$ 的全微分就是 $P(x,y)\mathrm{d}x+Q(x,y)\mathrm{d}y$. 若证明了 $\frac{\partial u}{\partial x}=P(x,y)$, $\frac{\partial u}{\partial y}=Q(x,y)$,则

$$\mathrm{d}u(x,y)=\frac{\partial u}{\partial x}\mathrm{d}x+\frac{\partial u}{\partial y}\mathrm{d}y=P(x,y)\mathrm{d}x+Q(x,y)\mathrm{d}y,$$

即函数 $u(x,y)$ 的全微分就是 $P(x,y)\mathrm{d}x+Q(x,y)\mathrm{d}y$.

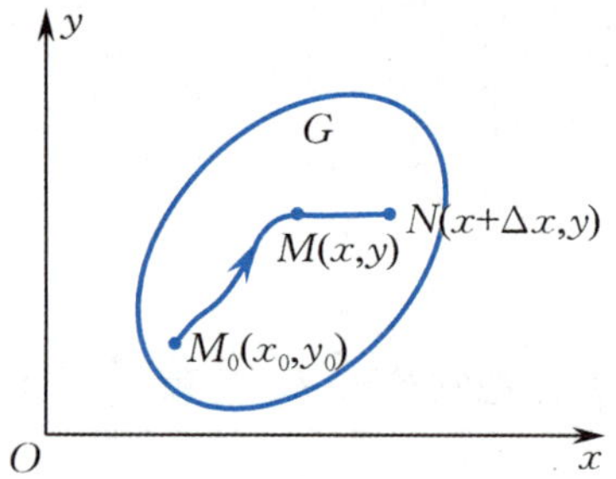

图 11-3-6

根据偏导数的定义,有

$$\frac{\partial u}{\partial x}=\lim_{\Delta x\to 0}\frac{u(x+\Delta x,y)-u(x,y)}{\Delta x}.$$

由(11-3-5)式得

$$u(x+\Delta x,y)=\int_{(x_0,y_0)}^{(x+\Delta x,y)} P(x,y)\mathrm{d}x+Q(x,y)\mathrm{d}y.$$

由于曲线积分与路径无关,因此可以取先从点 M_0 到点 M,再沿平行于 x 轴的直线从点 M 到点 N 作为上式右端曲线积分的路径(见图 11-3-6),从而

$$\begin{aligned}u(x+\Delta x,y)&=\int_{(x_0,y_0)}^{(x+\Delta x,y)} P(x,y)\mathrm{d}x+Q(x,y)\mathrm{d}y\\&=\int_{(x_0,y_0)}^{(x,y)} P(x,y)\mathrm{d}x+Q(x,y)\mathrm{d}y+\int_{(x,y)}^{(x+\Delta x,y)} P(x,y)\mathrm{d}x+Q(x,y)\mathrm{d}y\\&=u(x,y)+\int_{(x,y)}^{(x+\Delta x,y)} P(x,y)\mathrm{d}x+Q(x,y)\mathrm{d}y.\end{aligned}$$

于是有

$$u(x+\Delta x,y)-u(x,y)=\int_{(x,y)}^{(x+\Delta x,y)} P(x,y)\mathrm{d}x+Q(x,y)\mathrm{d}y.$$

由于在线段 MN 上 $y=$ 常数,$\mathrm{d}y=0$,因此由对坐标的曲线积分的计算方法,上式可写成

$$u(x+\Delta x,y)-u(x,y)=\int_{x}^{x+\Delta x} P(x,y)\mathrm{d}x.$$

再应用积分中值定理,得

$$u(x+\Delta x,y)-u(x,y)=P(x+\theta\Delta x,y)\Delta x \quad (0\leqslant\theta\leqslant 1).$$

上式两边除以 Δx,并令 $\Delta x\to 0$ 取极限,再利用 $P(x,y)$ 连续,可得

$$\lim_{\Delta x\to 0}\frac{u(x+\Delta x,y)-u(x,y)}{\Delta x}=\lim_{\Delta x\to 0}P(x+\theta\Delta x,y)=P(x,y),$$

即

$$\frac{\partial u}{\partial x}=P(x,y).$$

类似可得

$$\frac{\partial u}{\partial y}=Q(x,y).$$

这就证明了充分性. 证毕.

根据定理 3,如果函数 $P(x,y)$ 及 $Q(x,y)$ 在单连通区域 G 内具有连续的偏导数,且满足

$\dfrac{\partial Q}{\partial x}=\dfrac{\partial P}{\partial y}$，则 $P(x,y)\mathrm{d}x+Q(x,y)\mathrm{d}y$ 是某个函数 $u(x,y)$ 的全微分．函数 $u(x,y)$ 可由公式(11-3-5)求出．为了计算简便，可以选择平行于坐标轴的线段连成的有向折线段作为积分路径，当然该折线段要完全包含于区域 G 内．

例 5　验证 $\dfrac{x\mathrm{d}y-y\mathrm{d}x}{x^2+y^2}$ 在右半平面 $(x>0)$ 内是某个函数的全微分，并且求出这样的一个函数．

解　令

$$P=\frac{-y}{x^2+y^2},\quad Q=\frac{x}{x^2+y^2},$$

则

$$\frac{\partial Q}{\partial x}=\frac{y^2-x^2}{(x^2+y^2)^2}=\frac{\partial P}{\partial y}$$

在 $x>0$ 时恒成立．故 $\dfrac{x\mathrm{d}y-y\mathrm{d}x}{x^2+y^2}$ 在右半平面内是某个函数的全微分．

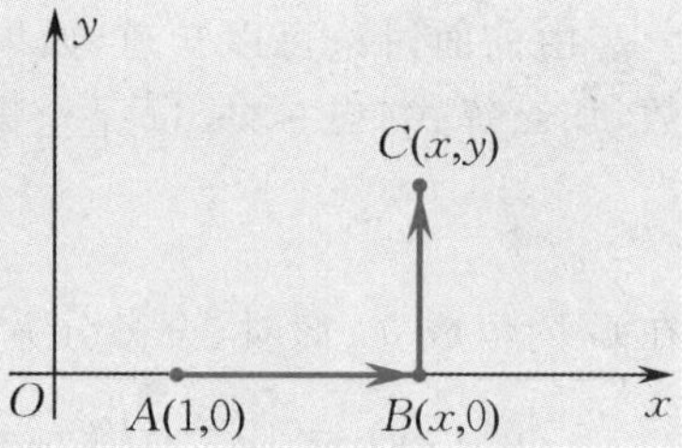

图 11-3-7

取积分路径为有向折线段 ABC，如图 11-3-7 所示，利用公式(11-3-5)得所求的函数为

$$u(x,y)=\int_{(1,0)}^{(x,y)}\frac{x\mathrm{d}y-y\mathrm{d}x}{x^2+y^2}=\int_{\overline{AB}}\frac{x\mathrm{d}y-y\mathrm{d}x}{x^2+y^2}+\int_{\overline{BC}}\frac{x\mathrm{d}y-y\mathrm{d}x}{x^2+y^2}$$
$$=0+\int_0^y\frac{x\mathrm{d}y}{x^2+y^2}=\arctan\frac{y}{x}\bigg|_0^y=\arctan\frac{y}{x}.$$

例 6　设曲线积分 $\int_L xy^2\mathrm{d}x+y\varphi(x)\mathrm{d}y$ 与路径无关，其中 $\varphi(x)$ 具有连续的导数，且 $\varphi(0)=0$，计算 $\int_{(0,0)}^{(1,1)}xy^2\mathrm{d}x+y\varphi(x)\mathrm{d}y$.

解　令 $P=xy^2,Q=y\varphi(x)$，则

$$\frac{\partial P}{\partial y}=2xy,\quad \frac{\partial Q}{\partial x}=y\varphi'(x).$$

由曲线积分与路径无关的条件知 $\dfrac{\partial Q}{\partial x}=\dfrac{\partial P}{\partial y}$．由此得

$$\varphi'(x)=2x,$$

所以

$$\varphi(x)=x^2+C\quad(C\text{ 为待定常数}).$$

由 $\varphi(0)=0$ 得 $C=0$，故 $\varphi(x)=x^2$．取积分路径为有向折线段 OAB，如图 11-3-8 所示，于是有

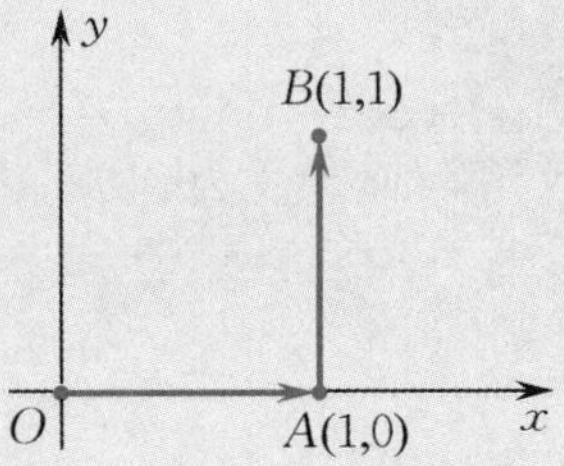

图 11-3-8

$$\int_{(0,0)}^{(1,1)}xy^2\mathrm{d}x+y\varphi(x)\mathrm{d}y=\int_{\overline{OA}}xy^2\mathrm{d}x+yx^2\mathrm{d}y+\int_{\overline{AB}}xy^2\mathrm{d}x+yx^2\mathrm{d}y=0+\int_0^1y\mathrm{d}y=\frac{1}{2}.$$

四、全微分方程

如果等式

$$P(x,y)\mathrm{d}x+Q(x,y)\mathrm{d}y=0\qquad(11-3-6)$$

左端恰好是某个函数 $u=u(x,y)$ 的全微分,即

$$du(x,y)=P(x,y)dx+Q(x,y)dy,$$

则称等式(11-3-6)为**全微分方程**.这时

$$\frac{\partial u}{\partial x}=P(x,y),\quad \frac{\partial u}{\partial y}=Q(x,y).$$

我们把 $u(x,y)=C$(C 是任意常数)称为全微分方程

$$P(x,y)dx+Q(x,y)dy=0$$

的**隐式通解**(简称**通解**).

由前面讨论可以知道,如果函数 $P(x,y)$ 及 $Q(x,y)$ 在单连通区域 G 内具有连续的偏导数,那么等式(11-3-6)是全微分方程的充要条件是:等式

$$\frac{\partial Q}{\partial x}=\frac{\partial P}{\partial y}$$

在 G 内恒成立.此时,全微分方程(11-3-6)的通解为

$$\begin{aligned}u(x,y)&=\int_{(x_0,y_0)}^{(x,y)}P(x,y)dx+Q(x,y)dy\\&=\int_{(x_0,y_0)}^{(x,y_0)}P(x,y)dx+Q(x,y)dy+\int_{(x,y_0)}^{(x,y)}P(x,y)dx+Q(x,y)dy\\&=\int_{x_0}^{x}P(x,y_0)dx+\int_{y_0}^{y}Q(x,y)dy=C\quad(C\text{ 为任意常数}).\end{aligned}$$

例 7 判断等式

$$(5x^4+3xy^2-y^3)dx+(3x^2y-3xy^2+y^2)dy=0$$

是否是全微分方程;如果是,试求出它的通解.

解 令 $P=5x^4+3xy^2-y^3$, $Q=3x^2y-3xy^2+y^2$,则

$$\frac{\partial P}{\partial y}=6xy-3y^2=\frac{\partial Q}{\partial x}.$$

所以原等式是全微分方程.

取 $x_0=0$, $y_0=0$,得

$$\begin{aligned}u(x,y)&=\int_{x_0}^{x}P(x,y_0)dx+\int_{y_0}^{y}Q(x,y)dy=\int_0^x 5x^4dx+\int_0^y(3x^2y-3xy^2+y^2)dy\\&=x^5+\frac{3}{2}x^2y^2-xy^3+\frac{1}{3}y^3,\end{aligned}$$

从而该全微分方程的通解为

$$x^5+\frac{3}{2}x^2y^2-xy^3+\frac{1}{3}y^3=C\quad(C\text{ 为任意常数}).$$

练习 11.3

1. 利用格林公式计算下列曲线积分:

(1) $\oint_L(2xy-x^2)dx+(x+y^2)dy$,其中 L 是由抛物线 $y=x^2$ 和 $y^2=x$ 所围成的闭区域的正向边界曲线;

(2) $\oint_L(x^2-xy^3)dx+(y^2-2xy)dy$,其中 L 是顶点为(0,0),(2,0),(2,2),(0,2)的正方形闭区域的正向边界曲线.

2. 试用格林公式计算 $\iint\limits_D e^{-y^2}\,dx\,dy$，其中 D 是以点 $O(0,0)$，$A(1,1)$，$B(0,1)$ 为顶点的三角形闭区域.

3. 利用曲线积分计算下列曲线所围成的图形的面积：

(1) 星形线 $x=a\cos^3 t$，$y=a\sin^3 t$；

(2) 椭圆 $4x^2+9y^2=36$.

4. 计算曲线积分 $\oint_L \dfrac{y\,dx-x\,dy}{2(x^2+y^2)}$，其中 L 是圆周 $(x-1)^2+y^2=2$，取逆时针方向.

5. 证明下列曲线积分在整个 xOy 面内与路径无关，并计算其积分值：

(1) $\int_{(1,1)}^{(2,3)}(x+y)\,dx+(x-y)\,dy$；

(2) $\int_{(0,0)}^{(1,1)}(6xy^2-y^3)\,dx+(6x^2y-3xy^2)\,dy$；

(3) $\int_{(1,0)}^{(2,1)}(2xy-y^4+3)\,dx+(x^2-4xy^3)\,dy$.

6. 利用格林公式计算下列曲线积分：

(1) $\oint_L(2x-y+4)\,dx+(5y+3x-6)\,dy$，其中 L 是顶点为 $(0,0)$，$(3,0)$ 和 $(3,2)$ 的三角形闭区域的正向边界曲线；

(2) $\int_L(x^2-y)\,dx-(x+\sin^2 y)\,dy$，其中 L 是在圆周 $y=\sqrt{2x-x^2}$ 上由点 $(0,0)$ 到点 $(1,1)$ 的一段弧.

7. 验证下列式子在整个 xOy 面内是某个函数 $u(x,y)$ 的全微分，并求出这样的一个函数：

(1) $(x+2y)\,dx+(2x+y)\,dy$；

(2) $2xy\,dx+x^2\,dy$；

(3) $(2x\cos y+y^2\cos x)\,dx+(2y\sin x-x^2\sin y)\,dy$.

8. 判断下列等式中哪些是全微分方程，并求出全微分方程的通解：

(1) $(3x^2+6xy^2)\,dx+(6x^2y+4y^2)\,dy=0$；

(2) $(9-2xy-y^2)\,dx-(x+y)^2\,dy=0$；

(3) $e^y\,dx+(xe^y-2y)\,dy=0$；

(4) $(x^2-y^2)\,dx+(x-y)^2\,dy=0$.

§11.4　对面积的曲面积分

一、对面积的曲面积分的概念与性质

如果曲面上各点处都具有切平面，且当点在曲面上连续移动时，切平面也连续转动，那么称这样的曲面为**光滑曲面**. 若一个曲面由有限块光滑曲面组成，则称该曲面是**分片光滑**的.

设有一曲面形薄片，它在空间所占的位置是光滑曲面 Σ，其上任一点 (x,y,z) 处的面密度为 $\rho(x,y,z)$，且 $\rho(x,y,z)$ 在 Σ 上连续. 为了求该薄片的质量 M，把曲面 Σ 分成 n 小块 ΔS_i（ΔS_i 同时也表示第 i 块小曲面的面积，$i=1,2,\cdots,n$）. 在 ΔS_i 上任取一点 (ξ_i,η_i,ζ_i)，则第 i 块小曲面 ΔS_i 上相应的小块薄片的质量为

$$\Delta M_i\approx\rho(\xi_i,\eta_i,\zeta_i)\Delta S_i,$$

从而整块薄片的质量为

$$M = \sum_{i=1}^{n} \Delta M_i \approx \sum_{i=1}^{n} \rho(\xi_i, \eta_i, \zeta_i) \Delta S_i.$$

当各小块曲面直径的最大值$\lambda \to 0$时，上述和式的极限就是整块薄片质量的精确值. 抽去它的具体意义，就得出对面积的曲面积分的概念.

定义 1　设曲面Σ是光滑的，函数$f(x,y,z)$在Σ上有界. 把Σ任意分成n小块ΔS_i（ΔS_i同时也表示第i块小曲面的面积，$i=1,2,\cdots,n$），在每块小曲面ΔS_i上任取一点(ξ_i,η_i,ζ_i)，做积$f(\xi_i,\eta_i,\zeta_i)\Delta S_i$，并做和

$$\sum_{i=1}^{n} f(\xi_i, \eta_i, \zeta_i) \Delta S_i.$$

如果当各小块曲面直径的最大值$\lambda \to 0$时，上述和式的极限总存在，则称此极限值为函数$f(x,y,z)$在曲面Σ上**对面积的曲面积分**或**第一类曲面积分**，记作$\iint\limits_{\Sigma} f(x,y,z)\mathrm{d}S$，即

$$\iint\limits_{\Sigma} f(x,y,z)\mathrm{d}S = \lim_{\lambda \to 0} \sum_{i=1}^{n} f(\xi_i, \eta_i, \zeta_i) \Delta S_i,$$

其中$f(x,y,z)$称为**被积函数**，Σ称为**积分曲面**.

根据定义，前面面密度为$\rho(x,y,z)$的曲面形薄片的质量应为

$$M = \iint\limits_{\Sigma} \rho(x,y,z)\mathrm{d}S.$$

注：可以证明，若函数$f(x,y,z)$在光滑曲面Σ上连续，则对面积的曲面积分$\iint\limits_{\Sigma} f(x,y,z)\mathrm{d}S$必存在. 以后我们总假设函数$f(x,y,z)$在积分曲面$\Sigma$上是连续的.

由对面积的曲面积分的定义可知，它具有与对弧长的曲线积分相类似的性质. 例如，设积分曲面Σ分成两块Σ_1及Σ_2（记作$\Sigma = \Sigma_1 + \Sigma_2$），则有

$$\iint\limits_{\Sigma_1+\Sigma_2} f(x,y,z)\mathrm{d}S = \iint\limits_{\Sigma_1} f(x,y,z)\mathrm{d}S + \iint\limits_{\Sigma_2} f(x,y,z)\mathrm{d}S.$$

同样，对面积的曲面积分的概念也可推广到分片光滑的曲面上. 如果积分曲面Σ是闭曲面，通常将对面积的曲面积分$\iint\limits_{\Sigma} f(x,y,z)\mathrm{d}S$记为$\oiint\limits_{\Sigma} f(x,y,z)\mathrm{d}S$.

二、对面积的曲面积分的计算

对面积的曲面积分可以化为二重积分来计算. 设曲面Σ的方程为

$$z = z(x,y),$$

Σ在xOy面上的投影区域为D_{xy}. 由§10.3可知，曲面Σ的面积元素为

$$\mathrm{d}S = \sqrt{1 + \left(\frac{\partial z}{\partial x}\right)^2 + \left(\frac{\partial z}{\partial y}\right)^2}\,\mathrm{d}x\mathrm{d}y,$$

于是

$$\iint\limits_{\Sigma} f(x,y,z)\mathrm{d}S = \iint\limits_{D_{xy}} f(x,y,z(x,y))\sqrt{1 + \left(\frac{\partial z}{\partial x}\right)^2 + \left(\frac{\partial z}{\partial y}\right)^2}\,\mathrm{d}x\mathrm{d}y.$$

如果积分曲面Σ由方程$x = x(y,z)$或$y = y(z,x)$给出，也可类似地把对面积的曲面积分$\iint\limits_{\Sigma} f(x,y,z)\mathrm{d}S$化为二重积分来计算.

例 1　计算曲面积分$\iint\limits_{\Sigma}\frac{dS}{z}$,其中$\Sigma$是球面$x^2+y^2+z^2=a^2$在平面$z=h(0<h<a)$上方的部分(见图 11-4-1).

解　由于曲面Σ的方程为

$$z=\sqrt{a^2-x^2-y^2},\quad (x,y)\in D_{xy}=\{(x,y)\mid x^2+y^2\leqslant a^2-h^2\},$$

D_{xy}就是Σ在xOy面上的投影区域,而

$$\frac{\partial z}{\partial x}=\frac{-x}{\sqrt{a^2-x^2-y^2}},\quad \frac{\partial z}{\partial y}=\frac{-y}{\sqrt{a^2-x^2-y^2}},$$

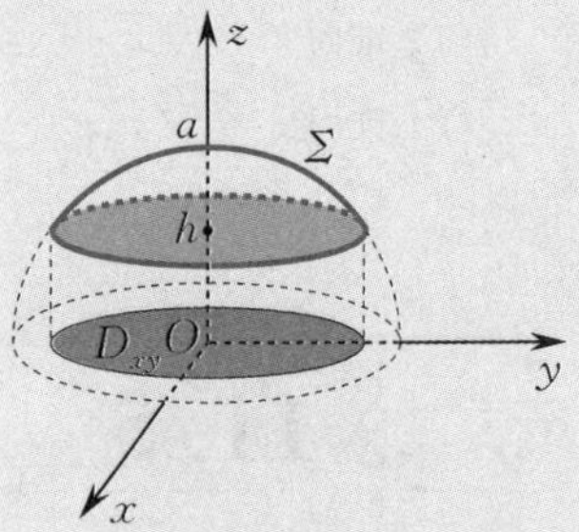

图 11-4-1

因此

$$\begin{aligned}\iint\limits_{\Sigma}\frac{dS}{z}&=\iint\limits_{D_{xy}}\frac{1}{\sqrt{a^2-x^2-y^2}}\sqrt{1+\left(\frac{\partial z}{\partial x}\right)^2+\left(\frac{\partial z}{\partial y}\right)^2}\,dxdy\\&=\iint\limits_{D_{xy}}\frac{a}{a^2-x^2-y^2}dxdy=a\int_0^{2\pi}d\theta\int_0^{\sqrt{a^2-h^2}}\frac{r}{a^2-r^2}dr\\&=2\pi a\left(-\frac{1}{2}\ln(a^2-r^2)\right)\Big|_0^{\sqrt{a^2-h^2}}=2\pi a\ln\frac{a}{h}.\end{aligned}$$

例 2　计算曲面积分$\iint\limits_{\Sigma}(xy+z)dS$,其中$\Sigma$是平面$2x-y+z=3$位于以$(0,0)$,$(1,0)$,$(1,1)$为顶点的三角形闭区域上方的部分.

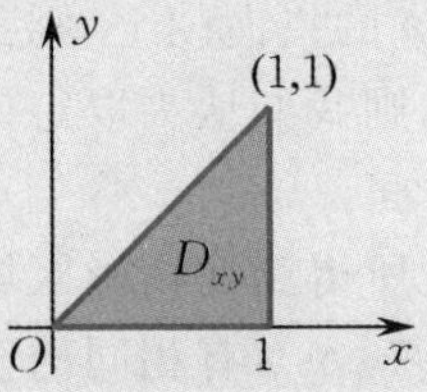

图 11-4-2

解　由$z=y-2x+3$,得

$$\frac{\partial z}{\partial x}=-2,\quad \frac{\partial z}{\partial y}=1.$$

而Σ在xOy面上的投影区域(见图 11-4-2)为

$$D_{xy}=\{(x,y)\mid 0\leqslant y\leqslant x,0\leqslant x\leqslant 1\},$$

所以

$$\begin{aligned}\iint\limits_{\Sigma}(xy+z)dS&=\iint\limits_{D_{xy}}(xy+y-2x+3)\sqrt{1+\left(\frac{\partial z}{\partial x}\right)^2+\left(\frac{\partial z}{\partial y}\right)^2}\,dxdy\\&=\int_0^1dx\int_0^x\sqrt{6}(xy+y-2x+3)dy\\&=\sqrt{6}\int_0^1\left(\frac{1}{2}x^3+3x-\frac{3}{2}x^2\right)dx=\frac{9}{8}\sqrt{6}.\end{aligned}$$

练习 11.4

1. 计算下列对面积的曲面积分:

(1) $\iint\limits_{\Sigma}(x^2+y^2+z)dS$,其中$\Sigma$:$z=x+y+1,0\leqslant x\leqslant 1,0\leqslant y\leqslant 1$;

(2) $\iint\limits_{\Sigma}\left(2x+\frac{4}{3}y+z\right)dS$,其中$\Sigma$是平面$\frac{x}{2}+\frac{y}{3}+\frac{z}{4}=1$在第 Ⅰ 卦限内的部分;

(3) $\iint\limits_{\Sigma}(x+y+z)dS$,其中$\Sigma$是立方体$\{(x,y,z)\mid 0\leqslant x\leqslant 1,0\leqslant y\leqslant 1,0\leqslant z\leqslant 1\}$的表面;

(4) $\iint\limits_{\Sigma}(xy+yz+zx)dS$,其中$\Sigma$是锥面$z=\sqrt{x^2+y^2}$被圆柱面$x^2+y^2=2x$所截得的有限部分.

2. 计算对面积的曲面积分$\iint\limits_{\Sigma} f(x,y,z)\mathrm{d}S$，其中 Σ 是旋转抛物面 $z=2-x^2-y^2$ 在 xOy 面上方的部分，$f(x,y,z)$ 如下：

(1) $f(x,y,z)=1$；　　(2) $f(x,y,z)=x^2+y^2$；　　(3) $f(x,y,z)=3z$.

3. 计算对面积的曲面积分$\iint\limits_{\Sigma}(x^2+y^2)\mathrm{d}S$，其中 Σ 是：

(1) 锥面 $z=\sqrt{x^2+y^2}$ 与平面 $z=1$ 所围成的闭区域的整个边界曲面；

(2) 锥面 $z=\sqrt{3(x^2+y^2)}$ 介于平面 $z=0$ 和 $z=3$ 之间的部分.

§11.5　对坐标的曲面积分

一、对坐标的曲面积分的概念与性质

通常的曲面都是双侧的. 例如，由方程 $z=z(x,y)$ 表示的曲面有上侧与下侧之分；包围某一空间区域的闭曲面有内侧与外侧之分. 以后我们总假定所接触的曲面都是双侧的.

在讨论对坐标的曲面积分时，需要指定曲面的侧. 我们通过曲面上法向量的指向来确定曲面的侧. 例如，对于由方程 $z=z(x,y)$ 表示的曲面，如果取它的法向量 $\boldsymbol{n}$ 的指向朝上，则我们认为取定该曲面的上侧；对于闭曲面，如果取它的法向量 $\boldsymbol{n}$ 的指向朝外，则我们认为取定该曲面的外侧. 这种选定了法向量的指向，即取定了侧的曲面，就称为有向曲面.

设 Σ 是有向曲面. 在 Σ 上任取一小块曲面 ΔS，把 ΔS 投影到 xOy 面上所得到的投影区域的面积记作 $(\Delta\sigma)_{xy}$. 假定 ΔS 上各点处的法向量与 z 轴正向的夹角 γ 的余弦 $\cos\gamma$ 有相同的符号（即 $\cos\gamma$ 都是正的，或者都是负的），则规定 ΔS 在 xOy 面上的投影 $(\Delta S)_{xy}$ 如下：

$$(\Delta S)_{xy}=\begin{cases}(\Delta\sigma)_{xy}, & \cos\gamma>0,\\ -(\Delta\sigma)_{xy}, & \cos\gamma<0,\\ 0, & \cos\gamma\equiv 0.\end{cases}$$

下面介绍对坐标的曲面积分的概念.

定义 1　设 Σ 为有向光滑曲面，函数 $R(x,y,z)$ 在 Σ 上有界. 把 Σ 任意分成 n 块小曲面 ΔS_i（ΔS_i 同时又表示第 i 块小曲面的面积，$i=1,2,\cdots,n$），记 ΔS_i 在 xOy 面上的投影为 $(\Delta S_i)_{xy}$，并设 (ξ_i,η_i,ζ_i) 是 ΔS_i 上任意取定的一点. 如果当各小块曲面直径的最大值 $\lambda\to 0$ 时，极限

$$\lim_{\lambda\to 0}\sum_{i=1}^{n}R(\xi_i,\eta_i,\zeta_i)(\Delta S_i)_{xy}$$

总存在，则称该极限值为函数 $R(x,y,z)$ 在有向曲面 Σ 上对坐标 x,y 的曲面积分，记作 $\iint\limits_{\Sigma}R(x,y,z)\mathrm{d}x\mathrm{d}y$，即

$$\iint\limits_{\Sigma}R(x,y,z)\mathrm{d}x\mathrm{d}y=\lim_{\lambda\to 0}\sum_{i=1}^{n}R(\xi_i,\eta_i,\zeta_i)(\Delta S_i)_{xy},$$

其中 $R(x,y,z)$ 称为被积函数，Σ 称为积分曲面.

类似地，可以定义函数 $P(x,y,z)$ 在有向光滑曲面 Σ 上对坐标 y,z 的曲面积分 $\iint\limits_{\Sigma} P(x,y,z)\mathrm{d}y\mathrm{d}z$，以及函数 $Q(x,y,z)$ 在有向光滑曲面 Σ 上对坐标 z,x 的曲面积分 $\iint\limits_{\Sigma} Q(x,y,z)\mathrm{d}z\mathrm{d}x$，它们分别为

$$\iint\limits_{\Sigma} P(x,y,z)\mathrm{d}y\mathrm{d}z = \lim_{\lambda\to 0}\sum_{i=1}^{n} P(\xi_i,\eta_i,\zeta_i)(\Delta S_i)_{yz},$$

$$\iint\limits_{\Sigma} Q(x,y,z)\mathrm{d}z\mathrm{d}x = \lim_{\lambda\to 0}\sum_{i=1}^{n} Q(\xi_i,\eta_i,\zeta_i)(\Delta S_i)_{zx}.$$

以上三个曲面积分也称为**第二类曲面积分**.

应用上经常出现的是

$$\iint\limits_{\Sigma} P(x,y,z)\mathrm{d}y\mathrm{d}z + \iint\limits_{\Sigma} Q(x,y,z)\mathrm{d}z\mathrm{d}x + \iint\limits_{\Sigma} R(x,y,z)\mathrm{d}x\mathrm{d}y$$

这种和的形式，通常将它简记为

$$\iint\limits_{\Sigma} P(x,y,z)\mathrm{d}y\mathrm{d}z + Q(x,y,z)\mathrm{d}z\mathrm{d}x + R(x,y,z)\mathrm{d}x\mathrm{d}y.$$

注：对于对坐标的曲面积分的存在性，有如下结论：若函数 $R(x,y,z)$，$P(x,y,z)$，$Q(x,y,z)$ 在有向光滑曲面 Σ 上连续，则对坐标的曲面积分 $\iint\limits_{\Sigma} R(x,y,z)\mathrm{d}x\mathrm{d}y$，$\iint\limits_{\Sigma} P(x,y,z)\mathrm{d}y\mathrm{d}z$，$\iint\limits_{\Sigma} Q(x,y,z)\mathrm{d}z\mathrm{d}x$ 均存在. 下面我们总假设被积函数 $R(x,y,z)$，$P(x,y,z)$，$Q(x,y,z)$ 在积分曲面 Σ 上是连续的.

对坐标的曲面积分具有与对坐标的曲线积分相类似的性质，下面列出其中的两个：

性质 1　如果把有向光滑曲面 Σ 分成两块曲面 Σ_1 和 Σ_2，则

$$\iint\limits_{\Sigma} P\mathrm{d}y\mathrm{d}z + Q\mathrm{d}z\mathrm{d}x + R\mathrm{d}x\mathrm{d}y = \iint\limits_{\Sigma_1} P\mathrm{d}y\mathrm{d}z + Q\mathrm{d}z\mathrm{d}x + R\mathrm{d}x\mathrm{d}y + \iint\limits_{\Sigma_2} P\mathrm{d}y\mathrm{d}z + Q\mathrm{d}z\mathrm{d}x + R\mathrm{d}x\mathrm{d}y.$$

性质 2　设 Σ 是有向光滑曲面，$-\Sigma$ 表示与 Σ 取相反侧的有向曲面，则

$$\iint\limits_{\Sigma} P(x,y,z)\mathrm{d}y\mathrm{d}z = -\iint\limits_{-\Sigma} P(x,y,z)\mathrm{d}y\mathrm{d}z,$$

$$\iint\limits_{\Sigma} Q(x,y,z)\mathrm{d}z\mathrm{d}x = -\iint\limits_{-\Sigma} Q(x,y,z)\mathrm{d}z\mathrm{d}x,$$

$$\iint\limits_{\Sigma} R(x,y,z)\mathrm{d}x\mathrm{d}y = -\iint\limits_{-\Sigma} R(x,y,z)\mathrm{d}x\mathrm{d}y.$$

性质 2 表明，当积分曲面改变为相反侧时，对坐标的曲面积分要改变符号. 因此，在计算对坐标的曲面积分时，要注意积分曲面所取的侧.

自然地，对坐标的曲面积分的概念也可推广到分片光滑的有向曲面上.

二、对坐标的曲面积分的计算

设积分曲面 Σ 是由方程 $z=z(x,y)$ 所给出的曲面，取上侧，Σ 在 xOy 面上的投影区域为 D_{xy}，函数 $z=z(x,y)$ 在 D_{xy} 上具有连续的偏导数，被积函数 $R(x,y,z)$ 在 Σ 上连续.

根据对坐标的曲面积分的定义，有

$$\iint_{\Sigma} R(x,y,z)\mathrm{d}x\mathrm{d}y = \lim_{\lambda\to 0}\sum_{i=1}^{n} R(\xi_i,\eta_i,\zeta_i)(\Delta S_i)_{xy}.$$

因为 Σ 取上侧，即 $\cos\gamma > 0$，所以

$$(\Delta S_i)_{xy} = (\Delta\sigma_i)_{xy}.$$

又因为 (ξ_i,η_i,ζ_i) 是 Σ 上的一点，所以 $\zeta_i = z(\xi_i,\eta_i)$，从而有

$$\sum_{i=1}^{n} R(\xi_i,\eta_i,\zeta_i)(\Delta S_i)_{xy} = \sum_{i=1}^{n} R(\xi_i,\eta_i,z(\xi_i,\eta_i))(\Delta\sigma_i)_{xy}.$$

令 $\lambda\to 0$，上式两端取极限，就得到

$$\iint_{\Sigma} R(x,y,z)\mathrm{d}x\mathrm{d}y = \iint_{D_{xy}} R(x,y,z(x,y))\mathrm{d}x\mathrm{d}y. \tag{11-5-1}$$

这就是把对坐标的曲面积分化为二重积分的计算公式.

公式(11－5－1)表明，在计算曲面积分 $\iint_{\Sigma} R(x,y,z)\mathrm{d}x\mathrm{d}y$ 时，只要把 z 换成表示曲面 Σ 的函数 $z(x,y)$，然后在 Σ 的投影区域 D_{xy} 上计算二重积分即可.

注： 公式(11－5－1)中积分曲面 Σ 取上侧，如果积分曲面 Σ 取下侧，这时 $\cos\gamma < 0$，那么

$$(\Delta S_i)_{xy} = -(\Delta\sigma_i)_{xy},$$

从而有

$$\iint_{\Sigma} R(x,y,z)\mathrm{d}x\mathrm{d}y = -\iint_{D_{xy}} R(x,y,z(x,y))\mathrm{d}x\mathrm{d}y.$$

类似地，如果曲面 Σ 由方程 $x = x(y,z)$ 给出，则有

$$\iint_{\Sigma} P(x,y,z)\mathrm{d}y\mathrm{d}z = \pm\iint_{D_{yz}} P(x(y,z),y,z)\mathrm{d}y\mathrm{d}z. \tag{11-5-2}$$

上式右端的符号按如下规则确定：如果积分曲面 Σ 取前侧，则取正号($\cos\alpha > 0$)；反之，如果积分曲面 Σ 取后侧，则取负号($\cos\alpha < 0$).

如果曲面 Σ 由方程 $y = y(z,x)$ 给出，则有

$$\iint_{\Sigma} Q(x,y,z)\mathrm{d}z\mathrm{d}x = \pm\iint_{D_{zx}} Q(x,y(z,x),z)\mathrm{d}z\mathrm{d}x. \tag{11-5-3}$$

上式右端的符号按如下规则确定：如果积分曲面 Σ 取右侧，则取正号($\cos\beta > 0$)；反之，如果积分曲面 Σ 取左侧，则取负号($\cos\beta < 0$).

例 1 计算 $\iint_{\Sigma} x\mathrm{d}y\mathrm{d}z + y\mathrm{d}z\mathrm{d}x + z\mathrm{d}x\mathrm{d}y$，其中 Σ 为平面 $x + y + z = a(a > 0)$ 在第Ⅰ卦限内的部分，取上侧.

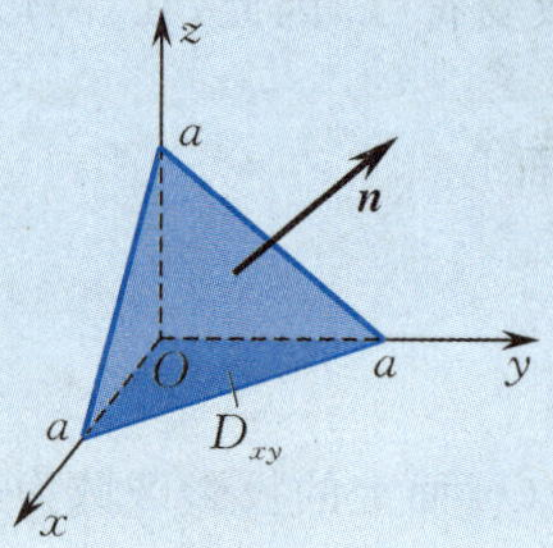

图 11－5－1

解 根据对称性，首先计算 $\iint_{\Sigma} z\mathrm{d}x\mathrm{d}y$. 显然 Σ 的法向量 $\boldsymbol{n}$ 与 z 轴正向的夹角为锐角，故化为二重积分时取正号. 如图 11-5-1 所示，曲面 Σ 在 xOy 面上的投影区域 D_{xy} 为三角形闭区域：

$$D_{xy} = \{(x,y) \mid 0 \leqslant y \leqslant a - x, 0 \leqslant x \leqslant a\}.$$

于是有

$$\iint_{\Sigma} z\mathrm{d}x\mathrm{d}y = \iint_{D_{xy}} (a - x - y)\mathrm{d}x\mathrm{d}y = \int_0^a \mathrm{d}x\int_0^{a-x}(a - x - y)\mathrm{d}y = \frac{1}{6}a^3.$$

由于此曲面积分关于 x,y,z 对称，从而

$$\iint_{\Sigma} x\,\mathrm{d}y\mathrm{d}z = \iint_{\Sigma} y\,\mathrm{d}z\mathrm{d}x = \frac{1}{6}a^3,$$

因此

$$\iint_{\Sigma} x\,\mathrm{d}y\mathrm{d}z + y\mathrm{d}z\mathrm{d}x + z\mathrm{d}x\mathrm{d}y = 3\cdot\frac{1}{6}a^3 = \frac{1}{2}a^3.$$

例 2　计算 $\iint_{\Sigma} xyz\,\mathrm{d}x\mathrm{d}y$，其中 Σ 为球面 $x^2+y^2+z^2=1$ 外侧在 $x\geqslant 0, y\geqslant 0$ 的部分.

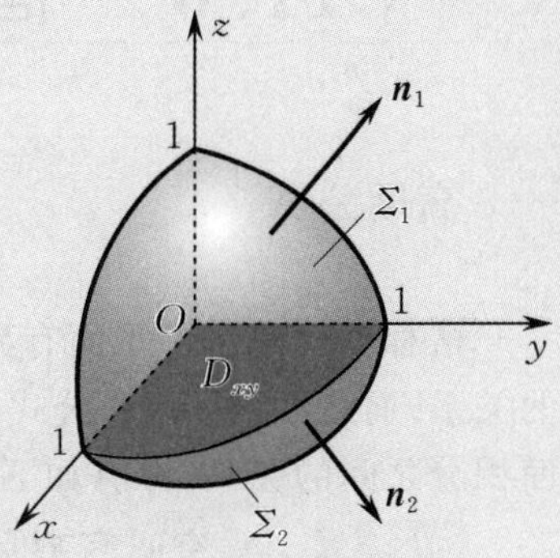

图 11-5-2

解　把 Σ 分为 Σ_1 和 Σ_2 两部分(见图11-5-2)，其中曲面 Σ_1 的方程为

$$z=\sqrt{1-x^2-y^2}\quad (x\geqslant 0, y\geqslant 0),$$

曲面 Σ_2 的方程为

$$z=-\sqrt{1-x^2-y^2}\quad (x\geqslant 0, y\geqslant 0),$$

则

$$\iint_{\Sigma} xyz\,\mathrm{d}x\mathrm{d}y = \iint_{\Sigma_1} xyz\,\mathrm{d}x\mathrm{d}y + \iint_{\Sigma_2} xyz\,\mathrm{d}x\mathrm{d}y.$$

因为上式右端第一个曲面积分的积分曲面 Σ_1 取上侧，第二个曲面积分的积分曲面 Σ_2 取下侧，所以有

$$\begin{aligned}\iint_{\Sigma} xyz\,\mathrm{d}x\mathrm{d}y &= \iint_{D_{xy}} xy\sqrt{1-x^2-y^2}\,\mathrm{d}x\mathrm{d}y - \iint_{D_{xy}} xy(-\sqrt{1-x^2-y^2})\,\mathrm{d}x\mathrm{d}y\\ &= 2\iint_{D_{xy}} xy\sqrt{1-x^2-y^2}\,\mathrm{d}x\mathrm{d}y,\end{aligned}$$

其中

$$D_{xy}=\{(x,y)\mid x^2+y^2\leqslant 1, x\geqslant 0, y\geqslant 0\}$$

是 Σ_1 和 Σ_2 在 xOy 面上的投影区域. 利用极坐标计算上述二重积分，得

$$\begin{aligned}\iint_{D_{xy}} xy\sqrt{1-x^2-y^2}\,\mathrm{d}x\mathrm{d}y &= \iint_{D_{xy}} r^2\sin\theta\cos\theta\sqrt{1-r^2}\,r\mathrm{d}r\mathrm{d}\theta = \int_0^{\frac{\pi}{2}}\sin\theta\cos\theta\mathrm{d}\theta\int_0^1 r^3\sqrt{1-r^2}\,\mathrm{d}r\\ &= \frac{1}{2}\cdot\frac{2}{15}=\frac{1}{15},\end{aligned}$$

即

$$\iint_{\Sigma} xyz\,\mathrm{d}x\mathrm{d}y = 2\iint_{D_{xy}} xy\sqrt{1-x^2-y^2}\,\mathrm{d}x\mathrm{d}y = 2\cdot\frac{1}{15}=\frac{2}{15}.$$

练习 11.5

1. 计算 $\iint_{\Sigma} x^2y^2z\,\mathrm{d}x\mathrm{d}y$，其中 Σ 为球面 $x^2+y^2+z^2=R^2 (R>0)$ 下半部分的下侧.

2. 计算 $\iint_{\Sigma} z\mathrm{d}x\mathrm{d}y + x\mathrm{d}y\mathrm{d}z + y\mathrm{d}z\mathrm{d}x$，其中 Σ 为柱面 $x^2+y^2=1$ 被平面 $z=0$ 和 $z=3$ 所截得的在第 Ⅰ 卦限内部分的前侧.

3. 计算$\oint\!\!\!\oint_{\Sigma} xz\mathrm{d}x\mathrm{d}y + xy\mathrm{d}y\mathrm{d}z + yz\mathrm{d}z\mathrm{d}x$,其中$\Sigma$为三个坐标面与平面$x+y+z=1$所围成的闭区域的整个边界曲面的外侧.

§11.6 高斯公式与斯托克斯公式

一、高斯公式

格林公式揭示了平面有界闭区域上的二重积分与该区域的边界曲线上的曲线积分之间的关系. 而高斯(Gauss)公式表达了空间有界闭区域上的三重积分与该区域边界曲面上的曲面积分之间的关系,即有如下定理:

定理 1 **设空间有界闭区域Ω是由分片光滑的闭曲面Σ所围成,函数$P(x,y,z)$,$Q(x,y,z)$,$R(x,y,z)$在Ω上具有连续的偏导数,则有**

$$\iiint_{\Omega}\left(\frac{\partial P}{\partial x}+\frac{\partial Q}{\partial y}+\frac{\partial R}{\partial z}\right)\mathrm{d}v = \oint\!\!\!\oint_{\Sigma} P\,\mathrm{d}y\mathrm{d}z + Q\mathrm{d}z\mathrm{d}x + R\mathrm{d}x\mathrm{d}y \qquad (11-6-1)$$

或

$$\iiint_{\Omega}\left(\frac{\partial P}{\partial x}+\frac{\partial Q}{\partial y}+\frac{\partial R}{\partial z}\right)\mathrm{d}v = \oint\!\!\!\oint_{\Sigma}(P\cos\alpha + Q\cos\beta + R\cos\gamma)\mathrm{d}S, \qquad (11-6-1')$$

其中Σ是Ω的整个边界曲面的外侧,$\cos\alpha,\cos\beta,\cos\gamma$是$\Sigma$上点$(x,y,z)$处的法向量的方向余弦.

公式(11-6-1)和(11-6-1′)称为**高斯公式.**

证明从略.

下面举例说明高斯公式的应用.

例 1 利用高斯公式计算

$$\oint\!\!\!\oint_{\Sigma} x\,\mathrm{d}y\mathrm{d}z + y\mathrm{d}z\mathrm{d}x + z\mathrm{d}x\mathrm{d}y,$$

其中Σ为球面$x^2+y^2+z^2=R^2(R>0)$的外侧.

解 令$P=x,Q=y,R=z,\Omega=\{(x,y,z)\mid x^2+y^2+z^2\leqslant R^2\}$,则

$$\frac{\partial P}{\partial x}=\frac{\partial Q}{\partial y}=\frac{\partial R}{\partial z}=1,$$

从而由高斯公式得

$$\oint\!\!\!\oint_{\Sigma} x\,\mathrm{d}y\mathrm{d}z + y\mathrm{d}z\mathrm{d}x + z\mathrm{d}x\mathrm{d}y = \iiint_{\Omega}(1+1+1)\mathrm{d}x\mathrm{d}y\mathrm{d}z = 4\pi R^3.$$

例 2 利用高斯公式计算

$$\iint_{\Sigma}(z^2-y)\mathrm{d}z\mathrm{d}x + (x^2-z)\mathrm{d}x\mathrm{d}y,$$

其中Σ为旋转抛物面$z=1-(x^2+y^2)$在$0\leqslant z\leqslant 1$部分的外侧.

解　作辅助平面 $z=0$. 设平面 $z=0$ 与抛物面 $z=1-(x^2+y^2)$ 所围成的空间闭区域为 Ω. Ω 的底面 Σ_1 就是 Ω 在 xOy 面上的投影区域 $D_{xy}: z=0, x^2+y^2\leqslant 1$, 取下侧, 如图 11-6-1 所示.

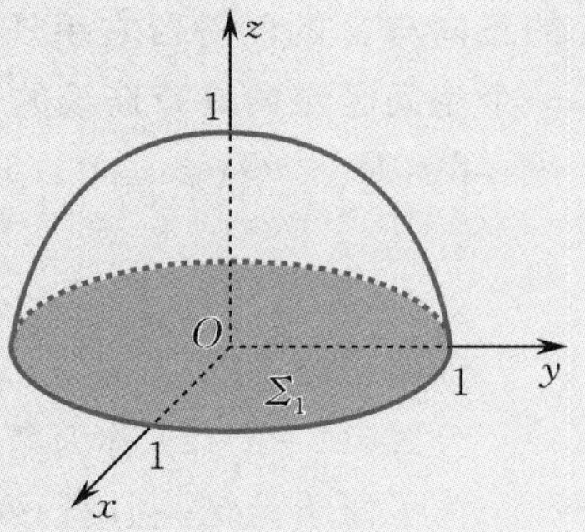

图 11-6-1

令 $P=0, Q=z^2-y, R=x^2-z$, 则

$$\frac{\partial P}{\partial x}=0,\quad \frac{\partial Q}{\partial y}=\frac{\partial R}{\partial z}=-1,$$

由高斯公式得

$$\iiint_{\Omega}\left(\frac{\partial P}{\partial x}+\frac{\partial Q}{\partial y}+\frac{\partial R}{\partial z}\right)\mathrm{d}x\mathrm{d}y\mathrm{d}z=\iint_{\Sigma}(z^2-y)\mathrm{d}z\mathrm{d}x+(x^2-z)\mathrm{d}x\mathrm{d}y$$
$$+\iint_{\Sigma_1}(z^2-y)\mathrm{d}z\mathrm{d}x+(x^2-z)\mathrm{d}x\mathrm{d}y,$$

即

$$\iiint_{\Omega}(-2)\mathrm{d}x\mathrm{d}y\mathrm{d}z=\iint_{\Sigma}(z^2-y)\mathrm{d}z\mathrm{d}x+(x^2-z)\mathrm{d}x\mathrm{d}y$$
$$+\iint_{\Sigma_1}(z^2-y)\mathrm{d}z\mathrm{d}x+(x^2-z)\mathrm{d}x\mathrm{d}y,$$

于是得

$$\iint_{\Sigma}(z^2-y)\mathrm{d}z\mathrm{d}x+(x^2-z)\mathrm{d}x\mathrm{d}y=\iiint_{\Omega}(-2)\mathrm{d}x\mathrm{d}y\mathrm{d}z$$
$$-\iint_{\Sigma_1}(z^2-y)\mathrm{d}z\mathrm{d}x+(x^2-z)\mathrm{d}x\mathrm{d}y.$$

利用柱面坐标计算, 得

$$\iiint_{\Omega}(-2)\mathrm{d}x\mathrm{d}y\mathrm{d}z=-2\int_0^{2\pi}\mathrm{d}\theta\int_0^1\mathrm{d}r\int_0^{1-r^2}r\mathrm{d}z=-\pi.$$

而

$$-\iint_{\Sigma_1}(z^2-y)\mathrm{d}z\mathrm{d}x+(x^2-z)\mathrm{d}x\mathrm{d}y=\iint_{D_{xy}}x^2\mathrm{d}x\mathrm{d}y=\int_0^{2\pi}\mathrm{d}\theta\int_0^1 r^2\cos^2\theta\cdot r\mathrm{d}r=\frac{\pi}{4},$$

故有

$$\iint_{\Sigma}(z^2-y)\mathrm{d}z\mathrm{d}x+(x^2-z)\mathrm{d}x\mathrm{d}y=-\pi+\frac{\pi}{4}=-\frac{3}{4}\pi.$$

二、斯托克斯公式

首先介绍曲面的正向边界: 如果当右手除拇指外的四指依曲面 Σ 的边界曲线 Γ 的绕行方向时, 拇指所指的方向与曲面 Σ 的法向量的指向相同, 则称 Γ 是有向曲面 Σ 的正向边界曲线, 也称 Γ 的正向与 Σ 的侧符合右手规则.

斯托克斯(Stokes)公式是格林公式的推广. 格林公式表达了平面闭区域上的二重积分与其边界曲线上的曲线积分之间的关系. 而斯托克斯公式则把空间曲面上的曲面积分与该曲面的边界曲线上的曲线积分联系起来, 即有如下定理:

定理 2　设 Γ 为分段光滑的空间有向闭曲线, Σ 是以 Γ 为边界的分片光滑有向曲面, Γ

的正向与 Σ 的侧符合右手规则，函数 $P(x,y,z)$，$Q(x,y,z)$，$R(x,y,z)$ 在包含曲面 Σ 在内的一个空间区域内具有连续的偏导数，则有

$$\iint_{\Sigma}\left(\frac{\partial R}{\partial y}-\frac{\partial Q}{\partial z}\right)\mathrm{d}y\mathrm{d}z+\left(\frac{\partial P}{\partial z}-\frac{\partial R}{\partial x}\right)\mathrm{d}z\mathrm{d}x+\left(\frac{\partial Q}{\partial x}-\frac{\partial P}{\partial y}\right)\mathrm{d}x\mathrm{d}y=\oint_{\Gamma}P\mathrm{d}x+Q\mathrm{d}y+R\mathrm{d}z. \tag{11-6-2}$$

证明从略.

公式(11-6-2)称为**斯托克斯公式**.

为了便于记忆，利用行列式记号，可把公式(11-6-2)写成

$$\iint_{\Sigma}\begin{vmatrix}\mathrm{d}y\mathrm{d}z & \mathrm{d}z\mathrm{d}x & \mathrm{d}x\mathrm{d}y\\ \dfrac{\partial}{\partial x} & \dfrac{\partial}{\partial y} & \dfrac{\partial}{\partial z}\\ P & Q & R\end{vmatrix}=\oint_{\Gamma}P\mathrm{d}x+Q\mathrm{d}y+R\mathrm{d}z.$$

斯托克斯公式的另一种形式如下：

$$\iint_{\Sigma}\begin{vmatrix}\cos\alpha & \cos\beta & \cos\gamma\\ \dfrac{\partial}{\partial x} & \dfrac{\partial}{\partial y} & \dfrac{\partial}{\partial z}\\ P & Q & R\end{vmatrix}\mathrm{d}S=\oint_{\Gamma}P\mathrm{d}x+Q\mathrm{d}y+R\mathrm{d}z, \tag{11-6-3}$$

其中 $\boldsymbol{n}=(\cos\alpha,\cos\beta,\cos\gamma)$ 为有向曲面 Σ 在点 (x,y,z) 处的单位法向量.

如果 Σ 是 xOy 面上的平面闭区域，则斯托克斯公式就变成格林公式，因此斯托克斯公式是格林公式的推广.

下面举例说明公式(11-6-2)及(11-6-3)的应用.

例 3　利用斯托克斯公式计算

$$\oint_{\Gamma}z\mathrm{d}x+x\mathrm{d}y+y\mathrm{d}z,$$

其中 Γ 是平面 $x+y+z=1$ 被三个坐标面所截部分的整个边界，它的正向与这个所截部分 Σ 上侧的法向量符合右手规则，如图 11-6-2 所示.

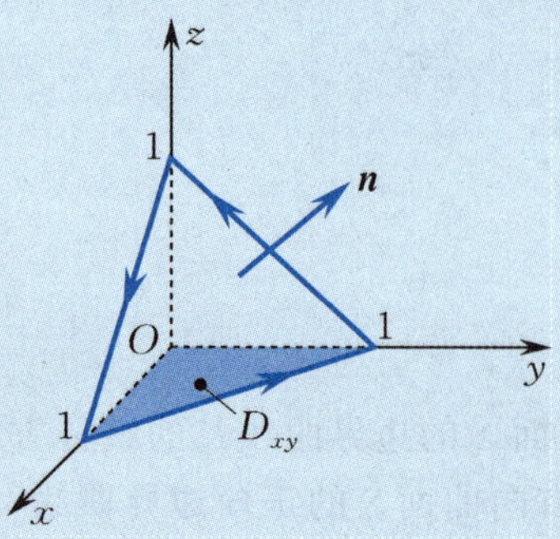

图 11-6-2

解　令 $P=z$，$Q=x$，$R=y$，根据斯托克斯公式得

$$\oint_{\Gamma}z\mathrm{d}x+x\mathrm{d}y+y\mathrm{d}z=\iint_{\Sigma}\mathrm{d}y\mathrm{d}z+\mathrm{d}z\mathrm{d}x+\mathrm{d}x\mathrm{d}y.$$

由于曲面 Σ 的法向量 $\boldsymbol{n}$ 与三条坐标轴的夹角都是锐角，即法向量 $\boldsymbol{n}$ 的三个方向余弦都为正，又由对称性，因此上式右端等于

$$\iint_{D_{xy}}3\mathrm{d}\sigma=3\sigma\quad(\sigma\text{ 为 }D_{xy}\text{ 的面积}),$$

其中 D_{xy} 是 xOy 面上由直线 $x+y=1$ 及两条坐标轴围成的三角形闭区域. 故

$$\oint_{\Gamma}z\mathrm{d}x+x\mathrm{d}y+y\mathrm{d}z=3\times\frac{1}{2}=\frac{3}{2}.$$

练习 11.6

1. 利用高斯公式计算下列曲面积分：

(1) $\oiint\limits_{\Sigma} x^2\mathrm{d}y\mathrm{d}z + y^2\mathrm{d}z\mathrm{d}x + z^2\mathrm{d}x\mathrm{d}y$，其中 Σ 是空间直角坐标系中三个坐标面与 $x=a, y=a, z=a(a>0)$ 所围立体的表面的外侧；

(2) $\oiint\limits_{\Sigma} x^3\mathrm{d}y\mathrm{d}z + y^3\mathrm{d}z\mathrm{d}x + z^3\mathrm{d}x\mathrm{d}y$，其中 Σ 是球面 $x^2+y^2+z^2=a^2(a>0)$ 的外侧；

(3) $\oiint\limits_{\Sigma} xz^2\mathrm{d}y\mathrm{d}z + (x^2y - z^3)\mathrm{d}z\mathrm{d}x + (2xy + y^2z)\mathrm{d}x\mathrm{d}y$，其中 Σ 是上半球体 $x^2+y^2\leqslant a^2, 0\leqslant z\leqslant \sqrt{a^2-x^2-y^2}\,(a>0)$ 的表面的外侧.

2. 利用斯托克斯公式计算下列曲线积分：

(1) $\oint_{\Gamma} y\mathrm{d}x + z\mathrm{d}y + x\mathrm{d}z$，其中 Γ 是圆周 $x^2+y^2+z^2=a^2(a>0), x+y+z=0$，从 x 轴的正向看去，取逆时针方向；

(2) $\oint_{\Gamma} (y-z)\mathrm{d}x + (z-x)\mathrm{d}y + (x-y)\mathrm{d}z$，其中 Γ 是椭圆 $x^2+y^2=a^2, \dfrac{x}{a}+\dfrac{y}{b}=1\,(a>0,b>0)$，从 x 轴的正向看去，取逆时针方向；

(3) $\oint_{\Gamma} 3y\mathrm{d}x - xz\mathrm{d}y + yz^2\mathrm{d}z$，其中 Γ 是圆周 $x^2+y^2=2z, z=2$，从 z 轴的正向看去，取逆时针方向.

习　题　11

(A)

1. 计算下列曲线积分：

(1) $\int_L \sqrt{y}\,\mathrm{d}s$，其中 L 是抛物线 $y=x^2$ 上点 $(0,0)$ 与点 $(1,1)$ 之间的一段弧；

(2) $\oint_L \sqrt{x^2+y^2}\,\mathrm{d}s$，其中 L 是圆周 $x^2+y^2=ax(a>0)$；

(3) $\int_L z\mathrm{d}s$，其中 L 是曲线 $x=t\cos t, y=t\sin t, z=t(0\leqslant t\leqslant 1)$；

(4) $\int_L (2a-y)\mathrm{d}x + x\mathrm{d}y$，其中 L 是摆线 $x=a(t-\sin t), y=a(1-\cos t)$ 上对应于 t 从 0 到 2π 的一段弧；

(5) $\int_L (x^2-2xy)\mathrm{d}x + (y^2-2xy)\mathrm{d}y$，其中 L 是抛物线 $y=x^2$ 上从点 $(-1,1)$ 到点 $(1,1)$ 的一段弧；

(6) $\oint_L \mathrm{d}x - \mathrm{d}y + y\mathrm{d}z$，其中 L 是有向闭折线 $ABCA$，这里 A,B,C 依次为点 $(1,0,0)$，$(0,1,0)$，$(0,0,1)$；

(7) $\int_L (\mathrm{e}^x\sin y - 2y)\mathrm{d}x + (\mathrm{e}^x\cos y - 2)\mathrm{d}y$，其中 L 是半圆周 $(x-a)^2+y^2=a^2(a>0), y\geqslant 0$，取逆时针方向.

2. 计算下列曲面积分：

(1) $\iint\limits_{\Sigma} \dfrac{\mathrm{d}S}{x^2+y^2+z^2}$，其中 Σ 是在平面 $z=0$ 和 $z=h$ 之间的圆柱面 $x^2+y^2=R^2\ (R>0)$；

(2) $\iint\limits_{\Sigma}(2xy-2x^2-x+z)\mathrm{d}S$,其中$\Sigma$是平面$2x+2y+z=6$在第Ⅰ卦限内的部分;

(3) $\iint\limits_{\Sigma}(x+y+z)\mathrm{d}S$,其中$\Sigma$是球面$x^2+y^2+z^2=a^2$上满足$z\geqslant h(0<h<a)$的部分;

(4) $\iint\limits_{\Sigma}z\mathrm{d}x\mathrm{d}y$,其中$\Sigma$是抛物面$z=1-x^2-y^2(z\geqslant 0)$的上侧;

(5) $\iint\limits_{\Sigma}(y^2-z)\mathrm{d}y\mathrm{d}z+(z^2-x)\mathrm{d}z\mathrm{d}x+(x^2-y)\mathrm{d}x\mathrm{d}y$,其中$\Sigma$是锥面$z=\sqrt{x^2+y^2}(0\leqslant z\leqslant h)$的外侧;

(6) $\iint\limits_{\Sigma}x\mathrm{d}y\mathrm{d}z+y\mathrm{d}z\mathrm{d}x+z\mathrm{d}x\mathrm{d}y$,其中$\Sigma$是半球面$z=\sqrt{R^2-x^2-y^2}(R>0)$的上侧.

3. 利用格林公式计算

$$\int_L(2xy^3-y^2\cos x)\mathrm{d}x+(1-2y\sin x+3x^2y^2)\mathrm{d}y,$$

其中L是抛物线$2x=\pi y^2$上由点$(0,0)$到点$\left(\frac{\pi}{2},1\right)$的一段弧.

4. 验证下列式子在整个xOy面上是某一函数$u(x,y)$的全微分,并求出这样的一个函数:

(1) $\dfrac{2x}{1+x^2+y^2}\mathrm{d}x+\dfrac{2y}{1+x^2+y^2}\mathrm{d}y$;

(2) $4\sin x\sin 3y\cos x\mathrm{d}x-3\cos 3y\cos 2x\mathrm{d}y$;

(3) $(3x^2y+8xy^2)\mathrm{d}x+(x^3+8x^2y+12ye^y)\mathrm{d}y$.

5. 利用高斯公式计算下列曲面积分:

(1) $\oiint\limits_{\Sigma}x\mathrm{d}y\mathrm{d}z+y\mathrm{d}z\mathrm{d}x+z\mathrm{d}x\mathrm{d}y$,其中$\Sigma$是平面$z=0$和$z=3$之间的圆柱体$x^2+y^2\leqslant 4$的整个表面的外侧;

(2) $\oiint\limits_{\Sigma}4xz\mathrm{d}y\mathrm{d}z-y^2\mathrm{d}z\mathrm{d}x+yz\mathrm{d}x\mathrm{d}y$,其中$\Sigma$是空间直角坐标系中三个坐标面与平面$x=1,y=1,z=1$所围成立体的表面的外侧;

(3) $\oiint\limits_{\Sigma}x^2\mathrm{d}y\mathrm{d}z+y^2\mathrm{d}z\mathrm{d}x+z\mathrm{d}x\mathrm{d}y$,其中$\Sigma$是锥面$z=\sqrt{x^2+y^2}$与平面$z=h(h>0)$所围成立体的表面的外侧.

6. 利用斯托克斯公式计算下列曲线积分:

(1) $\oint_{\Gamma}(y^2-z^2)\mathrm{d}x+(z^2-x^2)\mathrm{d}y+(x^2-y^2)\mathrm{d}z$,其中$\Gamma$是用平面$x+y+z=\frac{3}{2}$截立方体$0\leqslant x\leqslant 1,0\leqslant y\leqslant 1,0\leqslant z\leqslant 1$的表面所得的截痕,从$x$轴的正向看去,取逆时针方向;

(2) $\oint_{\Gamma}2y\mathrm{d}x+3x\mathrm{d}y-z^2\mathrm{d}z$,其中$\Gamma$是圆周$x^2+y^2+z^2=9,z=0$,从$z$轴的正向看去,取逆时针方向.

(B)

1. 设$L_1:x^2+y^2=1,L_2:x^2+y^2=2,L_3:x^2+2y^2=2,L_4:2x^2+y^2=2$为四条逆时针方向的平面曲线,记$I_i=\oint_{L_i}\left(y+\frac{y^3}{6}\right)\mathrm{d}x+\left(2x-\frac{x^3}{3}\right)\mathrm{d}y(i=1,2,3,4)$,则$\max\{I_1,I_2,I_3,I_4\}=$( ).

A. I_1 B. I_2 C. I_3 D. I_4 (2013考研数一)

2. 填空题:

(1) 设$\Sigma=\{(x,y,z)\mid x+y+z=1,x\geqslant 0,y\geqslant 0,z\geqslant 0\}$,则$\iint\limits_{\Sigma}y^2\mathrm{d}S=$________.

(2012考研数一)

(2) 设 L 是柱面 $x^2+y^2=1$ 与平面 $y+z=0$ 的交线，从 z 轴正向看去，取逆时针方向，则曲线积分 $\oint_L z\mathrm{d}x+y\mathrm{d}z=$ ______. (2014 考研数一)

(3) 若曲线积分 $\int_L \frac{x\mathrm{d}x-ay\mathrm{d}y}{x^2+y^2-1}$ 在区域 $D=\{(x,y)\mid x^2+y^2<1\}$ 内与路径无关，则 $a=$ ______. (2017 考研数一)

3. 已知 L 是第一象限内从点 $(0,0)$ 沿圆周 $x^2+y^2=2x$ 到点 $(2,0)$，再沿圆周 $x^2+y^2=4$ 到点 $(0,2)$ 的曲线段，计算曲线积分 $I=\int_L 3x^2y\mathrm{d}x+(x^2+x-2y)\mathrm{d}y$. (2012 考研数一)

4. 设曲线 L 的方程为 $y=\frac{1}{4}x^2-\frac{1}{2}\ln x(1\leqslant x\leqslant \mathrm{e})$.

(1) 求 L 的弧长 s；

(2) 设 D 是由曲线 L，直线 $x=1,x=\mathrm{e}$ 及 x 轴所围成的平面图形，求 D 的形心横坐标.

(2013 考研数二)

5. 已知曲线 L 的方程为 $\begin{cases} z=\sqrt{2-x^2-y^2}, \\ z=x, \end{cases}$ 始点为 $A(0,\sqrt{2},0)$，终点为 $B(0,-\sqrt{2},0)$，计算曲线积分 $I=\int_L (y+z)\mathrm{d}x+(z^2-x^2+y)\mathrm{d}y+(x^2+y^2)\mathrm{d}z$. (2015 考研数一)

6. 设函数 $f(x,y)$ 满足 $\frac{\partial f(x,y)}{\partial x}=(2x+1)\mathrm{e}^{2x-y}$，且 $f(0,y)=y+1$，L_t 是从点 $(0,0)$ 到点 $(1,t)$ 的光滑曲线，计算曲线积分 $I(t)=\int_{L_t}\frac{\partial f(x,y)}{\partial x}\mathrm{d}x+\frac{\partial f(x,y)}{\partial y}\mathrm{d}y$，并求 $I(t)$ 的最小值. (2016 考研数一)

7. 设有界区域 Ω 由平面 $2x+y+2z=2$ 与三个坐标面围成，Σ 为 Ω 整个表面的外侧，计算曲面积分 $I=\iint_\Sigma (x^2+1)\mathrm{d}y\mathrm{d}z-2y\mathrm{d}z\mathrm{d}x+3z\mathrm{d}x\mathrm{d}y$. (2016 考研数一)

8. 设薄片形物体 S 是圆锥面 $z=\sqrt{x^2+y^2}$ 被柱面 $z^2=2x$ 割下的有限部分，其上任一点的面密度为 $\mu=9\sqrt{x^2+y^2+z^2}$. 记圆锥面与柱面的交线为 C.

(1) 求 C 在 xOy 面上的投影曲线方程；

(2) 求 S 的质量 M. (2017 考研数一)

第12章 无穷级数

知识框图

无穷级数是高等数学的一个重要组成部分，它是表示函数、研究函数的性质，以及进行函数值近似计算的重要工具. 本章主要介绍常数项级数、任意项级数和幂级数的概念，以及如何将函数展开成幂级数. 最后简要介绍傅里叶级数及相关的概念.

§12.1 常数项级数的概念与性质

一、常数项级数的概念

例 1 将循环小数 0.333… 表示成分数形式.

解 因为

$$0.3=\frac{3}{10},\quad 0.03=\frac{3}{10^2},\quad 0.003=\frac{3}{10^3},\quad \cdots,\quad \underbrace{0.00\cdots0}_{n\text{个}0}3=\frac{3}{10^n},$$

所以

$$\frac{3}{10}+\frac{3}{10^2}+\cdots+\frac{3}{10^n}=\frac{\frac{3}{10}\left(1-\frac{1}{10^n}\right)}{1-\frac{1}{10}}.$$

令 $n\to\infty$，上式两边取极限，得

$$\lim_{n\to\infty}\left(\frac{3}{10}+\frac{3}{10^2}+\cdots+\frac{3}{10^n}\right)=\frac{1}{3},$$

于是有

$$0.333\cdots=\frac{3}{10}+\frac{3}{10^2}+\cdots+\frac{3}{10^n}+\cdots=\frac{1}{3}.$$

定义 1 给定数列 $\{u_n\}$，表达式

$$u_1+u_2+\cdots+u_n+\cdots=\sum_{n=1}^{\infty}u_n$$

称为一个**常数项无穷级数**，简称**数项级数**或**级数**，其中 u_n 称为该级数的**通项**或**一般项**.

给定级数 $\sum\limits_{n=1}^{\infty}u_n$，它的前 n 项和为

$$S_n = u_1 + u_2 + \cdots + u_n,$$

称之为该级数的**部分和**. 当 n 分别取 $1,2,3,\cdots$ 时, S_n 构成一个数列:

$$S_1 = u_1, \quad S_2 = u_1 + u_2, \quad S_3 = u_1 + u_2 + u_3, \quad \cdots.$$

称数列 $\{S_n\}$ 为该级数的**部分和数列**.

定义 2 若级数 $\sum_{n=1}^{\infty} u_n$ 的部分和数列 $\{S_n\}$ 的极限存在, 且等于 S, 即

$$\lim_{n\to\infty} S_n = S,$$

则称**级数** $\sum_{n=1}^{\infty} u_n$ **收敛**, 并称 S 为该级数的**和**, 记为

$$\sum_{n=1}^{\infty} u_n = S.$$

这时也称该**级数收敛于** S. 若部分和数列 $\{S_n\}$ 的极限不存在, 则称**级数** $\sum_{n=1}^{\infty} u_n$ **发散**.

例 2 讨论等比级数(或几何级数)

$$\sum_{n=1}^{\infty} ar^{n-1} = a + ar + ar^2 + \cdots + ar^{n-1} + \cdots \quad (a \neq 0)$$

的敛散性, 其中 r 称为该级数的**公比**.

解 根据等比数列的求和公式可知, 当 $r \neq 1$ 时, 所给级数的部分和为

$$S_n = \frac{a(1-r^n)}{1-r}.$$

当 $|r| < 1$ 时,

$$\lim_{n\to\infty} S_n = \lim_{n\to\infty} a \cdot \frac{1-r^n}{1-r} = \frac{a}{1-r},$$

故该等比级数收敛, 其和为 $S = \frac{a}{1-r}$, 即

$$\sum_{n=1}^{\infty} ar^{n-1} = a + ar + ar^2 + \cdots + ar^{n-1} + \cdots = \frac{a}{1-r} \quad (|r| < 1).$$

当 $|r| > 1$ 时,

$$\lim_{n\to\infty} S_n = \lim_{n\to\infty} a \cdot \frac{1-r^n}{1-r} = \infty,$$

故该等比级数发散.

当 $r = 1$ 时,

$$S_n = na \to \infty \quad (\text{当 } n \to \infty \text{ 时}),$$

故该等比级数发散.

当 $r = -1$ 时,

$$S_n = a - a + a - a + \cdots + (-1)^{n-1} a = \begin{cases} 0, & \text{当 } n \text{ 为偶数时}, \\ a, & \text{当 } n \text{ 为奇数时}, \end{cases}$$

此时部分和数列 $\{S_n\}$ 的极限不存在, 故该等比级数发散.

综上所述, 等比级数 $\sum_{n=1}^{\infty} ar^{n-1}$ 当 $|r| < 1$ 时收敛, 当 $|r| \geqslant 1$ 时发散.

例 3 求级数$\sum_{n=1}^{\infty}\frac{1}{n(n+1)}$的和.

解 由于

$$\frac{1}{n(n+1)}=\frac{1}{n}-\frac{1}{n+1},$$

从而有

$$\begin{aligned}S_n&=\frac{1}{1\cdot 2}+\frac{1}{2\cdot 3}+\frac{1}{3\cdot 4}+\cdots+\frac{1}{n(n+1)}\\&=\left(1-\frac{1}{2}\right)+\left(\frac{1}{2}-\frac{1}{3}\right)+\left(\frac{1}{3}-\frac{1}{4}\right)+\cdots+\left(\frac{1}{n}-\frac{1}{n+1}\right)\\&=1-\frac{1}{n+1},\end{aligned}$$

因此该级数的和为

$$S=\lim_{n\to\infty}S_n=\lim_{n\to\infty}\left(1-\frac{1}{n+1}\right)=1,$$

即

$$\sum_{n=1}^{\infty}\frac{1}{n(n+1)}=1.$$

二、常数项级数的性质

根据级数收敛的概念和极限的运算法则，可以得出常数项级数的如下基本性质：

性质 1 若级数$\sum_{n=1}^{\infty}u_n$与$\sum_{n=1}^{\infty}v_n$都收敛，则级数$\sum_{n=1}^{\infty}(u_n\pm v_n)$也收敛，且

$$\sum_{n=1}^{\infty}(u_n\pm v_n)=\sum_{n=1}^{\infty}u_n\pm\sum_{n=1}^{\infty}v_n.$$

证 设$\sum_{n=1}^{\infty}u_n$与$\sum_{n=1}^{\infty}v_n$的前n项和分别为σ_n和τ_n，且设$\lim_{n\to\infty}\sigma_n=V$，$\lim_{n\to\infty}\tau_n=W$，则$\sum_{n=1}^{\infty}u_n=V$，$\sum_{n=1}^{\infty}v_n=W$. 而$\sum_{n=1}^{\infty}(u_n\pm v_n)$的前$n$项和为

$$S_n=\sum_{n=1}^{n}(u_n\pm v_n)=\sum_{n=1}^{n}u_n\pm\sum_{n=1}^{n}v_n=\sigma_n\pm\tau_n,$$

于是

$$\lim_{n\to\infty}S_n=\lim_{n\to\infty}(\sigma_n\pm\tau_n)=V\pm W,$$

即级数$\sum_{n=1}^{\infty}(u_n\pm v_n)$收敛，且

$$\sum_{n=1}^{\infty}(u_n\pm v_n)=\sum_{n=1}^{\infty}u_n\pm\sum_{n=1}^{\infty}v_n.$$

性质 1 的结论可推广到有限个收敛级数的情形.

性质 2 若级数$\sum_{n=1}^{\infty}u_n$收敛，k是任一常数，则级数$\sum_{n=1}^{\infty}ku_n$也收敛，且

$$\sum_{n=1}^{\infty}ku_n=k\sum_{n=1}^{\infty}u_n.$$

证　设$\sum\limits_{n=1}^{\infty}u_n$的部分和为$S_n$，且$\lim\limits_{n\to\infty}S_n=S$，则级数$\sum\limits_{n=1}^{\infty}ku_n$的部分和为$S'_n=kS_n$. 于是

$$\lim_{n\to\infty}S'_n=\lim_{n\to\infty}kS_n=k\cdot\lim_{n\to\infty}S_n=kS,$$

即

$$\sum_{n=1}^{\infty}ku_n=kS=k\sum_{n=1}^{\infty}u_n.$$

注：级数各项同乘以一个非零常数后，其敛散性不变.

性质3　在一个级数中增加、删去或改变有限项不改变此级数的敛散性，但一般会改变收敛级数的和.

证明从略.

性质4　如果级数$\sum\limits_{n=1}^{\infty}u_n$收敛，则对该级数的项任意加括号后所得的新级数

$$(u_1+u_2+\cdots+u_{n_1})+(u_{n_1+1}+u_{n_1+2}+\cdots+u_{n_2})+\cdots+(u_{n_{k-1}+1}+u_{n_{k-1}+2}+\cdots+u_{n_k})+\cdots$$

仍收敛，且其和不变.

证明从略.

要注意的是，当加括号后所得的新级数收敛时，不能断定原来未加括号的级数也收敛. 例如，级数

$$(1-1)+(1-1)+\cdots+(1-1)+\cdots$$

收敛于零，但级数

$$\sum_{n=1}^{\infty}(-1)^{n-1}=1-1+1-1+\cdots$$

是发散的. 事实上，因为$S_n=\begin{cases}1, & \text{当 } n \text{ 为奇数时},\\ 0, & \text{当 } n \text{ 为偶数时},\end{cases}$所以$\{S_n\}$的极限不存在.

性质5（**级数收敛的必要条件**）　若级数$\sum\limits_{n=1}^{\infty}u_n$收敛，则它的一般项$u_n$当$n\to\infty$时的极限为零，即

$$\lim_{n\to\infty}u_n=0.$$

证　设级数$\sum\limits_{n=1}^{\infty}u_n$收敛于$S$，则$\lim\limits_{n\to\infty}S_n=\lim\limits_{n\to\infty}S_{n-1}=S$. 由于

$$u_n=S_n-S_{n-1},$$

因此

$$\lim_{n\to\infty}u_n=\lim_{n\to\infty}(S_n-S_{n-1})=\lim_{n\to\infty}S_n-\lim_{n\to\infty}S_{n-1}=S-S=0.$$

需要特别指出的是，$\lim\limits_{n\to\infty}u_n=0$仅是级数$\sum\limits_{n=1}^{\infty}u_n$收敛的必要条件，即不能由$u_n\to0(n\to\infty)$得出级数$\sum\limits_{n=1}^{\infty}u_n$收敛的结论.

例4　证明：**调和级数**$\sum\limits_{n=1}^{\infty}\frac{1}{n}=1+\frac{1}{2}+\frac{1}{3}+\cdots+\frac{1}{n}+\cdots$发散.

证　假设调和级数收敛于S，则

$$\lim_{n\to\infty}(S_{2n}-S_n)=S-S=0.$$

而

$$S_{2n}-S_n=\frac{1}{n+1}+\frac{1}{n+2}+\cdots+\frac{1}{n+n}\geqslant\frac{n}{2n}=\frac{1}{2},$$

所以

$$\lim_{n\to\infty}(S_{2n}-S_n)\geqslant\frac{1}{2},$$

得出矛盾.故调和级数发散.

上例说明，虽然调和级数 $\sum\limits_{n=1}^{\infty}\frac{1}{n}$ 的一般项 $u_n=\frac{1}{n}\to 0(n\to\infty)$，但调和级数 $\sum\limits_{n=1}^{\infty}\frac{1}{n}$ 是发散的.

由级数收敛的必要条件可以得出判断某些级数发散的一种方法.

推论 1 若 $\lim\limits_{n\to\infty}u_n\neq 0$，则级数 $\sum\limits_{n=1}^{\infty}u_n$ 发散.

例 5 证明：级数

$$\sum_{n=1}^{\infty}\frac{1}{\sqrt[n]{3}}=\frac{1}{3}+\frac{1}{\sqrt[2]{3}}+\frac{1}{\sqrt[3]{3}}+\cdots+\frac{1}{\sqrt[n]{3}}+\cdots$$

发散.

证 级数的一般项为 $u_n=\frac{1}{\sqrt[n]{3}}$.因为

$$\lim_{n\to\infty}u_n=\lim_{n\to\infty}\frac{1}{\sqrt[n]{3}}=1\neq 0,$$

所以该级数发散.

注：在判断级数的敛散性时，我们往往先观察一下当 $n\to\infty$ 时，其通项 u_n 的极限是否为零.当 $\lim\limits_{n\to\infty}u_n=0$ 时，再用其他方法来判断级数的敛散性.

练习 12.1

1. 根据级数收敛与发散的定义，判断下列级数的敛散性：

(1) $\sum\limits_{n=1}^{\infty}\frac{1}{\sqrt{n+1}+\sqrt{n}}$；　　(2) $\sum\limits_{n=1}^{\infty}\ln\frac{n+1}{n}$；

(3) $\frac{1}{1\cdot 3}+\frac{1}{3\cdot 5}+\frac{1}{5\cdot 7}+\cdots+\frac{1}{(2n-1)(2n+1)}+\cdots$.

2. 判断下列级数的敛散性；若收敛，求其和：

(1) $\sum\limits_{n=1}^{\infty}\left(\frac{1}{2^n}+\frac{1}{3^n}\right)$；　　(2) $\sum\limits_{n=1}^{\infty}\frac{1}{n(n+1)(n+2)}$；

(3) $\sum\limits_{n=1}^{\infty}\frac{1}{2n}$；　　(4) $\sum\limits_{n=0}^{\infty}\frac{3^n}{2^n}$；

(5) $\sum\limits_{n=0}^{\infty}\frac{(-1)^n n}{6n+1}$；　　(6) $\sum\limits_{n=1}^{\infty}n\ln\frac{n}{n+1}$.

§12.2　正项级数及其审敛法

正项级数是常数项级数中最基本、最重要的一种类型. 许多级数的敛散性问题均可归结为正项级数的敛散性问题.

若级数 $\sum\limits_{n=1}^{\infty} u_n$ 中各项均非负，即 $u_n \geqslant 0 (n = 1,2,\cdots)$，则称该级数为**正项级数**. 这时，由于

$$u_n = S_n - S_{n-1} \geqslant 0,$$

因此有

$$S_n \geqslant S_{n-1},$$

即正项级数的部分和数列 $\{S_n\}$ 是一个单调增加数列.

我们知道，单调增加且有上界的数列必收敛，而收敛的数列必有界. 根据这一结论，可以得到判断正项级数收敛的一个充要条件.

定理 1（正项级数的基本收敛定理）　**正项级数 $\sum\limits_{n=1}^{\infty} u_n$ 收敛的充要条件是：正项级数 $\sum\limits_{n=1}^{\infty} u_n$ 的部分和数列 $\{S_n\}$ 有界.**

由定理 1 可知，若正项级数 $\sum\limits_{n=1}^{\infty} u_n$ 发散，则它的部分和数列 $\{S_n\}$ 满足：

$$\lim_{n\to\infty} S_n = +\infty.$$

应用定理 1 来判断正项级数的敛散性，有时不太方便，但由定理 1 可以得到判断正项级数的敛散性的几个常用方法.

定理 2（比较判别法）　**如果两个正项级数 $\sum\limits_{n=1}^{\infty} u_n$ 和 $\sum\limits_{n=1}^{\infty} kv_n$ 满足：**

$$u_n \leqslant kv_n \quad (n = 1,2,\cdots;k \text{ 是大于 } 0 \text{ 的常数}),$$

那么

(1) 若级数 $\sum\limits_{n=1}^{\infty} v_n$ 收敛，则级数 $\sum\limits_{n=1}^{\infty} u_n$ 也收敛；

(2) 若级数 $\sum\limits_{n=1}^{\infty} u_n$ 发散，则级数 $\sum\limits_{n=1}^{\infty} v_n$ 也发散.

证　(1) 设 $\sum\limits_{n=1}^{\infty} u_n$ 的前 n 项和为 σ_n，$\sum\limits_{n=1}^{\infty} v_n$ 的前 n 项和为 τ_n，于是 $\sigma_n \leqslant k\tau_n$.

因为 $\sum\limits_{n=1}^{\infty} v_n$ 收敛，所以由定理 1 知，存在正常数 M，使得 $\tau_n \leqslant M (n = 1,2,\cdots)$ 成立. 于是 $\sigma_n \leqslant kM (n = 1,2,\cdots)$，即 $\sum\limits_{n=1}^{\infty} u_n$ 的部分和数列有界，故 $\sum\limits_{n=1}^{\infty} u_n$ 收敛.

(2) 用反证法. 假设 $\sum\limits_{n=1}^{\infty} v_n$ 收敛，则由已经证明的结论(1) 知，$\sum\limits_{n=1}^{\infty} u_n$ 也收敛. 这与已知 $\sum\limits_{n=1}^{\infty} u_n$ 发散矛盾，故 $\sum\limits_{n=1}^{\infty} v_n$ 发散.

注: 如果把定理2中的条件“$u_n \leqslant kv_n (n=1,2,\cdots;k$ 是大于0的常数)”改为“存在某一正整数 N,使得当 $n \geqslant N$ 时,$u_n \leqslant kv_n$(k 是大于0的常数)”,则结论仍然正确.

推论1(比较判别法的极限形式) 若正项级数 $\sum_{n=1}^{\infty} u_n$ 与 $\sum_{n=1}^{\infty} v_n$ 满足:

$$\lim_{n \to \infty} \frac{u_n}{v_n} = \rho \quad (0 \leqslant \rho \leqslant +\infty),$$

则

(1) 当 $0 < \rho < +\infty$ 时,级数 $\sum_{n=1}^{\infty} u_n$ 与级数 $\sum_{n=1}^{\infty} v_n$ 具有相同的敛散性;

(2) 当 $\rho = 0$ 时,若级数 $\sum_{n=1}^{\infty} v_n$ 收敛,则级数 $\sum_{n=1}^{\infty} u_n$ 也收敛;

(3) 当 $\rho = +\infty$ 时,若级数 $\sum_{n=1}^{\infty} v_n$ 发散,则级数 $\sum_{n=1}^{\infty} u_n$ 也发散.

证 只证明(1). 已知 $\lim_{n \to \infty} \frac{u_n}{v_n} = \rho > 0$,取 $\varepsilon = \frac{\rho}{2} > 0$,则存在 $N > 0$,当 $n > N$ 时,有

$$\left| \frac{u_n}{v_n} - \rho \right| < \varepsilon = \frac{\rho}{2}.$$

解此不等式,得

$$\frac{\rho}{2} v_n < u_n < \frac{3\rho}{2} v_n.$$

故由定理2知,结论成立.

结论(2)和结论(3)的证明类似,请读者自己完成.

例1 判断级数 $\sum_{n=1}^{\infty} \sin \frac{1}{2^n}$ 的敛散性.

解 由于 $\lim_{n \to \infty} \frac{\sin \frac{1}{2^n}}{\frac{1}{2^n}} = 1 > 0$,而级数 $\sum_{n=1}^{\infty} \frac{1}{2^n}$ 收敛,因此由比较判别法的极限形式知,$\sum_{n=1}^{\infty} \sin \frac{1}{2^n}$ 收敛.

例2 讨论 **p 级数** $\sum_{n=1}^{\infty} \frac{1}{n^p} (p > 0)$ 的敛散性.

解 当 $p \leqslant 1$ 时,$n^p \leqslant n$,从而 $\frac{1}{n^p} \geqslant \frac{1}{n}$. 由 $\sum_{n=1}^{\infty} \frac{1}{n}$ 发散及比较判别法可知,$\sum_{n=1}^{\infty} \frac{1}{n^p}$ 发散.

当 $p > 1$ 时,对于 $k-1 \leqslant x \leqslant k (k = 2,3,\cdots)$,有 $\frac{1}{x^p} \geqslant \frac{1}{k^p}$,从而

$$\frac{1}{k^p} = \int_{k-1}^{k} \frac{1}{k^p} dx \leqslant \int_{k-1}^{k} \frac{1}{x^p} dx \quad (k = 2,3,\cdots).$$

于是,p 级数的部分和 S_n 满足:

$$S_n = \sum_{k=1}^{n} \frac{1}{k^p} = 1 + \sum_{k=2}^{n} \frac{1}{k^p} \leqslant 1 + \sum_{k=2}^{n} \int_{k-1}^{k} \frac{1}{x^p} dx.$$

而

$$1+\sum_{k=2}^{n}\int_{k-1}^{k}\frac{1}{x^p}\mathrm{d}x=1+\int_1^2\frac{1}{x^p}\mathrm{d}x+\int_2^3\frac{1}{x^p}\mathrm{d}x+\cdots+\int_{n-1}^{n}\frac{1}{x^p}\mathrm{d}x$$
$$=1+\int_1^n\frac{1}{x^p}\mathrm{d}x=1+\frac{1}{p-1}\left(1-\frac{1}{n^{p-1}}\right)<1+\frac{1}{p-1},$$

所以

$$S_n<1+\frac{1}{p-1}.$$

这说明，部分和数列$\{S_n\}$有界，因此级数$\sum\limits_{n=1}^{\infty}\frac{1}{n^p}$收敛.

综上所述，当$p>1$时，$\sum\limits_{n=1}^{\infty}\frac{1}{n^p}$收敛；当$p\leqslant 1$时，$\sum\limits_{n=1}^{\infty}\frac{1}{n^p}$发散.

注：应用比较判别法时，经常利用p级数$\sum\limits_{n=1}^{\infty}\frac{1}{n^p}(p>0)$的敛散性结论来判断某些正项级数的敛散性，必须熟记.

例 3　判断级数$\sum\limits_{n=1}^{\infty}\frac{1}{\sqrt{n(n^2+1)}}$的敛散性.

解　因为

$$\frac{1}{\sqrt{n(n^2+1)}}<\frac{1}{\sqrt{n\cdot n^2}}=\frac{1}{n^{3/2}},$$

而p级数$\sum\limits_{n=1}^{\infty}\frac{1}{n^{3/2}}$收敛$\left(p=\frac{3}{2}>1\right)$，所以由定理 2 知，$\sum\limits_{n=1}^{\infty}\frac{1}{\sqrt{n(n^2+1)}}$收敛.

例 4　证明：正项级数$\sum\limits_{n=1}^{\infty}\frac{n+1}{n^2+2n-1}$发散.

证　因为

$$\frac{n+1}{n^2+2n-1}>\frac{n}{n^2+2n-1}>\frac{n}{n^2+2n}=\frac{1}{n+2}\quad(n=1,2,\cdots),$$

而级数$\sum\limits_{n=1}^{\infty}\frac{1}{n+2}$是发散的，所以由比较判别法知，$\sum\limits_{n=1}^{\infty}\frac{n+1}{n^2+2n-1}$发散.

从例 3 与例 4 可以发现，如果正项级数的通项u_n是分式，而其分子、分母都是关于n的多项式，则只要分母的最高次数高出分子的最高次数一次以上（不包括一次），该正项级数就收敛；否则，发散.

利用比较判别法，可以证明下面两个很有用的判别法.

定理 3［达朗贝尔（d'Alembert）比值判别法］　设正项级数$\sum\limits_{n=1}^{\infty}u_n$满足：

$$\lim_{n\to\infty}\frac{u_{n+1}}{u_n}=\rho,$$

那么

(1) 当 $\rho<1$ 时,级数 $\sum_{n=1}^{\infty}u_n$ 收敛;

(2) 当 $\rho>1$(包括 $\rho=+\infty$) 时,级数 $\sum_{n=1}^{\infty}u_n$ 发散;

(3) 当 $\rho=1$ 时,级数 $\sum_{n=1}^{\infty}u_n$ 可能收敛,也可能发散(需另行判断).

证明从略.

注: 当 $\rho=1$ 时,正项级数 $\sum_{n=1}^{\infty}u_n$ 可能收敛,也可能发散. 这个结论从 p 级数 $\sum_{n=1}^{\infty}\frac{1}{n^p}$ 就可以看出. 事实上,对于任意的正实数 p,都有

$$\lim_{n\to\infty}\frac{u_{n+1}}{u_n}=\lim_{n\to\infty}\frac{\frac{1}{(n+1)^p}}{\frac{1}{n^p}}=\lim_{n\to\infty}\frac{1}{\left(1+\frac{1}{n}\right)^p}=1,$$

而当 $p\leqslant1$ 时,p 级数发散;当 $p>1$ 时,p 级数收敛.

例 5 证明:正项级数 $\sum_{n=1}^{\infty}2^n\sin\frac{\pi}{3^n}$ 收敛.

证 因为

$$\lim_{n\to\infty}\frac{u_{n+1}}{u_n}=\lim_{n\to\infty}\frac{2^{n+1}\sin\frac{\pi}{3^{n+1}}}{2^n\sin\frac{\pi}{3^n}}=\frac{2}{3}\lim_{n\to\infty}\frac{\frac{\pi}{3^n}}{\sin\frac{\pi}{3^n}}\cdot\frac{\sin\frac{\pi}{3^{n+1}}}{\frac{\pi}{3^{n+1}}}=\frac{2}{3}<1,$$

所以原级数收敛.

定理 4(柯西根值判别法) 设正项级数 $\sum_{n=1}^{\infty}u_n$ 满足:

$$\lim_{n\to\infty}\sqrt[n]{u_n}=\rho,$$

那么

(1) 当 $\rho<1$ 时,级数 $\sum_{n=1}^{\infty}u_n$ 收敛;

(2) 当 $\rho>1$(包括 $\rho=+\infty$) 时,级数 $\sum_{n=1}^{\infty}u_n$ 发散;

(3) 当 $\rho=1$ 时,级数 $\sum_{n=1}^{\infty}u_n$ 可能收敛,也可能发散(需另行判断).

证明从略.

例 6 判断级数

$$1+\frac{1}{2^2}+\frac{1}{3^3}+\cdots+\frac{1}{n^n}+\cdots$$

的敛散性.

解 因为

$$\lim_{n\to\infty}\sqrt[n]{u_n}=\lim_{n\to\infty}\sqrt[n]{\frac{1}{n^n}}=\lim_{n\to\infty}\frac{1}{n}=0<1,$$

所以原级数收敛.

练习 12.2

1. 判断下列级数的敛散性：

(1) $0.1+\sqrt{0.1}+\sqrt[3]{0.1}+\cdots+\sqrt[n]{0.1}+\cdots$；

(2) $\sum\limits_{n=1}^{\infty}(-1)^{n-1}\frac{2^n}{3^n}$；

(3) $\frac{1}{2}+\frac{2}{3}+\frac{3}{4}+\frac{4}{5}+\cdots$；

(4) $\sum\limits_{n=1}^{\infty}\left(\frac{1}{2^n}-\frac{1}{3^n}\right)$.

2. 用比较判别法判断下列级数的敛散性：

(1) $1+\frac{1}{3}+\frac{1}{5}+\cdots+\frac{1}{2n-1}+\cdots$；

(2) $\sum\limits_{n=1}^{\infty}\frac{1}{n^{3/2}+1}$；

(3) $1+\frac{2}{3}+\frac{2^2}{3\cdot5}+\frac{2^3}{3\cdot5\cdot7}+\cdots+\frac{2^{n-1}}{3\cdot5\cdot7\cdot\cdots\cdot(2n-1)}+\cdots$；

(4) $\sum\limits_{n=1}^{\infty}\ln(1+n)$；

(5) $\sum\limits_{n=1}^{\infty}\frac{n}{(n+1)\sqrt{n^3+1}}$.

3. 判断下列级数的敛散性：

(1) $\sum\limits_{n=1}^{\infty}\frac{2n-1}{2^n}$；

(2) $\sum\limits_{n=1}^{\infty}\frac{3^n}{n\cdot2^n}$；

(3) $\sum\limits_{n=1}^{\infty}\frac{3^n}{n!}$；

(4) $\sum\limits_{n=1}^{\infty}2^n\tan\frac{\pi}{5^n}$；

(5) $\sum\limits_{n=1}^{\infty}\left(\frac{n}{2n+1}\right)^n$；

(6) $\sum\limits_{n=1}^{\infty}\frac{n!}{n^n}$.

§12.3　任意项级数、条件收敛和绝对收敛

任意项级数是指各项具有任意正、负号的级数. 例如，数项级数 $\sum\limits_{n=1}^{\infty}n\sin\frac{n\pi}{2}$ 是任意项级数. 在任意项级数中，比较常见和重要的是交错级数.

一、交错级数及其审敛法

如果在任意项级数 $\sum\limits_{n=1}^{\infty}u_n$ 中，正、负号相间出现，则称这样的任意项级数为**交错级数**，它

的一般形式为

$$\sum_{n=1}^{\infty}(-1)^{n-1}u_n = u_1 - u_2 + u_3 - u_4 + \cdots + u_{2k-1} - u_{2k} + \cdots \qquad (12-3-1)$$

或

$$\sum_{n=1}^{\infty}(-1)^{n}u_n = -u_1 + u_2 - u_3 + u_4 - \cdots - u_{2k-1} + u_{2k} - \cdots, \qquad (12-3-2)$$

其中 $u_n > 0(n = 1,2,\cdots)$.

由于级数(12-3-1)与级数(12-3-2)具有相同的敛散性,因此我们主要讨论级数(12-3-1).

交错级数的审敛法由下面的定理给出:

定理 1(莱布尼茨判别法) **设交错级数** $\sum_{n=1}^{\infty}(-1)^{n-1}u_n$ **满足:**

(1) $u_n \geqslant u_{n+1} \quad (n = 1,2,\cdots)$;

(2) $\lim\limits_{n\to\infty}u_n = 0$,

则级数 $\sum_{n=1}^{\infty}(-1)^{n-1}u_n$ **收敛,且其和** $S \leqslant u_1$.

证 根据项数 n 是奇数或偶数分别考察该级数的部分和 S_n.

当 n 为偶数时,令 $n = 2k$,则 S_n 可写成以下两种形式:

$$S_n = S_{2k} = (u_1 - u_2) + (u_3 - u_4) + \cdots + (u_{2k-1} - u_{2k})$$

及

$$S_n = S_{2k} = u_1 - (u_2 - u_3) - (u_4 - u_5) - \cdots - (u_{2k-2} - u_{2k-1}) - u_{2k}.$$

由条件(1)可知,上面两个等式中每个括号内的值都是非负的.而由第一个等式可知 S_{2k} 随着 k 增大而增大,由第二个等式可知 $S_{2k} \leqslant u_1$,即数列 $\{S_n\}$ 单调增加且有上界,故数列 $\{S_n\}$ 收敛.不妨设

$$\lim_{n\to\infty}S_n = \lim_{k\to\infty}S_{2k} = S.$$

当 n 为奇数时,令 $n = 2k+1$.因为

$$S_n = S_{2k+1} = S_{2k} + u_{2k+1},$$

所以由条件(2)可得

$$\lim_{n\to\infty}S_n = \lim_{k\to\infty}S_{2k+1} = \lim_{k\to\infty}S_{2k} + \lim_{k\to\infty}u_{2k+1} = S + 0 = S.$$

综上所述,不论 n 是奇数还是偶数,都有

$$\lim_{n\to\infty}S_n = S,$$

故交错级数 $\sum_{n=1}^{\infty}(-1)^{n-1}u_n$ 收敛.

由于 $S_{2k} \leqslant u_1$,而 $\lim\limits_{k\to\infty}S_{2k} = S$,因此由极限的保号性可知 $S \leqslant u_1$.

例 1 判断级数 $\sum_{n=1}^{\infty}(-1)^{n-1}\frac{1}{n}$ 的敛散性.

解 这是一个交错级数.由于 $u_n = \frac{1}{n}$,且 $u_n = \frac{1}{n} > u_{n+1} = \frac{1}{n+1}$,而

$$\lim_{n\to\infty}u_n = \lim_{n\to\infty}\frac{1}{n} = 0,$$

因此由莱布尼茨判别法知，$\sum_{n=1}^{\infty}(-1)^{n-1}\frac{1}{n}$ 收敛.

二、绝对收敛和条件收敛

为了讨论一般的任意项级数的敛散性，首先引入绝对收敛的概念.

定义 1　对于级数 $\sum_{n=1}^{\infty}u_n$，若级数 $\sum_{n=1}^{\infty}|u_n|$ 收敛，则称级数 $\sum_{n=1}^{\infty}u_n$ **绝对收敛**；若级数 $\sum_{n=1}^{\infty}|u_n|$ 发散，但级数 $\sum_{n=1}^{\infty}u_n$ 本身收敛，则称级数 $\sum_{n=1}^{\infty}u_n$ **条件收敛**.

例如，级数 $\sum_{n=1}^{\infty}(-1)^{n-1}\frac{1}{n}$ 就是条件收敛的.

级数绝对收敛与收敛之间有着下面的重要关系：

定理 2　**若级数 $\sum_{n=1}^{\infty}|u_n|$ 收敛，则级数 $\sum_{n=1}^{\infty}u_n$ 收敛.**

证　设

$$A_n=\frac{1}{2}(|u_n|+u_n),\quad B_n=\frac{1}{2}(|u_n|-u_n)\quad (n=1,2,\cdots).$$

由于 $\pm u_n\leqslant|u_n|$，因此

$$0\leqslant A_n=\frac{1}{2}(|u_n|+u_n)\leqslant\frac{1}{2}(|u_n|+|u_n|)=|u_n|,$$

$$0\leqslant B_n=\frac{1}{2}(|u_n|-u_n)\leqslant\frac{1}{2}(|u_n|+|u_n|)=|u_n|.$$

因为 $\sum_{n=1}^{\infty}|u_n|$ 收敛，所以由正项级数的比较判别法知，$\sum_{n=1}^{\infty}A_n$ 与 $\sum_{n=1}^{\infty}B_n$ 都收敛.

又因为 $u_n=A_n-B_n$，所以级数 $\sum_{n=1}^{\infty}u_n=\sum_{n=1}^{\infty}(A_n-B_n)$ 收敛.

但要注意的是，当 $\sum_{n=1}^{\infty}|u_n|$ 发散时，我们只能判断 $\sum_{n=1}^{\infty}u_n$ 非绝对收敛，而不能判断 $\sum_{n=1}^{\infty}u_n$ 本身也是发散的. 例如，对于级数

$$\sum_{n=1}^{\infty}(-1)^{n-1}\frac{1}{n},$$

虽然

$$\sum_{n=1}^{\infty}\left|(-1)^{n-1}\frac{1}{n}\right|=\sum_{n=1}^{\infty}\frac{1}{n}$$

发散，但 $\sum_{n=1}^{\infty}(-1)^{n-1}\frac{1}{n}$ 却是收敛的. 我们有下面的定理 3.

定理 3　**若任意项级数 $\sum_{n=1}^{\infty}u_n$ 满足：**

$$\lim_{n\to\infty}\frac{|u_{n+1}|}{|u_n|}=\rho,$$

则当 $\rho<1$ 时,该级数绝对收敛;当 $\rho>1$(包括 $\rho=+\infty$) 时,该级数发散.

证　当 $\rho<1$ 时,由§12.2中的定理3知,正项级数 $\sum\limits_{n=1}^{\infty}|u_n|$ 收敛,故级数 $\sum\limits_{n=1}^{\infty}u_n$ 绝对收敛.

当 $\rho>1$ 时,一定存在适当小的正数 ε,使得 $\rho-\varepsilon>1$. 而对于 ε,一定存在正整数 N,当 $n>N$ 时,有

$$\left|\frac{|u_n+1|}{|u_n|}-\rho\right|<\varepsilon.$$

解此不等式,得

$$\frac{|u_{n+1}|}{|u_n|}>\rho-\varepsilon>1,$$

即当 $n>N$ 时,$|u_{n+1}|>|u_n|$,从而 $\lim\limits_{n\to\infty}|u_n|\neq 0$,即 $\lim\limits_{n\to\infty}u_n\neq 0$,故级数 $\sum\limits_{n=1}^{\infty}u_n$ 发散.

类似可证,当 $\rho=+\infty$ 时,$\lim\limits_{n\to\infty}u_n\neq 0$,故级数 $\sum\limits_{n=1}^{\infty}u_n$ 发散.

例 2　证明:级数 $\sum\limits_{n=1}^{\infty}(-1)^n\dfrac{n!}{n^n}$ 绝对收敛.

证　因为

$$\lim_{n\to\infty}\frac{|u_{n+1}|}{|u_n|}=\lim_{n\to\infty}\frac{\dfrac{(n+1)!}{(n+1)^{n+1}}}{\dfrac{n!}{n^n}}=\lim_{n\to\infty}\left(\frac{n}{n+1}\right)^n$$

$$=\lim_{n\to\infty}\frac{1}{\left(1+\dfrac{1}{n}\right)^n}=\frac{1}{\mathrm{e}}<1,$$

所以级数 $\sum\limits_{n=1}^{\infty}(-1)^n\dfrac{n!}{n^n}$ 绝对收敛.

例 3　判断级数 $\sum\limits_{n=1}^{\infty}(-1)^n\dfrac{x^n}{n}$ 的敛散性.

解　记 $u_n=(-1)^n\dfrac{x^n}{n}$,则

$$\lim_{n\to\infty}\left|\frac{u_{n+1}}{u_n}\right|=\lim_{n\to\infty}\frac{\dfrac{|x|^{n+1}}{n+1}}{\dfrac{|x|^n}{n}}=\lim_{n\to\infty}\frac{n}{n+1}|x|=|x|.$$

当 $|x|<1$ 时,级数 $\sum\limits_{n=1}^{\infty}(-1)^n\dfrac{x^n}{n}$ 绝对收敛;

当 $|x|>1$ 时,级数 $\sum\limits_{n=1}^{\infty}(-1)^n\dfrac{x^n}{n}$ 发散;

当 $x=1$ 时,级数 $\sum\limits_{n=1}^{\infty}(-1)^n\dfrac{x^n}{n}=\sum\limits_{n=1}^{\infty}(-1)^n\dfrac{1}{n}$ 条件收敛;

当 $x=-1$ 时,级数 $\sum\limits_{n=1}^{\infty}(-1)^n\dfrac{x^n}{n}=\sum\limits_{n=1}^{\infty}\dfrac{1}{n}$ 发散.

练习 12.3

1. 判断下列级数是否收敛；如果是收敛级数，指出其是绝对收敛还是条件收敛：

(1) $\sum_{n=1}^{\infty}(-1)^{n-1}\frac{1}{\sqrt{n}}$；　(2) $\sum_{n=1}^{\infty}(-1)^{n-1}\frac{n}{2^{n-1}}$；

(3) $\sum_{n=1}^{\infty}(-1)^{n-1}\frac{1}{\ln(1+n)}$；　(4) $\sum_{n=1}^{\infty}\frac{\sin nx}{n^2}$；

(5) $\sum_{n=1}^{\infty}\frac{(-1)^{n-1}}{na^n}\quad(a>0)$.

2. 判断下列级数是否收敛；如果是收敛级数，指出其是绝对收敛还是条件收敛：

(1) $\sum_{n=2}^{\infty}(-1)^{n}\frac{\sqrt{n}}{n-1}$；　(2) $\sum_{n=1}^{\infty}(-1)^{n-1}\frac{2^{n^2}}{n!}$.

§12.4　幂　级　数

一、函数项级数

给定一个由某一区间 I 上定义的函数构成的序列

$$u_1(x),u_2(x),\cdots,u_n(x),\cdots,$$

把由此函数列构成的表达式

$$\sum_{n=1}^{\infty}u_n(x)=u_1(x)+u_2(x)+\cdots+u_n(x)+\cdots \tag{12-4-1}$$

称为区间 I 上的**函数项级数**，简称**级数**.

在函数项级数(12-4-1)中，取定区间 I 上某一确定值 x_0，得到一个数项级数

$$\sum_{n=1}^{\infty}u_n(x_0)=u_1(x_0)+u_2(x_0)+\cdots+u_n(x_0)+\cdots. \tag{12-4-2}$$

若数项级数(12-4-2)收敛，则称点 x_0 为函数项级数(12-4-1)的一个**收敛点**；若数项级数(12-4-2)发散，则称点 x_0 为函数项级数(12-4-1)的一个**发散点**. 函数项级数(12-4-1)的收敛点的全体构成的集合，称为该函数项级数的**收敛域**.

若 x_0 是函数项级数(12-4-1)的收敛域内的一个点，则必有唯一一个值 $S(x_0)$ 与点 x_0 对应，即

$$S(x_0)=\sum_{n=1}^{\infty}u_n(x_0)=u_1(x_0)+u_2(x_0)+\cdots+u_n(x_0)+\cdots.$$

当点 x_0 在收敛域内变化时，由对应关系就得到一个定义在收敛域上的函数 $S(x)$，使得

$$S(x)=\sum_{n=1}^{\infty}u_n(x)=u_1(x)+u_2(x)+\cdots+u_n(x)+\cdots.$$

通常这个函数 $S(x)$ 称为函数项级数(12-4-1)的**和函数**.

把函数项级数(12-4-1)的前 n 项和记为 $S_n(x)$，并称之为**部分和函数**，即

$$S_n(x)=u_1(x)+u_2(x)+\cdots+u_n(x),$$

那么在该函数项级数的收敛域内有

$$\lim_{n\to\infty} S_n(x) = S(x).$$

把 $r_n(x) = S(x) - S_n(x)$ 称为函数项级数(12-4-1)的**余项**. 显然,在函数项级数(12-4-1)的收敛域内有

$$\lim_{n\to\infty} r_n(x) = \lim_{n\to\infty}(S(x) - S_n(x)) = 0.$$

在函数项级数中,比较常见的是幂级数. 下面我们讨论幂级数.

二、幂级数及其敛散性

定义 1 具有下列形式的函数项级数称为 $x - x_0$ **的幂级数**:

$$\sum_{n=0}^{\infty} a_n(x-x_0)^n = a_0 + a_1(x-x_0) + a_2(x-x_0)^2 + \cdots + a_n(x-x_0)^n + \cdots,$$

其中 $a_0, a_1, a_2, \cdots, a_n, \cdots$ 均为常数,称为**幂级数的系数**.

特别地,若 $x_0 = 0$,则有

$$\sum_{n=0}^{\infty} a_n x^n = a_0 + a_1 x + a_2 x^2 + \cdots + a_n x^n + \cdots, \tag{12-4-3}$$

称之为 x 的幂级数. 下面主要讨论形如(12-4-3)式的幂级数,因为令 $t = x - x_0$,则

$$\sum_{n=0}^{\infty} a_n(x-x_0)^n = \sum_{n=0}^{\infty} a_n t^n.$$

关于幂级数敛散性的判断,有如下定理:

定理 1 [阿贝尔(Abel)定理]

(1) 若幂级数 $\sum_{n=0}^{\infty} a_n x^n$ 在点 $x = x_0 (x_0 \neq 0)$ 处收敛,则对于满足 $|x| < |x_0|$ 的任何 x, $\sum_{n=0}^{\infty} a_n x^n$ 都绝对收敛.

(2) 若幂级数 $\sum_{n=0}^{\infty} a_n x^n$ 在点 $x = x_0 (x_0 \neq 0)$ 处发散,则对于满足 $|x| > |x_0|$ 的任何 x, $\sum_{n=0}^{\infty} a_n x^n$ 均发散.

证 (1) 设 $\sum_{n=0}^{\infty} a_n x_0^n$ 收敛,则由级数收敛的必要条件知 $\lim_{n\to\infty} a_n x_0^n = 0$. 由于收敛的数列必有界,因此存在常数 $M > 0$,使得

$$|a_n x_0^n| \leqslant M \quad (n = 0, 1, 2, \cdots).$$

于是有

$$|a_n x^n| = \left| a_n x_0^n \cdot \frac{x^n}{x_0^n} \right| = |a_n x_0^n| \left| \frac{x}{x_0} \right|^n \leqslant M \left| \frac{x}{x_0} \right|^n.$$

当 $|x| < |x_0|$ 时, $\left| \frac{x}{x_0} \right| < 1$,故 $\sum_{n=0}^{\infty} M \left| \frac{x}{x_0} \right|^n$ 收敛. 于是,由正项级数的比较判别法知, $\sum_{n=0}^{\infty} |a_n x^n|$ 收敛,从而 $\sum_{n=0}^{\infty} a_n x^n$ 绝对收敛.

(2) 设 $\sum_{n=0}^{\infty} a_n x_0^n$ 发散，运用反证法可以证明，对所有满足 $|x|>|x_0|$ 的 x，$\sum_{n=0}^{\infty} a_n x^n$ 均发散. 事实上，若存在 x_1，满足 $|x_1|>|x_0|$，且 $\sum_{n=0}^{\infty} a_n x_1^n$ 收敛，则由结论(1)可知，$\sum_{n=0}^{\infty} a_n x_0^n$ 绝对收敛. 这与已知矛盾. 于是定理得证.

定理 1 说明，若 x_0 是幂级数 $\sum_{n=0}^{\infty} a_n x^n$ 的非零收敛点，则该幂级数在 $(-|x_0|, |x_0|)$ 内绝对收敛；若 x_0 是幂级数 $\sum_{n=0}^{\infty} a_n x^n$ 的非零发散点，则该幂级数在 $(-\infty, -|x_0|) \cup (|x_0|, +\infty)$ 内发散. 由此可知，对具有非零收敛点和发散点的幂级数 $\sum_{n=0}^{\infty} a_n x^n$ 来说，一定存在关于原点对称的两个点 $x=\pm R(R>0)$，它们将该幂级数的收敛点与发散点分隔开来. 也就是说，在 $(-R,R)$ 内的点，该幂级数都绝对收敛；在 $[-R,R]$ 以外的点，该幂级数均发散；在分界点 $x=\pm R$ 处，该幂级数可能收敛，也可能发散. 我们称正数 R 为幂级数 $\sum_{n=0}^{\infty} a_n x^n$ 的**收敛半径**.

当幂级数 $\sum_{n=0}^{\infty} a_n x^n$ 仅在 $x=0$ 处收敛时，规定其收敛半径为 $R=0$；当 $\sum_{n=0}^{\infty} a_n x^n$ 在整个数轴上都收敛时，规定其收敛半径为 $R=+\infty$，此时收敛域为 $(-\infty, +\infty)$.

定理 2　**设 R 是幂级数 $\sum_{n=0}^{\infty} a_n x^n$ 的收敛半径. 如果该幂级数相邻两项的系数 a_n, a_{n+1} 满足：**

$$\lim_{n\to\infty}\left|\frac{a_{n+1}}{a_n}\right| = \rho,$$

那么

(1) **当** $0<\rho<+\infty$ **时**，$R=\dfrac{1}{\rho}$；

(2) **当** $\rho=0$ **时**，$R=+\infty$；

(3) **当** $\rho=+\infty$ **时**，$R=0$.

证　对于幂级数 $\sum_{n=0}^{\infty} a_n x^n$，有

$$\lim_{n\to\infty}\frac{|a_{n+1}x^{n+1}|}{|a_n x^n|} = \lim_{n\to\infty}\left|\frac{a_{n+1}}{a_n}\right||x| = \rho|x|.$$

(1) 若 $0<\rho<+\infty$，则由 §12.3 中的定理 3 知，当 $\rho|x|<1$，即 $|x|<\dfrac{1}{\rho}$ 时，$\sum_{n=0}^{\infty} a_n x^n$ 绝对收敛；当 $\rho|x|>1$，即 $|x|>\dfrac{1}{\rho}$ 时，$\sum_{n=0}^{\infty} a_n x^n$ 发散. 于是，根据幂级数收敛半径的定义，$\sum_{n=0}^{\infty} a_n x^n$ 的收敛半径为 $R=\dfrac{1}{\rho}$.

(2) 若 $\rho=0$，则对任意的 $x\in(-\infty,+\infty)$，有 $\rho|x|=0<1$. 于是，由 §12.3 中的定理 3 知，对任意的 $x\in(-\infty,+\infty)$，$\sum_{n=0}^{\infty} a_n x^n$ 绝对收敛，即其收敛半径为 $R=+\infty$.

(3) 若 $\rho=+\infty$，则对任意的 $x\neq 0$，有 $\rho|x|=+\infty$. 于是，由 §12.3 中的定理 3 知，对任意的 $x\in(-\infty,+\infty)$，$\sum_{n=0}^{\infty} a_n x^n$ 发散. 故 $\sum_{n=0}^{\infty} a_n x^n$ 仅在 $x=0$ 处收敛，从而其收敛半径为 $R=0$.

例 1 求幂级数 $\sum_{n=1}^{\infty}(-1)^{n-1}\frac{x^n}{n}$ 的收敛半径与收敛域.

解 因为 $a_n=\frac{(-1)^{n-1}}{n}$,所以

$$\rho=\lim_{n\to\infty}\left|\frac{a_{n+1}}{a_n}\right|=\lim_{n\to\infty}\frac{\frac{1}{n+1}}{\frac{1}{n}}=\lim_{n\to\infty}\frac{1}{1+\frac{1}{n}}=1.$$

故该幂级数的收敛半径为

$$R=\frac{1}{\rho}=1.$$

当 $x=1$ 时,

$$\sum_{n=1}^{\infty}(-1)^{n-1}\frac{x^n}{n}=\sum_{n=1}^{\infty}(-1)^{n-1}\frac{1}{n},$$

它是收敛的;当 $x=-1$ 时,

$$\sum_{n=1}^{\infty}(-1)^{n-1}\frac{x^n}{n}=-\sum_{n=1}^{\infty}\frac{1}{n},$$

它是发散的. 综上可知,原幂级数的收敛域为 $(-1,1]$.

例 2 求幂级数 $\sum_{n=1}^{\infty}\frac{1}{n!}x^n$ 的收敛半径.

解 因为

$$\rho=\lim_{n\to\infty}\left|\frac{a_{n+1}}{a_n}\right|=\lim_{n\to\infty}\frac{\frac{1}{(n+1)!}}{\frac{1}{n!}}=\lim_{n\to\infty}\frac{1}{n+1}=0,$$

所以该幂级数的收敛半径为 $R=+\infty$.

例 3 求幂级数 $\sum_{n=1}^{\infty}n!x^n$ 的收敛半径.

解 因为

$$\rho=\lim_{n\to\infty}\left|\frac{a_{n+1}}{a_n}\right|=\lim_{n\to\infty}\frac{(n+1)!}{n!}=\lim_{n\to\infty}(n+1)=+\infty,$$

所以该幂级数的收敛半径为 $R=0$,即该幂级数仅在 $x=0$ 处收敛.

例 4 求幂级数 $\sum_{n=0}^{\infty}\frac{1}{4^n}(x-1)^{2n}$ 的收敛域.

解 设 $t=x-1$,则原幂级数化为

$$\sum_{n=0}^{\infty}\frac{1}{4^n}t^{2n}.$$

由于此幂级数为 t 的幂级数,且缺少 t 的奇次幂的项,因此不能直接运用定理 2 来求它的收敛半径. 我们运用收敛半径的定义来求它的收敛半径.

令 $u_n=\frac{1}{4^n}t^{2n}$,则

$$\lim_{n\to\infty}\left|\frac{u_{n+1}}{u_n}\right|=\lim_{n\to\infty}\left|\frac{\frac{1}{4^{n+1}}t^{2n+2}}{\frac{1}{4^n}t^{2n}}\right|=\frac{1}{4}t^2.$$

当$\frac{1}{4}t^2<1$，即$|t|<2$时，幂级数$\sum\limits_{n=0}^{\infty}\frac{1}{4^n}t^{2n}$绝对收敛；当$\frac{1}{4}t^2>1$，即$|t|>2$时，幂级数$\sum\limits_{n=0}^{\infty}\frac{1}{4^n}t^{2n}$发散. 于是，幂级数$\sum\limits_{n=0}^{\infty}\frac{1}{4^n}t^{2n}$的收敛半径为$R=2$.

当$t=\pm 2$时，$\sum\limits_{n=0}^{\infty}\frac{1}{4^n}t^{2n}=1+1+\cdots$，它是发散的.

故幂级数$\sum\limits_{n=0}^{\infty}\frac{1}{4^n}t^{2n}$的收敛域为$(-2,2)$. 再由$-2<t=x-1<2$，解得

$$-1<x<3,$$

所以原幂级数的收敛域为$(-1,3)$.

三、幂级数的运算

关于幂级数的运算，有如下结果：

(1) 设幂级数$\sum\limits_{n=0}^{\infty}a_nx^n$与$\sum\limits_{n=0}^{\infty}b_nx^n$的收敛半径分别为$R_1$与$R_2$，和函数分别为$S_1(x)$与$S_2(x)$. 记

$$R=\min\{R_1,R_2\},$$

则对任意的$x\in(-R,R)$，这两个幂级数可进行如下运算：

① 加、减法运算：

$$\sum_{n=0}^{\infty}a_nx^n\pm\sum_{n=0}^{\infty}b_nx^n=\sum_{n=0}^{\infty}(a_n\pm b_n)x^n=S_1(x)\pm S_2(x);$$

② 乘法运算：

$$\sum_{n=0}^{\infty}a_nx^n\cdot\sum_{n=0}^{\infty}b_nx^n=\sum_{n=0}^{\infty}c_nx^n=S_1(x)\cdot S_2(x),$$

其中$c_n=a_0b_n+a_1b_{n-1}+\cdots+a_nb_0\ (n=0,1,2,\cdots)$.

(2) 逐项求导：

若幂级数$\sum\limits_{n=0}^{\infty}a_nx^n$的和函数为$S(x)$，收敛半径为$R$，则和函数$S(x)$在$(-R,R)$内可导，并有

$$S'(x)=\left(\sum_{n=0}^{\infty}a_nx^n\right)'=\sum_{n=0}^{\infty}(a_nx^n)'=\sum_{n=1}^{\infty}a_nnx^{n-1},$$

而且逐项求导所得幂级数的收敛半径仍为R，但在收敛区间端点处的敛散性可能改变.

(3) 逐项积分：

设幂级数$\sum\limits_{n=0}^{\infty}a_nx^n$的和函数为$S(x)$，收敛半径为$R$，则和函数$S(x)$在$(-R,R)$上可积，并有

$$\int_0^x S(t)\,\mathrm{d}t=\int_0^x\sum_{n=0}^{\infty}a_nt^n\,\mathrm{d}t=\sum_{n=0}^{\infty}\int_0^x a_nt^n\,\mathrm{d}t=\sum_{n=0}^{\infty}\frac{a_n}{n+1}x^{n+1},$$

而且逐项积分所得幂级数的收敛半径仍为R，但在收敛区间端点处的敛散性可能改变.

以上结论证明从略.

例 5 求幂级数 $\sum_{n=1}^{\infty} nx^{n-1}$ 的收敛域及和函数,并求数项级数 $\sum_{n=1}^{\infty} \frac{n}{2^n}$ 的和.

解 由

$$\lim_{n\to\infty} \frac{|a_{n+1}|}{|a_n|} = \lim_{n\to\infty} \frac{n+1}{n} = 1$$

得该幂级数的收敛半径为 $R=1$. 由于 $x=\pm 1$ 时,该幂级数发散,因此该幂级数的收敛域为 $(-1,1)$.

设

$$S(x) = \sum_{n=1}^{\infty} nx^{n-1} = 1 + 2x + 3x^2 + \cdots + nx^{n-1} + \cdots.$$

对上式两边从 0 到 $x(x \in (-1,1))$ 做定积分,得

$$\begin{aligned}\int_0^x S(t)\,dt &= \int_0^x 1\,dt + \int_0^x 2t\,dt + \int_0^x 3t^2\,dt + \cdots + \int_0^x nt^{n-1}\,dt + \cdots \\ &= x + x^2 + x^3 + \cdots + x^n + \cdots \\ &= \frac{x}{1-x} = \frac{1}{1-x} - 1.\end{aligned}$$

上式两边对 x 求导数,得

$$S(x) = \left(\frac{1}{1-x} - 1\right)' = \frac{1}{(1-x)^2},$$

即

$$S(x) = \sum_{n=1}^{\infty} nx^{n-1} = \frac{1}{(1-x)^2}, \quad x \in (-1,1).$$

取 $x = \frac{1}{2}$,代入上式,得

$$\sum_{n=1}^{\infty} \frac{n}{2^{n-1}} = \frac{1}{\left(1 - \frac{1}{2}\right)^2} = 4.$$

于是有

$$\sum_{n=1}^{\infty} \frac{n}{2^n} = \frac{1}{2} \sum_{n=1}^{\infty} \frac{n}{2^{n-1}} = \frac{1}{2} \cdot 4 = 2.$$

由上例可知幂级数 $\sum_{n=0}^{\infty} x^n$ 的和函数是 $\frac{1}{1-x}$, $x \in (-1,1)$,即有

$$\frac{1}{1-x} = 1 + x + x^2 + x^3 + \cdots + x^n, \quad x \in (-1,1).$$

练习 12.4

1. 求下列幂级数的收敛域.

(1) $\sum_{n=1}^{\infty} (-1)^{n-1} \frac{x^n}{n^2}$;　　(2) $\sum_{n=1}^{\infty} \frac{x^n}{n \cdot 3^n}$;

(3) $\sum_{n=1}^{\infty} \frac{x^n}{2^n n!}$;　　(4) $\sum_{n=1}^{\infty} (-1)^n \frac{x^{2n+1}}{2n+1}$;

(5) $\sum_{n=0}^{\infty} (-1)^n \frac{x^n}{5^n \sqrt{n+1}}$;　　(6) $\sum_{n=1}^{\infty} (-1)^n \frac{(x-5)^n}{\sqrt{n}}$.

2. 求下列幂级数的和函数:

(1) $\sum_{n=1}^{\infty}(-1)^n\frac{x^n}{n}$；　　(2) $\sum_{n=0}^{\infty}(2n+1)x^n$.

3. 求幂级数 $\sum_{n=1}^{\infty}n(n+1)x^n$ 的和函数，并求数项级数 $\sum_{n=1}^{\infty}\frac{n(n+1)}{2^n}$ 的和.

§12.5　函数展开为幂级数

我们前面介绍了幂级数在其收敛区间内总是收敛于一个和函数，并讨论了如何求和函数的问题. 自然地，我们会提出相反的问题：对于给定的函数 $f(x)$，它是否能在某个区间内展开成幂级数？本节将讨论并解决这一问题.

一、泰勒级数

我们知道，如果函数 $f(x)$ 在点 x_0 的某一邻域 $U(x_0)$ 内有直到 $n+1$ 阶的导数，则对该邻域内的任意点 x，有 $f(x)$ 的 n 阶泰勒公式：

$$f(x)=f(x_0)+f'(x_0)(x-x_0)+\frac{f''(x_0)}{2!}(x-x_0)^2+\cdots+\frac{f^{(n)}(x_0)}{n!}(x-x_0)^n+R_n(x),$$

其中

$$R_n(x)=\frac{f^{(n+1)}(\xi)}{(n+1)!}(x-x_0)^{n+1}\quad(\xi\text{ 介于 }x_0\text{ 与 }x\text{ 之间})$$

为拉格朗日型余项.

如果令

$$P_n(x)=f(x_0)+f'(x_0)(x-x_0)+\frac{f''(x_0)}{2!}(x-x_0)^2+\cdots+\frac{f^{(n)}(x_0)}{n!}(x-x_0)^n,$$

则 $f(x)$ 的 n 阶泰勒公式可写成

$$f(x)=P_n(x)+R_n(x).$$

这时，在邻域 $U(x_0)$ 内，若函数 $f(x)$ 用 n 次多项式 $P_n(x)$ 来近似表示，则其误差的绝对值为拉格朗日型余项的绝对值 $|R_n(x)|$. 如果函数 $f(x)$ 在该邻域内有任意阶导数，且

$$\lim_{n\to\infty}R_n(x)=0,$$

则有

$$f(x)=\lim_{n\to\infty}P_n(x).$$

而 $P_n(x)$ 恰好是幂级数

$$\sum_{n=0}^{\infty}\frac{f^{(n)}(x_0)}{n!}(x-x_0)^n$$

的前 $n+1$ 项部分和，故上述级数收敛于 $f(x)$. 于是有下面的定理：

定理 1 设函数 $f(x)$ 在点 x_0 的某一邻域 $U(x_0)$ 内有任意阶导数，则在该邻域内，

$$f(x)=\sum_{n=0}^{\infty}\frac{f^{(n)}(x_0)}{n!}(x-x_0)^n \qquad (12-5-1)$$

成立的充要条件是：

$$\lim_{n\to\infty}R_n(x)=0.$$

等式(12－5－1)右端的幂级数称为 $f(x)$ 的**泰勒级数**.

特别地，当 $x_0=0$ 时，等式(12－5－1)就可写成

$$f(x)=\sum_{n=0}^{\infty}\frac{f^{(n)}(0)}{n!}x^n. \qquad (12-5-2)$$

此时，等式(12－5－2)右端的幂级数称为 $f(x)$ 的**麦克劳林级数**.

二、函数展开为幂级数

1. 直接展开法

利用公式(12－5－1)将函数 $f(x)$ 展开成幂级数的方法，称为**直接展开法**.

例 1 将函数 $f(x)=e^x$ 展开成 x 的幂级数.

解 因为

$$f^{(n)}(x)=e^x \quad (n=0,1,2,\cdots),$$

所以

$$f^{(n)}(0)=e^0=1 \quad (n=0,1,2,\cdots).$$

于是，我们得到幂级数

$$\sum_{n=0}^{\infty}\frac{f^{(n)}(0)}{n!}x^n=1+\frac{x}{1!}+\frac{x^2}{2!}+\frac{x^3}{3!}+\cdots+\frac{x^n}{n!}+\cdots.$$

显然，该幂级数的收敛区间为$(-\infty,+\infty)$.至于它是否以 $f(x)=e^x$ 为和函数，还要考察其余项 $R_n(x)\to 0(n\to\infty)$ 是否成立.对于任何有限数 x，有

$$\begin{aligned}|R_n(x)|&=\left|\frac{f^{(n+1)}(\xi)}{(n+1)!}x^{n+1}\right| \quad (\xi\text{ 介于 }0\text{ 与 }x\text{ 之间})\\&=\left|\frac{e^{\xi}}{(n+1)!}x^{n+1}\right|=\frac{e^{\xi}}{(n+1)!}|x|^{n+1}\\&\leqslant\frac{e^{|\xi|}}{(n+1)!}|x|^{n+1}\leqslant\frac{e^{|x|}}{(n+1)!}|x|^{n+1},\end{aligned}$$

而 $e^{|x|}$ 是有限数，$\dfrac{|x|^{n+1}}{(n+1)!}$ 是绝对收敛级数 $\sum\limits_{n=0}^{n}\dfrac{|x|^{n+1}}{(n+1)!}$ 的一般项，于是

$$\lim_{n\to\infty}\frac{e^{|x|}}{(n+1)!}|x|^{n+1}=e^{|x|}\lim_{n\to\infty}\frac{|x|^{n+1}}{(n+1)!}=e^{|x|}\cdot 0=0.$$

所以

$$\lim_{n\to\infty}R_n(x)=0.$$

因此

$$f(x)=e^x=1+\frac{x}{1!}+\frac{x^2}{2!}+\cdots+\frac{x^n}{n!}+\cdots,\quad x\in(-\infty,+\infty). \qquad (12-5-3)$$

例 2 将函数 $f(x)=\sin x$ 展开成 x 的幂级数.

解　因为

$$f^{(n)}(x)=\sin\left(x+\frac{n\pi}{2}\right),\quad f^{(n)}(0)=\sin\frac{n\pi}{2}\quad(n=0,1,2,\cdots),$$

所以

$$f(0)=0,\quad f'(0)=1,\quad f''(0)=0,\quad f'''(0)=-1,\quad \cdots,$$
$$f^{(2n)}(0)=0,\quad f^{(2n+1)}(0)=(-1)^n.$$

于是,我们得到幂级数

$$x-\frac{1}{3!}x^3+\frac{1}{5!}x^5-\frac{1}{7!}x^7+\cdots+\frac{(-1)^n}{(2n+1)!}x^{2n+1}+\cdots,$$

其收敛区间为$(-\infty,+\infty)$. 又因为

$$R_n(x)=\frac{\sin\left(\xi+\frac{(n+1)\pi}{2}\right)}{(n+1)!}x^{n+1},$$

所以

$$|R_n(x)|=\frac{\left|\sin\left(\xi+\frac{(n+1)\pi}{2}\right)\right|}{(n+1)!}|x|^{n+1}\leqslant\frac{|x|^{n+1}}{(n+1)!}.$$

而由例 1 知

$$\lim_{n\to\infty}\frac{|x|^{n+1}}{(n+1)!}=0,$$

故$\lim\limits_{n\to\infty}R_n(x)=0$. 因此

$$\sin x=x-\frac{1}{3!}x^3+\frac{1}{5!}x^5-\cdots+\frac{(-1)^n}{(2n+1)!}x^{2n+1}+\cdots,\quad x\in(-\infty,+\infty).\tag{12-5-4}$$

2. 间接展开法

我们已经得到了函数$\frac{1}{1-x}$,e^x 及 $\sin x$ 的幂级数展开式,利用已知的展开式,通过幂级数的运算,可以得到其他函数的幂级数展开式. 这种求函数的幂级数展开式的方法称为间接展开法.

例 3 将函数 $f(x)=\cos x$ 展开成 x 的幂级数.

解　因为

$$(\sin x)'=\cos x,$$

而

$$\sin x=x-\frac{1}{3!}x^3+\frac{1}{5!}x^5-\cdots+\frac{(-1)^n}{(2n+1)!}x^{2n+1}+\cdots,\quad x\in(-\infty,+\infty),$$

所以根据幂级数可逐项求导,得

$$\cos x=1-\frac{1}{2!}x^2+\frac{1}{4!}x^4-\cdots+\frac{(-1)^n}{(2n)!}x^{2n}+\cdots,\quad x\in(-\infty,+\infty).$$

由于

$$\frac{1}{1-x}=1+x+x^2+\cdots+x^n+\cdots,\quad x\in(-1,1),\tag{12-5-5}$$

因此在(12-5-5)式中把 x 分别换成 $-x,-x^2,x^2$,则得

$$\frac{1}{1+x}=1-x+x^2-\cdots+(-1)^n x^n+\cdots,\quad x\in(-1,1),\tag{12-5-6}$$

$$\frac{1}{1+x^2}=1-x^2+x^4-x^6+\cdots+(-1)^n x^{2n}+\cdots,\quad x\in(-1,1),\tag{12-5-7}$$

$$\frac{1}{1-x^2}=1+x^2+x^4+x^6+\cdots+x^{2n}+\cdots,\quad x\in(-1,1).\tag{12-5-8}$$

分别将等式(12-5-6),(12-5-7),(12-5-8)的两边从0到 x 逐项积分,得

$$\ln(1+x)=x-\frac{x^2}{2}+\frac{x^3}{3}-\cdots+(-1)^n\frac{x^{n+1}}{n+1}+\cdots,\quad x\in(-1,1),\tag{12-5-9}$$

$$\arctan x=x-\frac{x^3}{3}+\frac{x^5}{5}-\cdots+(-1)^n\frac{x^{2n+1}}{2n+1}+\cdots,\quad x\in(-1,1),\tag{12-5-10}$$

$$\frac{1}{2}\ln\frac{1+x}{1-x}=x+\frac{x^3}{3}+\frac{x^5}{5}-\cdots+\frac{x^{2n+1}}{2n+1}+\cdots,\quad x\in(-1,1),\tag{12-5-11}$$

其中(12-5-9)式在 $x=1$ 时也成立,而(12-5-10)式在 $x=\pm1$ 时也成立.

函数 $f(x)=(1+x)^\alpha$(α 为任意实数)有如下幂级数展开式:

$$(1+x)^\alpha=1+\alpha x+\frac{\alpha(\alpha-1)}{2!}x^2+\cdots+\frac{\alpha(\alpha-1)(\alpha-2)\cdots(\alpha-n+1)}{n!}x^n+\cdots,\quad x\in(-1,1).\tag{12-5-12}$$

公式(12-5-12)的推导从略.

例4 将函数 $f(x)=\dfrac{1}{x^2-x-2}$ 展开成 x 的幂级数.

解 因为

$$f(x)=\frac{1}{x^2-x-2}=\frac{1}{(x+1)(x-2)}=\frac{1}{3}\left(\frac{1}{x-2}-\frac{1}{x+1}\right),$$

而且

$$\frac{1}{x-2}=-\frac{1}{2}\cdot\frac{1}{1-\frac{x}{2}}=-\frac{1}{2}\sum_{n=0}^{\infty}\left(\frac{x}{2}\right)^n=-\sum_{n=0}^{\infty}\frac{x^n}{2^{n+1}},\quad x\in(-2,2),$$

$$\frac{1}{x+1}=\frac{1}{1-(-x)}=\sum_{n=0}^{\infty}(-x)^n=\sum_{n=0}^{\infty}(-1)^n x^n,\quad x\in(-1,1),$$

所以

$$f(x)=\frac{1}{3}\left(\frac{1}{x-2}-\frac{1}{x+1}\right)=\frac{1}{3}\left[\sum_{n=0}^{\infty}\frac{x^n}{2^{n+1}}-\sum_{n=0}^{\infty}(-1)^n x^n\right]$$

$$=-\frac{1}{3}\sum_{n=0}^{\infty}\left[\frac{1}{2^{n+1}}+(-1)^n\right]x^n,\quad x\in(-1,1).$$

根据幂级数的加法运算法则,上式右端幂级数的收敛半径应为 $R=1$,因此其收敛区间为 $(-1,1)$.

*三、函数的幂级数展开式的应用

1. 计算函数值的近似值

有了函数的幂级数展开式，就可以用它来计算函数值的近似值，并且可以利用这个幂级数按精确度要求计算近似值.

例 5　计算 e 的近似值，精确到 10^{-10}.

解　已知 e^x 的幂级数展开式为

$$e^x = 1 + \frac{x}{1!} + \frac{x^2}{2!} + \cdots + \frac{x^n}{n!} + \cdots, \quad x \in (-\infty, +\infty).$$

令 $x = 1$，得

$$e = 1 + \frac{1}{1!} + \frac{1}{2!} + \cdots + \frac{1}{n!} + \cdots.$$

取它的前 $n+1$ 项和作为 e 的近似值，即

$$e \approx 1 + \frac{1}{1!} + \frac{1}{2!} + \cdots + \frac{1}{n!},$$

其误差为

$$\begin{aligned} R_n &= \frac{1}{(n+1)!} + \frac{1}{(n+2)!} + \frac{1}{(n+3)!} + \cdots \\ &= \frac{1}{(n+1)!}\left[1 + \frac{1}{n+2} + \frac{1}{(n+2)(n+3)} + \cdots\right] \\ &\leqslant \frac{1}{(n+1)!}\left[1 + \frac{1}{n+1} + \frac{1}{(n+1)^2} + \cdots\right] \\ &= \frac{1}{(n+1)!} \cdot \frac{1}{1 - \frac{1}{n+1}} = \frac{1}{n \cdot n!}. \end{aligned}$$

如果要精确到 10^{-10}，则只需要 $\frac{1}{n \cdot n!} \leqslant 10^{-10}$ 即可，即 $n \cdot n! \geqslant 10^{10}$. 由于 $13 \times 13! \approx 8 \times 10^{10} > 10^{10}$，因此取 $n = 13$，得

$$e \approx 1 + \frac{1}{1!} + \frac{1}{2!} + \cdots + \frac{1}{13!}.$$

对上式在计算机上编程计算，得 $e \approx 2.718\,281\,828\,5\cdots$.

2. 计算不定积分和定积分

例 6　求不定积分 $\int e^{-x^2}\,dx$.

解　由于 e^{-x^2} 的原函数不是初等函数，因此该不定积分"积不出来"，但可以用幂级数表示该不定积分. 将等式

$$e^x = 1 + \frac{x}{1!} + \frac{x^2}{2!} + \cdots + \frac{x^n}{n!} + \cdots, \quad x \in (-\infty, +\infty)$$

中的 x 换成 $-x^2$,得

$$e^{-x^2}=1-\frac{x^2}{1!}+\frac{x^4}{2!}-\cdots+(-1)^n\frac{x^{2n}}{n!}+\cdots.$$

上式两边取不定积分,得

$$\int e^{-x^2}dx=C+x-\frac{x^3}{3\cdot 1!}+\frac{x^5}{5\cdot 2!}-\cdots+(-1)^n\frac{x^{2n+1}}{(2n+1)\cdot n!}+\cdots.$$

例 7 求定积分 $\int_0^1\frac{\sin x}{x}dx$ 的近似值,精确到 10^{-4}.

解 定义函数 $\frac{\sin x}{x}$ 在 $x=0$ 处的函数值为 1,则函数 $\frac{\sin x}{x}$ 在 $[0,1]$ 上连续. 由

$$\sin x=x-\frac{1}{3!}x^3+\frac{1}{5!}x^5-\frac{1}{7!}x^7+\cdots,\quad x\in(-\infty,+\infty)$$

得

$$\frac{\sin x}{x}=1-\frac{1}{3!}x^2+\frac{1}{5!}x^4-\frac{1}{7!}x^6+\cdots,\quad x\in(-\infty,+\infty).$$

上式两边在 $[0,1]$ 上逐项积分,得

$$\int_0^1\frac{\sin x}{x}dx=1-\frac{1}{3\cdot 3!}+\frac{1}{5\cdot 5!}-\frac{1}{7\cdot 7!}+\cdots.$$

如果取前三项作为该定积分的近似值,则其误差为

$$|R_3|\leqslant\frac{1}{7\cdot 7!}<\frac{1}{30\ 000}<10^{-4}.$$

于是有

$$\int_0^1\frac{\sin x}{x}dx\approx 1-\frac{1}{3!\cdot 3}+\frac{1}{5!\cdot 5}\approx 0.946\ 1.$$

练习 12.5

1. 将下列函数展开成 x 的幂级数:

(1) $f(x)=a^x\quad(a>0,a\neq 1)$; (2) $f(x)=e^{-\frac{x^2}{2}}$;

(3) $f(x)=\ln(a+x)\quad(a>0)$; (4) $f(x)=\cos^2 x$.

2. 将函数 $f(x)=\frac{1}{x}$ 展开成 $x-3$ 的幂级数.

3. 将函数 $f(x)=\frac{1}{x^2+3x+2}$ 展开成 $x+4$ 的幂级数.

§12.6 傅里叶级数

在自然界和工程技术中,常常遇到一些周期现象. 周期现象反映在数学上就是周期函数,而最简单的周期函数就是正弦函数和余弦函数等三角函数.

一、三角级数、三角函数系的正交性

定义1 我们将形如

$$\frac{a_0}{2}+\sum_{n=1}^{\infty}(a_n\cos nx+b_n\sin nx) \tag{12-6-1}$$

的级数称为**三角级数**,其中 $a_0, a_n, b_n (n=1,2,\cdots)$ 都是常数.

定义2 设函数 $f(x), g(x)$ 在区间 $[a,b]$ 上可积,且满足:

$$\int_a^b f(x)g(x)\mathrm{d}x=0,$$

则称这两个函数在 $[a,b]$ 上**正交**.若定义在区间 $[a,b]$ 上的函数列 $\{f_n(x)\}$ 中不同的函数之间两两正交,则称此函数列为**正交函数系**.

可以证明,三角函数系

$$1,\cos x,\sin x,\cos 2x,\sin 2x,\cdots,\cos nx,\sin nx,\cdots$$

在区间 $[-\pi,\pi]$ 上是正交函数系,即

$$\int_{-\pi}^{\pi}\cos nx\,\mathrm{d}x=0\quad(n=1,2,\cdots),$$

$$\int_{-\pi}^{\pi}\sin nx\,\mathrm{d}x=0\quad(n=1,2,\cdots),$$

$$\int_{-\pi}^{\pi}\sin mx\cos nx\,\mathrm{d}x=0\quad(m,n=1,2,\cdots),$$

$$\int_{-\pi}^{\pi}\cos mx\cos nx\,\mathrm{d}x=0\quad(m,n=1,2,\cdots;m\neq n),$$

$$\int_{-\pi}^{\pi}\sin mx\sin nx\,\mathrm{d}x=0\quad(m,n=1,2,\cdots;m\neq n).$$

二、函数展开成傅里叶级数

设 $f(x)$ 是以 2π 为周期的周期函数.如果 $f(x)$ 能展开成三角级数,即

$$f(x)=\frac{a_0}{2}+\sum_{n=1}^{\infty}(a_n\cos nx+b_n\sin nx), \tag{12-6-2}$$

那么系数 $a_0, a_n, b_n (n=1,2,\cdots)$ 怎样用函数 $f(x)$ 表示出来呢?为此,假设级数(12-6-2)可以逐项积分.

先求 a_0.对(12-6-2)式两边从 $-\pi$ 到 π 逐项积分,并利用三角函数系的正交性,得

$$\int_{-\pi}^{\pi}f(x)\mathrm{d}x=\int_{-\pi}^{\pi}\frac{a_0}{2}\mathrm{d}x+\sum_{k=1}^{\infty}\left(a_k\int_{-\pi}^{\pi}\cos kx\,\mathrm{d}x+b_k\int_{-\pi}^{\pi}\sin kx\,\mathrm{d}x\right)=\pi a_0,$$

所以

$$a_0=\frac{1}{\pi}\int_{-\pi}^{\pi}f(x)\mathrm{d}x.$$

再求 $a_n (n=1,2,\cdots)$.将(12-6-2)式两端同时乘以 $\cos nx$,再从 $-\pi$ 到 π 逐项积分,并利用三角函数系的正交性,得

$$\begin{aligned}\int_{-\pi}^{\pi}f(x)\cos nx\,\mathrm{d}x&=\int_{-\pi}^{\pi}\frac{a_0}{2}\cos nx\,\mathrm{d}x+\sum_{k=1}^{\infty}\left(a_k\int_{-\pi}^{\pi}\cos kx\cos nx\,\mathrm{d}x+b_k\int_{-\pi}^{\pi}\sin kx\cos nx\,\mathrm{d}x\right)\\&=\int_{-\pi}^{\pi}a_n\cos^2 nx\,\mathrm{d}x=\pi a_n,\end{aligned}$$

所以

$$a_n = \frac{1}{\pi}\int_{-\pi}^{\pi} f(x)\cos nx\,dx \quad (n = 1,2,\cdots).$$

类似地,将(12-6-2)式两端同时乘以 $\sin nx$,再从 $-\pi$ 到 π 逐项积分,得

$$b_n = \frac{1}{\pi}\int_{-\pi}^{\pi} f(x)\sin nx\,dx \quad (n = 1,2,\cdots).$$

由于当 $n=0$ 时,a_n 的表达式恰好等于 a_0,因此上述得到的结果可以合并成

$$\begin{cases} a_n = \dfrac{1}{\pi}\displaystyle\int_{-\pi}^{\pi} f(x)\cos nx\,dx & (n = 0,1,2,\cdots), \\ b_n = \dfrac{1}{\pi}\displaystyle\int_{-\pi}^{\pi} f(x)\sin nx\,dx & (n = 1,2,\cdots). \end{cases} \tag{12-6-3}$$

如果公式(12-6-3)中的积分都存在,则称由公式(12-6-3)所求出的系数 $a_0, a_1, b_1, a_2, b_2, \cdots$ 为函数 $f(x)$ 的**傅里叶(Fourier)系数**. 将这些系数代入(12-6-2)式的右端,所得的三角级数

$$\frac{a_0}{2} + \sum_{n=1}^{\infty}(a_n\cos nx + b_n\sin nx)$$

称为函数 $f(x)$ 的**傅里叶级数**.

一个定义域为$(-\infty,+\infty)$且周期为 2π 的函数 $f(x)$,如果它在一个周期上可积,则一定可以写出 $f(x)$ 的傅里叶级数. 然而,$f(x)$ 的傅里叶级数是否收敛?如果它收敛,它是否收敛于函数 $f(x)$?为了回答这一问题,我们不加证明地给出下面的定理:

定理 1 [收敛定理,狄利克雷(Dirichlet)充分条件] 设 $f(x)$ 是周期为 2π 的周期函数,如果它满足:在一个周期内连续或只有有限个第一类间断点;在一个周期内至多只有有限个极值点,则 $f(x)$ 的傅里叶级数收敛,并且有

(1) 当 x 是 $f(x)$ 的连续点时,$f(x)$ 的傅里叶级数收敛于 $f(x)$;

(2) 当 x 是 $f(x)$ 的间断点时,$f(x)$ 的傅里叶级数收敛于 $\frac{1}{2}(f(x-0)+f(x+0))$.

例 1 设 $f(x)$ 是以 2π 为周期的周期函数,它在 $[-\pi,\pi)$ 上的表达式为

$$f(x) = \begin{cases} 0, & -\pi \leqslant x < 0, \\ 1, & 0 \leqslant x < \pi, \end{cases}$$

将 $f(x)$ 展开成傅里叶级数.

解 因为函数 $f(x)$ 满足收敛定理的条件,它在点 $x = k\pi\ (k\in\mathbf{Z})$ 处不连续,在其他点处连续,其图形如图 12-6-1 所示,所以当 $x = k\pi$ 时,$f(x)$ 的傅里叶级数收敛于

$$\frac{f(0-0)+f(0+0)}{2} = \frac{0+1}{2} = \frac{1}{2};$$

当 $x \neq k\pi$ 时,$f(x)$ 的傅里叶级数收敛于 $f(x)$.

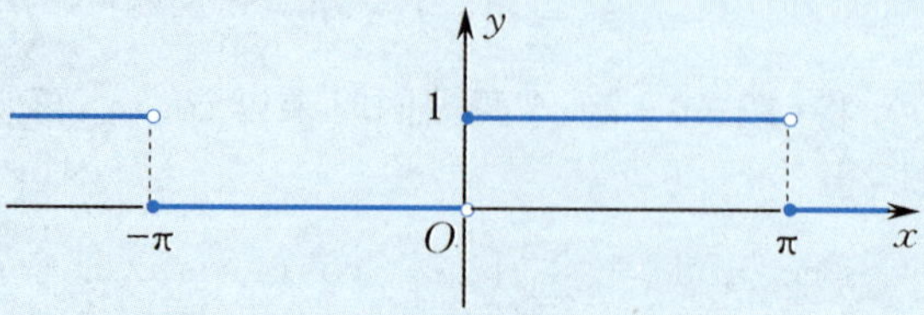

图 12-6-1

计算 $f(x)$ 的傅里叶系数：

$$a_n = \frac{1}{\pi}\int_{-\pi}^{\pi} f(x)\cos nx\,dx = \frac{1}{\pi}\int_0^{\pi} 1\cdot\cos nx\,dx$$
$$= 0 \quad (n = 0,1,2,\cdots),$$
$$b_n = \frac{1}{\pi}\int_{-\pi}^{\pi} f(x)\sin nx\,dx = \frac{1}{\pi}\int_0^{\pi} 1\cdot\sin nx\,dx$$
$$= \frac{1}{\pi}\left(-\frac{\cos nx}{n}\right)\Big|_0^{\pi} = \frac{1}{n\pi}(1-\cos n\pi)$$
$$= \frac{1}{n\pi}[1-(-1)^n] = \begin{cases} \frac{2}{n\pi}, & n = 1,3,5,\cdots, \\ 0, & n = 2,4,6,\cdots. \end{cases}$$

将求得的傅里叶系数代入(12-6-2)式，即得 $f(x)$ 的傅里叶级数展开式为

$$f(x) = \frac{2}{\pi}\left[\sin x + \frac{1}{3}\sin 3x + \cdots + \frac{1}{2k-1}\sin(2k-1)x + \cdots\right]$$
$$(-\infty < x < +\infty; x \neq 0, \pm\pi, \pm 2\pi, \cdots).$$

例 2　设 $f(x)$ 是周期为 2π 的周期函数，它在 $[-\pi,\pi)$ 上的表达式为

$$f(x) = \begin{cases} 0, & -\pi \leqslant x < 0, \\ x, & 0 \leqslant x < \pi, \end{cases}$$

将 $f(x)$ 展开成傅里叶级数.

解　因为函数 $f(x)$ 满足收敛定理的条件，它在点 $x = (2k+1)\pi$ $(k \in \mathbf{Z})$ 处不连续，在其他点处连续，其图形如图 12-6-2 所示，所以当 $x = (2k+1)\pi$ 时，$f(x)$ 的傅里叶级数收敛于

$$\frac{f(\pi-0)+f(\pi+0)}{2} = \frac{\pi+0}{2} = \frac{\pi}{2};$$

当 $x \neq (2k+1)\pi$ 时，$f(x)$ 的傅里叶级数收敛于 $f(x)$.

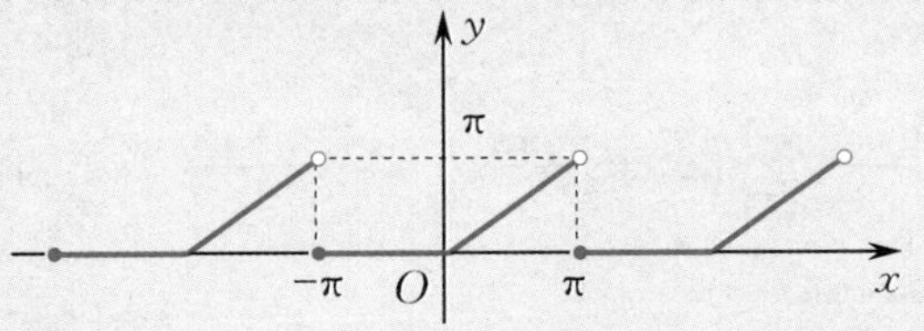

图 12-6-2

计算 $f(x)$ 的傅里叶系数：

$$a_0 = \frac{1}{\pi}\int_{-\pi}^{\pi} f(x)\,dx = \frac{1}{\pi}\int_0^{\pi} x\,dx = \frac{1}{\pi}\left(\frac{x^2}{2}\right)\Big|_0^{\pi} = \frac{\pi}{2},$$
$$a_n = \frac{1}{\pi}\int_{-\pi}^{\pi} f(x)\cos nx\,dx = \frac{1}{\pi}\int_{-\pi}^{0} 0\cdot\cos nx\,dx + \frac{1}{\pi}\int_0^{\pi} x\cos nx\,dx$$
$$= \frac{1}{\pi}\left(\frac{x\sin nx}{n} + \frac{\cos nx}{n^2}\right)\Big|_0^{\pi} = \frac{1}{n^2\pi}(\cos n\pi - 1)$$
$$= \begin{cases} \frac{-2}{n^2\pi}, & n = 1,3,5,\cdots, \\ 0, & n = 2,4,6,\cdots, \end{cases}$$

$$b_n=\frac{1}{\pi}\int_{-\pi}^{\pi}f(x)\sin nx\,\mathrm{d}x=\frac{1}{\pi}\int_{0}^{\pi}x\sin nx\,\mathrm{d}x=\frac{1}{\pi}\left(-\frac{x\cos nx}{n}+\frac{\sin nx}{n^2}\right)\Big|_0^{\pi}$$
$$=-\frac{\cos n\pi}{n}=\frac{(-1)^{n+1}}{n}\quad(n=1,2,\cdots).$$

故 $f(x)$ 的傅里叶级数展开式为

$$f(x)=\frac{\pi}{4}+\left(-\frac{2}{\pi}\cos x+\sin x\right)-\frac{1}{2}\sin 2x+\left(-\frac{2}{3^2\pi}\cos 3x+\frac{1}{3}\sin 3x\right)$$
$$-\frac{1}{4}\sin 4x+\left(-\frac{2}{5^2\pi}\cos 5x+\frac{1}{5}\sin 5x\right)-\cdots$$
$$(-\infty<x<+\infty;x\neq\pm\pi,\pm 3\pi,\cdots).$$

如果函数 $f(x)$ 只在$[-\pi,\pi]$上有定义，并且满足收敛定理的条件，那么 $f(x)$ 也可以展开成傅里叶级数. 事实上，我们可以先在$[-\pi,\pi)$或$(-\pi,\pi]$以外补充函数 $f(x)$ 的定义，使它延拓成以 2π 为周期的周期函数 $F(x)$（按这种方式延拓函数定义域的过程称为**周期延拓**）；再将函数 $F(x)$ 展开成傅里叶级数；最后限制自变量 x 在$(-\pi,\pi)$内，就有 $F(x)=f(x)$，从而得到函数 $f(x)$ 的傅里叶级数展开式. 根据收敛定理，该傅里叶级数在点 $x=\pm\pi$ 处收敛于$\dfrac{F(\pi-0)+F(\pi+0)}{2}$.

三、周期为 $2l$ 的周期函数的傅里叶级数

我们前面所讨论的周期函数都是以 2π 为周期的，但在实际问题中所遇到的周期函数的周期不一定是 2π. 下面我们介绍周期为 $2l$ 的周期函数的傅里叶级数求法. 根据前面讨论的结果，经过自变量的变量代换，可以得到下面的定理：

定理 2 设周期为 $2l$ 的周期函数 $f(x)$ 满足收敛定理的条件，则它的傅里叶级数展开式为

$$f(x)=\frac{a_0}{2}+\sum_{n=1}^{\infty}\left(a_n\cos\frac{n\pi x}{l}+b_n\sin\frac{n\pi x}{l}\right)\quad(x\text{ 为连续点}),\qquad(12-6-4)$$

其中系数 a_n,b_n 分别为

$$\begin{cases}a_n=\dfrac{1}{l}\displaystyle\int_{-l}^{l}f(x)\cos\frac{n\pi x}{l}\mathrm{d}x\quad(n=0,1,2,\cdots),\\ b_n=\dfrac{1}{l}\displaystyle\int_{-l}^{l}f(x)\sin\frac{n\pi x}{l}\mathrm{d}x\quad(n=1,2,\cdots).\end{cases}\qquad(12-6-5)$$

当 $f(x)$ 为奇函数时，

$$f(x)=\sum_{n=1}^{\infty}b_n\sin\frac{n\pi x}{l}\quad(x\text{ 为连续点}),\qquad(12-6-6)$$

其中系数 b_n 为

$$b_n=\frac{2}{l}\int_{0}^{l}f(x)\sin\frac{n\pi x}{l}\mathrm{d}x\quad(n=1,2,\cdots);$$

当 $f(x)$ 为偶函数时，

$$f(x)=\frac{a_0}{2}+\sum_{n=1}^{\infty}a_n\cos\frac{n\pi x}{l}\quad(x\text{ 为连续点}),\qquad(12-6-7)$$

其中系数 a_n 为

$$a_n=\frac{2}{l}\int_0^l f(x)\cos\frac{n\pi x}{l}\mathrm{d}x\quad(n=0,1,2,\cdots).$$

当 x 为函数 $f(x)$ 的间断点时，应以

$$\frac{1}{2}(f(x-0)+f(x+0))$$

代替等式(12-6-4)，(12-6-6)，(12-6-7) 左端的 $f(x)$.

证明从略.

我们将形如公式(12-6-6)右端的这种只含有正弦函数项的傅里叶级数称为**正弦级数**；将形如公式(12-6-7)右端的这种只含有余弦函数项的傅里叶级数称为**余弦级数**.

对于一般的区间$[a,b)$，我们以$[0,l)$为例. 设 $f(x)$ 在$[0,l)$上可积，先把它的定义域任意延拓到$[-l,l)$上(只要求延拓后的函数在$[-l,l)$上可积)；然后以 $2l$ 为周期，把这个在$[-l,l)$上可积的函数再延拓到$(-\infty,+\infty)$上，得到周期函数 $F(x)$；最后求出 $F(x)$ 的傅里叶级数，并限制自变量 x 在$[0,l)$上，就得到 $f(x)$ 在$[0,l)$上的傅里叶级数.

因为第一次延拓(把 $f(x)$ 的定义域由$[0,l)$延拓到$[-l,l)$)具有任意性，所以可以选择延拓后的函数在$[-l,l)$上是奇函数或偶函数. 如果延拓为偶函数，则系数 $b_n=0(n=1,2,\cdots)$；如果延拓为奇函数，则系数 $a_n=0(n=0,1,2,\cdots)$. 这就简化了傅里叶级数的计算.

例 3　把函数 $f(x)=2-x(x\in[0,2))$ 展开成余弦级数.

解　把函数 $f(x)$ 延拓到$[-2,2)$上，使其为偶函数，记为 $F(x)$，即

$$F(x)=\begin{cases}2+x, & -2\leqslant x<0,\\ 2-x, & 0\leqslant x<2.\end{cases}$$

再把这个函数以 4 为周期延拓到区间$(-\infty,+\infty)$上，如图 12-6-3 所示.

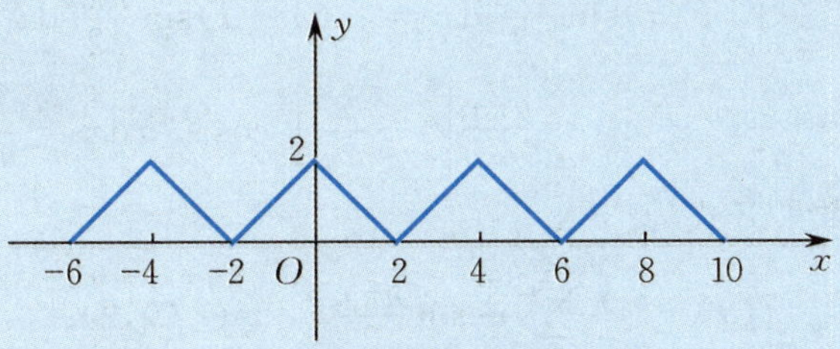

图 12-6-3

由于函数 $F(x)$ 是偶函数，$l=2$，因此

$$b_n=\frac{1}{2}\int_{-2}^{2}F(x)\sin\frac{n\pi x}{2}\mathrm{d}x=0\quad(n=1,2,\cdots),$$

$$a_0=\frac{1}{2}\int_{-2}^{2}F(x)\mathrm{d}x=\int_0^2(2-x)\mathrm{d}x=2,$$

$$\begin{aligned}a_n&=\int_0^2F(x)\cos\frac{n\pi x}{2}\mathrm{d}x=\int_0^2(2-x)\cos\frac{n\pi x}{2}\mathrm{d}x\\&=\frac{2}{n\pi}(2-x)\sin\frac{n\pi}{2}x\Big|_0^2+\frac{2}{n\pi}\int_0^2\sin\frac{n\pi}{2}x\mathrm{d}x\\&=-\left(\frac{2}{n\pi}\right)^2\cos\frac{n\pi}{2}x\Big|_0^2=\left(\frac{2}{n\pi}\right)^2[1-(-1)^n]\end{aligned}$$

$$=\begin{cases}0, & n=2,4,6,\cdots,\\ \dfrac{8}{\pi^2 n^2}, & n=1,3,5,\cdots.\end{cases}$$

于是 $f(x)$ 的余弦级数展开式为

$$f(x)=1+\frac{8}{\pi^2}\sum_{n=1}^{\infty}\frac{1}{(2n-1)^2}\cos\frac{2n-1}{2}\pi x,\quad x\in[0,2).$$

例 4 把函数 $f(x)=2-x(x\in[0,2))$ 展开成正弦级数.

解 把函数 $f(x)$ 延拓到 $[-2,2)$ 上,使其为奇函数,记为 $F(x)$,即

$$F(x)=\begin{cases}-(2+x), & -2\leqslant x<0,\\ 0, & x=0,\\ 2-x, & 0<x<2.\end{cases}$$

再把这个函数以 4 为周期延拓到区间 $(-\infty,+\infty)$ 上,如图 12-6-4 所示.

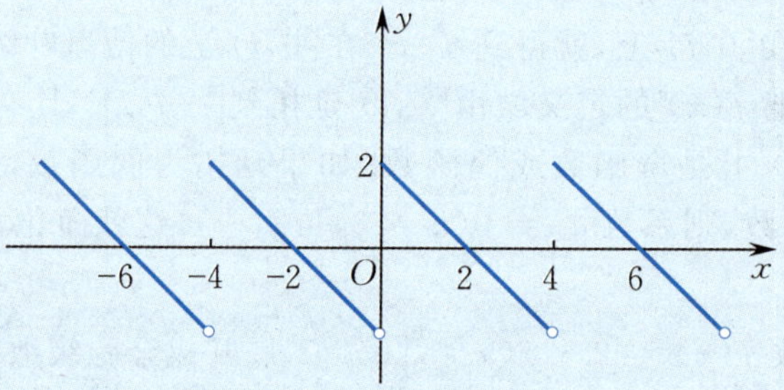

图 12-6-4

由于函数 $F(x)$ 是奇函数,$l=2$,因此

$$a_n=0\quad(n=0,1,2,\cdots),$$

$$b_n=\frac{1}{2}\int_{-2}^{2}F(x)\sin\frac{n\pi x}{2}\mathrm{d}x=\int_0^2(2-x)\sin\frac{n\pi x}{2}\mathrm{d}x$$

$$=-\frac{2}{n\pi}(2-x)\cos\frac{n\pi x}{2}\Big|_0^2-\frac{2}{n\pi}\int_0^2\cos\frac{n\pi}{2}x\mathrm{d}x=\frac{4}{n\pi}.$$

于是 $f(x)$ 的正弦级数展开式为

$$f(x)=\frac{4}{\pi}\sum_{n=1}^{\infty}\frac{1}{n}\sin\frac{n\pi x}{2},\quad x\in(0,2).$$

上式右端的正弦级数在 $x=0$ 处收敛到 0,即不收敛到 $f(0)$.

练习 12.6

1. 将下列周期函数 $f(x)$(周期都为 2π) 展开成傅里叶级数,它们在 $[-\pi,\pi)$ 上的表达式分别为:

(1) $f(x)=3x^2+1\quad(-\pi\leqslant x<\pi)$; (2) $f(x)=\mathrm{e}^{2x}\quad(-\pi\leqslant x<\pi)$;

(3) $f(x)=\begin{cases}bx, & -\pi\leqslant x<0,\\ ax, & 0\leqslant x<\pi\end{cases}$ (a,b 为常数,且 $a>b>0$).

2. 将下列函数 $f(x)$ 展开成傅里叶级数:

(1) $f(x)=2\sin\dfrac{x}{3}\quad(-\pi\leqslant x\leqslant\pi)$; (2) $f(x)=\begin{cases}\mathrm{e}^x, & -\pi\leqslant x<0,\\ 1, & 0\leqslant x\leqslant\pi.\end{cases}$

3. 将下列周期函数展开成傅里叶级数(下面只给出函数在一个周期内的表达式):

(1) $f(x)=1-x^2\quad\left(-\dfrac{1}{2}\leqslant x<\dfrac{1}{2}\right)$； (2) $f(x)=\begin{cases}2x+1, & -3\leqslant x<0,\\ 1, & 0\leqslant x<3.\end{cases}$

习 题 12

(A)

1. 判断下列正项级数的敛散性：

(1) $\sum\limits_{n=1}^{\infty}\dfrac{2^n}{(2n-1)3^n}$； (2) $\sum\limits_{n=1}^{\infty}\sin^n 1$；

(3) $\sum\limits_{n=1}^{\infty}\left(1-\cos\dfrac{2}{n}\right)$； (4) $\sum\limits_{n=1}^{\infty}\left(\tan\dfrac{\pi}{n}\right)^2$；

(5) $\sum\limits_{n=1}^{\infty}\dfrac{5^{n-1}}{n!}$； (6) $\sum\limits_{n=1}^{\infty}\dfrac{2^n}{n(n+1)}$；

(7) $\sum\limits_{n=1}^{\infty}\dfrac{1}{n\sqrt[n]{n}}$； (8) $\sum\limits_{n=1}^{\infty}\dfrac{n^n}{(n!)^2}$.

2. 设正项级数 $\sum\limits_{n=1}^{\infty}u_n$，$\sum\limits_{n=1}^{\infty}v_n$ 都收敛，证明：级数 $\sum\limits_{n=1}^{\infty}(u_n+v_n)^2$ 也收敛.

3. 判断下列级数是绝对收敛、条件收敛，还是发散：

(1) $\sum\limits_{n=1}^{\infty}(-1)^{n-1}\ln\dfrac{n+1}{n}$； (2) $\sum\limits_{n=1}^{\infty}(-2)^n\sin\dfrac{\pi}{3^n}$；

(3) $\sum\limits_{n=1}^{\infty}(-1)^{n-1}\dfrac{n}{2n+1}$； (4) $\sum\limits_{n=1}^{\infty}(-1)^{n-1}(2^{\frac{1}{n}}-1)$.

4. 讨论级数 $\sum\limits_{n=1}^{\infty}\left(\dfrac{na}{n+1}\right)^n$（$a$ 是任意实数）的敛散性.

5. 求下列幂级数的收敛域：

(1) $\sum\limits_{n=0}^{\infty}\dfrac{x^n}{(2n-1)(2n)}$； (2) $\sum\limits_{n=1}^{\infty}\dfrac{x^{n-1}}{2^n}$；

(3) $\sum\limits_{n=1}^{\infty}\dfrac{\ln(n+1)}{n+1}x^{n+1}$； (4) $\sum\limits_{n=1}^{\infty}(\ln x)^n$；

(5) $\sum\limits_{n=1}^{\infty}\dfrac{x^{2n}}{(2n-1)!}$； (6) $\sum\limits_{n=1}^{\infty}\dfrac{(x-2)^{n-1}}{n^2}$；

(7) $\sum\limits_{n=1}^{\infty}\left[\dfrac{(-1)^n}{2^n}x^n+3^n x^n\right]$； (8) $\sum\limits_{n=1}^{\infty}\dfrac{2^n}{\sqrt{n+1}+\sqrt{n}}x^{2n}$.

6. 求下列幂级数的收敛域及和函数：

(1) $\sum\limits_{n=1}^{\infty}(-1)^{n-1}\dfrac{x^{2n-1}}{2n-1}$； (2) $\sum\limits_{n=0}^{\infty}(2n)x^{2n-1}$；

(3) $\sum\limits_{n=1}^{\infty}\dfrac{1}{n(n+1)}x^{n+1}$； (4) $\sum\limits_{n=1}^{\infty}n(n+2)x^n$.

7. 将下列函数展开成 x 的幂级数：

(1) $\dfrac{1}{2}(e^x-e^{-x})$； (2) $\dfrac{1}{x}\ln(1+x)$；

(3) $\dfrac{1}{\sqrt{1-x^2}}$； (4) $\dfrac{1}{(x-1)(x-2)}$.

8. 利用 e^x 的幂级数展开式,求幂级数 $\sum\limits_{n=0}^{\infty}\dfrac{x^n}{2^n(n+1)!}$ 的和函数,并求数项级数 $\sum\limits_{n=0}^{\infty}\dfrac{2^n}{(n+1)!}$ 的和.

(B)

1. 选择题:

(1) 设 $a_n>0(n=1,2,\cdots)$,$S_n=a_1+a_2+\cdots+a_n$,则数列$\{S_n\}$有界是级数 $\sum\limits_{n=1}^{\infty}a_n$ 收敛的(　).

A. 充要条件　　B. 充分非必要条件

C. 必要非充分条件　　D. 既非充分也非必要条件　　(2012 考研数二)

(2) 已知级数 $\sum\limits_{n=1}^{\infty}(-1)^n\sqrt{n}\sin\dfrac{1}{n^{\alpha}}$ 绝对收敛,$\sum\limits_{n=1}^{\infty}\dfrac{(-1)^n}{n^{2-\alpha}}$ 条件收敛,则实数 α 的范围为(　).

A. $0<\alpha\leqslant\dfrac{1}{2}$　　B. $\dfrac{1}{2}<\alpha\leqslant 1$

C. $1<\alpha\leqslant\dfrac{3}{2}$　　D. $\dfrac{3}{2}<\alpha<2$　　(2012 考研数三)

(3) 设$\{a_n\}$为正项数列,下列选项中正确的是(　).

A. 若 $a_n>a_{n+1}$,则 $\sum\limits_{n=1}^{\infty}(-1)^{n-1}a_n$ 收敛

B. 若 $\sum\limits_{n=1}^{\infty}(-1)^{n-1}a_n$ 收敛,则 $a_n>a_{n+1}$

C. 若 $\sum\limits_{n=1}^{\infty}a_n$ 收敛,则存在正常数 $p>1$,使得 $\lim\limits_{n\to\infty}n^p a_n$ 存在

D. 若存在正常数 $p>1$,使得 $\lim\limits_{n\to\infty}n^p a_n$ 存在,则 $\sum\limits_{n=1}^{\infty}a_n$ 收敛　　(2013 考研数三)

(4) 设 $f(x)=\left|x-\dfrac{1}{2}\right|(x\in[0,1])$,$b_n=2\int_0^1 f(x)\sin n\pi x\mathrm{d}x(n=1,2,\cdots)$,令 $S(x)=\sum\limits_{n=1}^{\infty}b_n\sin n\pi x$,则 $S\left(-\dfrac{9}{4}\right)=$(　).

A. $\dfrac{3}{4}$　　B. $\dfrac{1}{4}$　　C. $-\dfrac{1}{4}$　　D. $-\dfrac{3}{4}$　　(2013 考研数一)

(5) 若级数 $\sum\limits_{n=1}^{\infty}a_n$ 条件收敛,则 $x=\sqrt{3}$ 与 $x=3$ 依次为幂级数 $\sum\limits_{n=1}^{\infty}na_n(x-1)^n$ 的(　).

A. 收敛点,收敛点　　B. 收敛点,发散点

C. 发散点,收敛点　　D. 发散点,发散点　　(2015 考研数一)

(6) 下列级数中发散的是(　).

A. $\sum\limits_{n=1}^{\infty}\dfrac{n}{3^n}$　　B. $\sum\limits_{n=1}^{\infty}\dfrac{1}{\sqrt{n}}\ln\left(1+\dfrac{1}{n}\right)$

C. $\sum\limits_{n=2}^{\infty}\dfrac{(-1)^n+1}{\ln n}$　　D. $\sum\limits_{n=1}^{\infty}\dfrac{n!}{n^n}$　　(2015 考研数三)

(7) 若级数 $\sum\limits_{n=2}^{\infty}\left(\sin\dfrac{1}{n}-k\ln\left(1-\dfrac{1}{n}\right)\right)$ 收敛,则 $k=$(　).

A. 1　　B. 2　　C. -1　　D. -2　　(2017 考研数三)

2. 填空题:

(1) 已知函数 $f(x)=\dfrac{1}{1+x^2}$,则 $f^{(3)}(0)=$________.　　(2017 考研数一)

(2) 幂级数 $\sum\limits_{n=1}^{\infty}(-1)^{n-1}nx^{n-1}$ 在区间$(-1,1)$内的和函数 $S(x)=$________.　　(2017 考研数一)

3. 求幂级数 $\sum_{n=0}^{\infty}\frac{4n^2+4n+3}{2n+1}x^{2n}$ 的收敛域及和函数.　（2012 考研数一）

4. 求幂级数 $\sum_{n=0}^{\infty}(n+1)(n+3)x^n$ 的收敛域及和函数.　（2014 考研数三）

5. 设数列$\{a_n\}$,$\{b_n\}$满足 $0<a_n<\frac{\pi}{2}$,$0<b_n<\frac{\pi}{2}$,$\cos a_n-a_n=\cos b_n$,且级数 $\sum_{n=1}^{\infty}b_n$ 收敛,证明:

(1) $\lim\limits_{n\to\infty}a_n=0$;

(2) 级数 $\sum_{n=1}^{\infty}\frac{a_n}{b_n}$ 收敛.　（2014 考研数一）

6. 已知函数 $f(x)$ 可导,且 $f(0)=1$,$0<f'(x)<\frac{1}{2}$. 设数列 $\{x_n\}$ 满足 $x_{n+1}=f(x_n)(n=1,2,\cdots)$,证明:

(1) 级数 $\sum_{n=1}^{\infty}(x_{n+1}-x_n)$ 绝对收敛;

(2) $\lim\limits_{n\to\infty}x_n$ 存在,且 $0<\lim\limits_{n\to\infty}x_n<2$.　（2016 考研数一）

第 12 章数学实验　用 Matlab 进行级数运算

1. 级数求和

收敛的级数,不论是数项级数还是函数项级数,都有求和问题. 在 Matlab 中,级数求和运算是通过命令函数 symsum( ) 来实现的,其调用格式和功能说明如表 1 所示.

表 1

调用格式	功能说明
symsum(s,x,a,b)	对级数的通项表达式 s 关于通项中的求和变量 x 从 a 到 b 进行求和. 若不指定 a 和 b,则求和变量 x 将从 0 开始到 x−1 结束;若不指定 x,则系统将对通项表达式 s 中的默认变量进行求和.

例 1　求 $1+2+3+\cdots+(k-1)$ 的值,以及级数 $1+2+3+\cdots+(k-1)+\cdots$ 的和.

解　[Matlab 操作命令]

```
>> syms k
>> symsum(k)
```

[Matlab 输出结果]

```
ans =
        1/2 * k^2 - 1/2 * k
```

[Matlab 操作命令]

```
>> syms k
>> symsum(k,1,inf)
```

[Matlab 输出结果]

```
ans =
      inf
```

结果分析:字符 inf 表示无穷大,说明此级数是发散的.因此,可以用函数 symsum( )来判断数项级数的敛散性.

例 2 求级数 $1+\frac{1}{2^2}+\frac{1}{3^2}+\cdots+\frac{1}{k^2}+\cdots$ 的和.

解 [Matlab 操作命令]

```
>> syms k
>> symsum(1/k^2,1,inf)
```

[Matlab 输出结果]

```
ans =
    1/6 * pi^2
```

例 3 求幂级数 $\sum_{n=0}^{\infty}\frac{x^n}{n+1}$ 的和函数.

解 [Matlab 操作命令]

```
>> syms x n
>> symsum(x^n/(n+1),n,0,inf)
```

[Matlab 输出结果]

```
ans =
     -1/x * log(1-x)
```

2. 函数的泰勒级数展开式

在 Matlab 中,求函数的泰勒级数展开式是由命令函数 taylor( )来实现的,其调用格式和功能说明如表 2 所示.

表 2

调用格式	功能说明
taylor(s,n,x,a)	计算函数表达式 s 在自变量 x 等于 a 时的 n−1 阶泰勒级数展开式.若不指定参数 n,则求 5 阶泰勒级数展开式;参数 a 为变量求导的取值点,若不指定,则系统将默认为 0,即求麦克劳林级数;若不指定参数 x,则系统将对函数表达式 s 中默认的自变量展开成级数.

例 4 将函数 $f(x)=e^x$ 展开成 5 阶的 x 的幂级数.

解 [Matlab 操作命令]

```
>> syms x
>> s = taylor(exp(x))
```

[Matlab 输出结果]

```
s =
   1 + x + 1/2 * x^2 + 1/6 * x^3 + 1/24 * x^4 + 1/120 * x^5
```

例 5　将函数 $f(x)=\dfrac{1}{x^2+1}$ 展开成 7 阶的 $x-1$ 的幂级数.

解　[Matlab 操作命令]

```
>> syms x
>> s = taylor(1/(1 + x^2),8,x,1)
```

[Matlab 输出结果]

```
s =
    1-1/2*x+1/4*(x-1)^2-1/8*(x-1)^4+1/8*(x-1)^5-1/16*(x-1)^6
```

【思考题】

1. 在 Matlab 中，如何写出抽象函数 $f(x)$ 的泰勒级数展开式？

习题参考答案

练习 7.1

1. A,B,C,D 分别在第 Ⅳ，Ⅴ，Ⅶ，Ⅲ 卦限.

2. 关于坐标原点对称的点为$(-1,-2,-3)$，
   关于 x 轴对称的点为$(1,-2,-3)$，
   关于 y 轴对称的点为$(-1,2,-3)$，
   关于 z 轴对称的点为$(-1,-2,3)$，
   关于 xOy 面对称的点为$(1,2,-3)$，
   关于 yOz 面对称的点为$(-1,2,3)$，
   关于 zOx 面对称的点为$(1,-2,3)$.

3. 点 A 在 xOy 面上；点 B 在 zOx 面上；点 C 在 z 轴上；点 D 在 x 轴上.

4. $C\left(0,0,\frac{14}{9}\right)$.

5. $(x-1)^2+(y-1)^2+(z+1)^2=3$.

6. (1) 球面；　(2) 圆柱面；　(3) 两平行平面；　(4) 两相交平面；
   (5) 抛物柱面；　(6) z 轴.

7. $\begin{cases}4x^2+\frac{4y^2}{9}=1,\\ z=0.\end{cases}$

练习 7.2

1. $B(2,-1,7)$.

2. $\overrightarrow{AB}=(1,-2,-2)$，$-3\overrightarrow{AB}=(-3,6,6)$.

3. 模为 2，方向余弦分别为 $-\frac{1}{2},-\frac{\sqrt{2}}{2},\frac{1}{2}$，方向角分别为 $\frac{2\pi}{3},\frac{3\pi}{4},\frac{\pi}{3}$.

4. $\boldsymbol{a}=\sqrt{38}\,\boldsymbol{e}_a$.

5. 13；$7\boldsymbol{j}$.

6. $\pm\left(-\frac{1}{2},\frac{2}{3},\frac{\sqrt{11}}{6}\right)$.

7. (1) -18；　(2) $10\boldsymbol{i}+2\boldsymbol{j}+14\boldsymbol{k}$；　(3) $\cos(\widehat{\boldsymbol{a},\boldsymbol{b}})=\frac{3\sqrt{21}}{42}$.

8. $\frac{2}{5}$.

9. $\pm\frac{\sqrt{17}}{17}(3,-2,-2)$.

10. (1) $-8\boldsymbol{j}-24\boldsymbol{k}$;　(2) $-\boldsymbol{j}-\boldsymbol{k}$;　(3) 2.

11. $\frac{1}{2}\sqrt{19}$.

12. ～ **14.** 略.

练习 7.3

1. $3x-7y+5z-4=0$.

2. $x-2y+3z-14=0$.

3. $x-3y-2z=0$.

4. $x+y-3z-4=0$.

5. (1) $z-2=0$;　(2) $x+3y=0$;　(3) $9y-z-2=0$.

6. 与 xOy 面：$\frac{1}{3}$；与 yOz 面：$\frac{2}{3}$；与 zOx 面：$\frac{2}{3}$.

7. $\sqrt{3}$.

8. $\frac{x-2}{2}=\frac{y+1}{1}=\frac{z-3}{3}$.

9. $\frac{x+1}{4}=\frac{y}{-2}=\frac{z-2}{-1}$.

10. $\frac{x-3}{-2}=\frac{y}{1}=\frac{z+2}{3}$；$\begin{cases} x=3-2t, \\ y=t, \\ z=-2+3t \end{cases}$ （t 为参数）.

11. $16x-14y-11z-43=0$.

12. $\frac{x-1}{-2}=\frac{y}{3}=\frac{z+1}{1}$.

13. (1) 平行；　(2) 垂直；　(3) 直线在平面上.

练习 7.4

1. $y^2+z^2=3x$.

2. $x^2+y^2+z^2=25$.

3. 绕 x 轴旋转：$4x^2-5(y^2+z^2)=20$；绕 y 轴旋转：$4(x^2+z^2)-5y^2=20$.

4. (1) xOy 面上的椭圆 $\frac{x^2}{4}+\frac{y^2}{6}=1$ 绕 x 轴旋转一周；

(2) xOy 面上的双曲线 $x^2-\frac{y^2}{9}=1$ 绕 y 轴旋转一周；

(3) xOy 面上的双曲线 $x^2-y^2=1$ 绕 x 轴旋转一周；

(4) yOz 面上的直线 $z=y+1$ 绕 z 轴旋转一周.

5. (1) 球面；　(2) 旋转抛物面；

(3) 两相交的平面；　(4) z 轴；

(5) 三个坐标面；　(6) 过 x 轴的平面；

(7) 两平行的平面；　(8) 椭圆柱面；

(9) 双曲柱面；　(10) 圆锥面.

6. 略.

7. 曲线 C 是平面 $z=3$ 上的抛物线；在 xOy 面上的投影曲线方程为 $\begin{cases} y^2=2x-9, \\ z=0. \end{cases}$

习 题 7

(A)

1. (0,2,0).
2. 略.
3. $z=1$.
4. $\frac{2\sqrt{7}}{7}$.
5. 30.
6. $2x-y-z=0$.
7. $\frac{x-2}{4}=\frac{y+1}{3}=\frac{z-3}{1}$.

(B)

1. (1) $(1,2,2)$;　　(2) $\begin{cases}2x+y+z-6=0,\\x-3y+z+3=0.\end{cases}$
2. $8x-9y-22z-59=0$.
3. $x-y+z=0$.
4. $\frac{3}{2}\sqrt{2}$.
5. 在 xOy 面:$x^2+y^2=x+y$;
   在 yOz 面:$2y^2+2yz+z^2-4y-3z+2=0$;
   在 zOx 面:$2x^2+2xz+z^2-4x-3z+2=0$.

练习 8.1

1. 图略.
   (1) $D=\{(x,y)\mid y^2\neq 2x\}$;　　(2) $D=\{(x,y)\mid x^2+y^2\leqslant 1\}$;
   (3) $D=\{(x,y)\mid x\geqslant\sqrt{y}$ 且 $y\geqslant 0\}$;　　(4) $D=\{(x,y)\mid 1<x^2+y^2\leqslant 4\}$.
2. $f(x,y)=\frac{x^2(1-y)}{1+y}$.
3. (1) 2;　　(2) 2;　　(3) 1;　　(4) $\frac{8}{\pi}$.
4. 略.
5. (1) 不连续;　　(2) 连续.

练习 8.2

1. (1) $\frac{\partial z}{\partial x}=3x^2+2y,\frac{\partial z}{\partial y}=2x+3y^2$;

   (2) $\frac{\partial z}{\partial x}=-\frac{\tan y}{x^2},\frac{\partial z}{\partial y}=\frac{\sec^2 y}{x}$;

   (3) $\frac{\partial z}{\partial x}=\frac{3}{3x-2y},\frac{\partial z}{\partial y}=-\frac{2}{3x-2y}$;

   (4) $\frac{\partial z}{\partial x}=2(x-y)\cos(x^2-2xy),\frac{\partial z}{\partial y}=-2x\cos(x^2-2xy)$;

   (5) $\frac{\partial u}{\partial x}=yz\mathrm{e}^{xyz},\frac{\partial u}{\partial y}=xz\mathrm{e}^{xyz},\frac{\partial u}{\partial z}=xy\mathrm{e}^{xyz}$;

   (6) $\frac{\partial u}{\partial x}=\frac{z}{y}x^{\frac{z}{y}-1},\frac{\partial u}{\partial y}=-\frac{z}{y^2}x^{\frac{z}{y}}\ln x,\frac{\partial u}{\partial z}=\frac{1}{y}x^{\frac{z}{y}}\ln x$.

2. (1) $f_x(1,0)=2\mathrm{e}, f_y(1,0)=0$; (2) $f_x(1,1)=f_y(-1,-1)=-\dfrac{1}{2}$.

3. 略.

4. $\dfrac{\partial^2 z}{\partial x^2}=6y-6xy^2, \dfrac{\partial^2 z}{\partial y^2}=-2x^3+8, \dfrac{\partial^2 z}{\partial y\partial x}=\dfrac{\partial^2 z}{\partial x\partial y}=6x-6x^2y$.

5. $\dfrac{\partial z}{\partial x}=-\dfrac{y}{x^2}, \dfrac{\partial z}{\partial y}=\dfrac{1}{x}, \dfrac{\partial^2 z}{\partial y\partial x}=-\dfrac{1}{x^2}$.

6. $C_x(4,3)=270, C_y(4,3)=160$.

经济意义：当甲、乙两种标号的水泥日产量分别为4吨和3吨时，如果乙水泥日产量不变，而甲水泥的日产量增加1吨，则成本将增加270元；如果甲水泥日产量不变，而乙水泥的日产量增加1吨，则成本将增加160元.

练习 8.3

1. (1) $\mathrm{d}z=2\mathrm{e}^{x^2+y^2}(x\mathrm{d}x+y\mathrm{d}y)$; (2) $\mathrm{d}z=\dfrac{2}{x^2+y^2}(x\mathrm{d}x+y\mathrm{d}y)$;

(3) $\mathrm{d}z=\dfrac{1}{x^2+y^2}(-y\mathrm{d}x+x\mathrm{d}y)$; (4) $\mathrm{d}u=yzx^{yz-1}\mathrm{d}x+zx^{yz}\ln x\mathrm{d}y+yx^{yz}\ln x\mathrm{d}z$.

2. $\mathrm{d}z\Big|_{(1,-1)}=\dfrac{2}{3}(\mathrm{d}x-\mathrm{d}y)$.

3. $\mathrm{d}u\Big|_{(\mathrm{e},1,1)}=\mathrm{d}x-\mathrm{e}\mathrm{d}y+\mathrm{e}\mathrm{d}z$.

4. $\Delta z=-0.119, \mathrm{d}z=-0.125$.

5. 2.95.

练习 8.4

1. $\dfrac{\mathrm{d}z}{\mathrm{d}t}=\mathrm{e}^{\sin t+\cos t}(\cos t-\sin t)$.

2. $\dfrac{\mathrm{d}z}{\mathrm{d}t}=2(\sin t\cos^3 t-\sin^3 t\cos t)+2\mathrm{e}^{2t}=\dfrac{1}{2}\sin 4t+2\mathrm{e}^{2t}$.

3. $\dfrac{\partial z}{\partial x}=\dfrac{2x}{y^2}\ln(x+y)+\dfrac{x^2}{(x+y)y^2}, \dfrac{\partial z}{\partial y}=-\dfrac{2x^2}{y^3}\ln(x+y)+\dfrac{x^2}{(x+y)y^2}$.

4. $\dfrac{\partial z}{\partial x}=2(2x+y)^{2x+y}(1+\ln(2x+y)), \dfrac{\partial z}{\partial y}=(2x+y)^{2x+y}(1+\ln(2x+y))$.

5. 略.

6. (1) $\dfrac{\partial w}{\partial x}=2xf_u+yf_v, \dfrac{\partial w}{\partial y}=-2yf_u+xf_v$;

(2) $\dfrac{\partial w}{\partial x}=\dfrac{1}{y}f_u, \dfrac{\partial w}{\partial y}=-\dfrac{x}{y^2}f_u+\dfrac{1}{z}f_v, \dfrac{\partial w}{\partial z}=-\dfrac{y}{z^2}f_v$.

7. $\dfrac{\mathrm{d}y}{\mathrm{d}x}=\dfrac{x+y}{x-y}$.

8. $\dfrac{\partial z}{\partial x}=\dfrac{yz-\sqrt{xyz}}{\sqrt{xyz}-xy}, \dfrac{\partial z}{\partial y}=\dfrac{xz-2\sqrt{xyz}}{\sqrt{xyz}-xy}$.

9. 略.

10. $\dfrac{\partial^2 z}{\partial x^2}=\dfrac{2y^2z\mathrm{e}^z-y^2z^2\mathrm{e}^z-2xy^3z}{(\mathrm{e}^z-xy)^3}$.

11. ～12. 略.

练习 8.5

1. (1) 极小值为 $f(1,1)=-1$; (2) 极大值为 $f(1,1)=5$;

(3) 极小值为 $f(-2,0)=-\frac{2}{e}$.

2. (1) 极大值为 $f(1,1)=1$； (2) 极小值为 $f(2,2)=3$.

3. 最大体积为$\frac{\sqrt{6}}{36}a^3$.

4. 最大面积为 $2ab$.

5. 当甲、乙两种产品的产量分别为 80 吨、120 吨时，有最大利润 42 000 元.

6. 最大值为 $f\left(\frac{\sqrt{2}}{2},\frac{\sqrt{2}}{2}\right)=f\left(-\frac{\sqrt{2}}{2},-\frac{\sqrt{2}}{2}\right)=\frac{1}{2}$，最小值为 $f\left(\frac{\sqrt{2}}{2},-\frac{\sqrt{2}}{2}\right)=f\left(-\frac{\sqrt{2}}{2},\frac{\sqrt{2}}{2}\right)=-\frac{1}{2}$.

习 题 8

(A)

1. 图略.

(1) $\{(x,y)\mid x^2+y^2\neq 1\}$； (2) $\{(x,y)\mid -1\leqslant x\leqslant 1,-1\leqslant y\leqslant 1\}$；

(3) $\{(x,y)\mid y<x\}$； (4) $\{(x,y)\mid 2\leqslant x^2+y^2\leqslant 4\}$.

2. $f(x,y)=x^2+2y^2$.

3. (1) 2； (2) 5； (3) e； (4) 0.

4. 略. $\left(提示：因为\left|\frac{x+y}{x^2-xy+y^2}\right|\leqslant\frac{1}{|y|}+\frac{1}{|x|}.\right)$

5. 不存在.

6. 在点(0,0) 处连续.

7. (1) $\frac{\partial z}{\partial x}=3x^2y-y^3,\frac{\partial z}{\partial y}=x^3-3xy^2$；

(2) $\frac{\partial z}{\partial x}=y(\cos(xy)-\sin(2xy)),\frac{\partial z}{\partial y}=x(\cos(xy)-\sin(2xy))$；

(3) $\frac{\partial z}{\partial x}=-\frac{2y}{x^2}\csc\frac{2y}{x},\frac{\partial z}{\partial y}=\frac{2}{x}\csc\frac{2y}{x}$；

(4) $\frac{\partial z}{\partial x}=(1+xy)^x\left(\ln(1+xy)+\frac{xy}{1+xy}\right),\frac{\partial z}{\partial y}=x^2(1+xy)^{x-1}$.

8. (1) $\frac{\partial^2 z}{\partial x^2}=0,\frac{\partial^2 z}{\partial x\partial y}=2ye^{y^2},\frac{\partial^2 z}{\partial y^2}=2x(1+2y^2)e^{y^2}$；

(2) $\frac{\partial^2 z}{\partial x^2}=\frac{2xy}{(x^2+y^2)^2},\frac{\partial^2 z}{\partial x\partial y}=\frac{y^2-x^2}{(x^2+y^2)^2},\frac{\partial^2 z}{\partial y^2}=-\frac{2xy}{(x^2+y^2)^2}$.

9. $\frac{\partial^2 z}{\partial x^2}=-\frac{e^z}{(e^z+1)^3},\frac{\partial^2 z}{\partial y^2}=-\frac{e^z}{(e^z+1)^3}$.

10. (1) $\frac{\partial z}{\partial x}=e^{xy}(y\sin(x+y)+\cos(x+y)),\frac{\partial z}{\partial y}=e^{xy}(x\sin(x+y)+\cos(x+y))$；

(2) $\frac{\partial u}{\partial x}=(1+6x\cos y)e^{x+2y+3z},\frac{\partial u}{\partial y}=(2-3x^2\sin y)e^{x+2y+3z}$；

(3) 设 $u=x,v=xy,t=xyz$，则

$$\frac{\partial w}{\partial x}=f_u+yf_v+yzf_t,\quad \frac{\partial w}{\partial y}=xf_v+xzf_t,\quad \frac{\partial w}{\partial z}=xyf_t.$$

11. $du=x^y y^z z^x\left[\left(\frac{y}{x}+\ln z\right)dx+\left(\frac{z}{y}+\ln x\right)dy+\left(\frac{x}{z}+\ln y\right)dz\right]$.

12. $\frac{\partial z}{\partial x}=ye^{-x^2y^2},\frac{\partial z}{\partial y}=xe^{-x^2y^2}$.

13. 略.

14. (1) 极小值为 $f(6,5)=90$； (2) 极大值为 $f(1,1)=2$.

15. 最大值为 $f(3,0)=9$，最小值为 $f(0,0)=0$.

16. 当甲、乙两种产品的日产量分别为 25 件、17 件时，成本最低.

17. (1) $x=1.5, y=1$；　　(2) $x=0.75, y=1.25$.

18. 略.

(B)

1. (1) D；　　(2) A；

(3) A；

[提示：由奇、偶函数定积分的性质，得

$$\begin{aligned}&\int_{-\pi}^{\pi}(x-a\cos x-b\sin x)^2\,\mathrm{d}x\\&=\int_{-\pi}^{\pi}(x^2+a^2\cos^2 x+b^2\sin^2 x-2ax\cos x-2bx\sin x+2ab\sin x\cos x)\,\mathrm{d}x\\&=2\int_0^{\pi}(x^2+a^2\cos^2 x+b^2\sin^2 x-2bx\sin x)\,\mathrm{d}x\\&=\frac{2}{3}\pi^3+a^2\int_0^{\pi}(1+\cos 2x)\,\mathrm{d}x+b^2\int_0^{\pi}(1-\cos 2x)\,\mathrm{d}x+4b\int_0^{\pi}x\,\mathrm{d}(\cos x)\\&=\frac{2}{3}\pi^3+(a^2+b^2)\pi-4\pi b=f(a,b).\end{aligned}$$

令 $\frac{\partial f}{\partial a}=2a\pi=0, \frac{\partial f}{\partial b}=2b\pi-4\pi=0$，解得 $a=0, b=2$. 而如果 a 与 b 至少有一个趋于无穷大，则 $f(a,b)\to+\infty$，故当 $a=0, b=2$ 时，函数 $f(a,b)$ 取最小值. 因此 $a_1=0, b_1=2$.]

(4) A；　　(5) D；　　(6) D.

2. (1) 0；　　(2) $\frac{2x}{\mathrm{e}^y+1}$；

(3) $2\mathrm{d}x-\mathrm{d}y$；

[提示：由题意知

$$\lim_{\substack{x\to 0\\y\to 1}}(f(x,y)-2x+y-2)=f(0,1)-2\times 0+1-2=0.$$

由上式得 $f(0,1)=1$.

又由 $\lim\limits_{\substack{x\to 0\\y\to 1}}\frac{f(x,y)-2x+y-2}{\sqrt{x^2+(y-1)^2}}=0$ 知，当 $x\to 0, y\to 1$ 时，

$$f(x,y)=2x-y+2+o(\sqrt{x^2+(y-1)^2}).$$

令 $x=\Delta x, y-1=\Delta y$，代入上式得

$$f(0+\Delta x,1+\Delta y)-1=2\Delta x-\Delta y+o(\sqrt{(\Delta x)^2+(\Delta y)^2}),$$

即

$$f(0+\Delta x,1+\Delta y)-f(0,1)=2\Delta x-\Delta y+o(\sqrt{(\Delta x)^2+(\Delta y)^2}).$$

所以由 §8.3 中的定义 1 可知 $\mathrm{d}z\Big|_{(0,1)}=2\mathrm{d}x-\mathrm{d}y$.]

(4) $2(1-\ln 2)$；　　(5) $-\frac{1}{2}(\mathrm{d}x+\mathrm{d}y)$；　　(6) $-\mathrm{d}x$；

(7) $-\mathrm{d}x+2\mathrm{d}y$.

[提示：将 $(x+1)z-y^2=x^2f(x-z,y)$ 两边分别对 x, y 求导数，得

$$z+(x+1)z_x=2xf(x-z,y)+x^2f_1'(x-z,y)(1-z_x),$$
$$(x+1)z_y-2y=x^2[f_1'(x-z,y)(-z_y)+f_2'(x-z,y)\cdot 1],$$

其中 f_1' 和 f_2' 分别表示函数 f 对第 1 个和第 2 个自变量的偏导数. 将 $x=0, y=1$ 代入所给方程，得 $z=1$.

因此,将 $x=0,y=1,z=1$ 代入上述对 x 求导数的式子,可得 $z_x=-1$;代入上述对 y 求导数的式子,可得 $z_y=2$. 故 $\mathrm{d}z\Big|_{(0,1)}=-\mathrm{d}x+2\mathrm{d}y$.]

3. $f(x,y)$ 在 $(\mathrm{e},0)$ 处取极大值 $f(\mathrm{e},0)=\dfrac{1}{2}\mathrm{e}^2$.

4. (1) $C(x,y)=20x+\dfrac{x^2}{4}+6y+\dfrac{1}{2}y^2+10\ 000$;

(2) 最小总成本为 $C(24,26)=11\ 118$ 万元;

(3) $C_x(24,26)=32$.

[提示:(1) 由题意得 $C_x(x,y)=20+\dfrac{x}{2}$. 对 x 积分,得

$$C(x,y)=20x+\frac{x^2}{4}+D(y).$$

又由题意得 $C_y(x,y)=D'(y)=6+y$. 对 y 积分,得

$$D(y)=6y+\frac{1}{2}y^2+\widetilde{C},$$

所以

$$C(x,y)=20x+\frac{x^2}{4}+6y+\frac{1}{2}y^2+\widetilde{C}\quad(\widetilde{C}\text{ 为常数}).$$

又由 $C(0,0)=10\ 000$ 得 $\widetilde{C}=10\ 000$,所以成本函数为

$$C(x,y)=20x+\frac{x^2}{4}+6y+\frac{1}{2}y^2+10\ 000.$$

(2) 若 $x+y=50$,则 $y=50-x(0\leqslant x\leqslant 50)$. 代入成本函数中,得

$$C(x)=\frac{3x^2}{4}-36x+11\ 550.$$

令 $C'(x)=\dfrac{3}{2}x-36=0$,得 $x=24$,从而 $y=26$. 这时总成本最小,为 $C(24,26)=11\ 118$ 万元.

(3) 由题(2)知,当总产量为 50 件且总成本最小时,$x=24,y=26$. 此时,甲产品的边际成本为

$$C_x(24,26)=32,$$

表示在甲产品为 24 件,乙产品为 26 件时,若多生产 1 件甲产品,则成本会增加 32 万元.]

5. (1) 设利润为 I,则 $I=PQ-(20Q+6\ 000)=40Q-\dfrac{Q^2}{1\ 000}-6\ 000$,边际利润为 $I'=40-\dfrac{Q}{500}$.

(2) 当 $P=50$ 元 / 件时,$Q=10\ 000$ 件,此时边际利润为 20. 经济意义为:当 $P=50$ 元 / 件,$Q=10\ 000$ 件时,若销量增加 1 件,则利润增加 20 元.

(3) 令 $I'=0$,得 $Q=20\ 000$,此时 $P=60-\dfrac{Q}{1\ 000}=40$.

6. $f(1)=-2$ 为 $f(x)$ 的极小值.

[提示:已知

$$y^3+x^2y+xy^2+6=0. \tag{1}$$

(1) 式两边对 x 求导数,得

$$3y^2y'+2xy+x^2y'+y^2+2xyy'=0. \tag{2}$$

令 $y'=0$,则由等式(2) 得 $2xy+y^2=0$. 由于 $y=0$ 不满足(1) 式,故 $2x+y=0$. 将 $y=-2x$ 代入(1) 式,即得 $x=1,y=-2$.

(2) 式两边对 x 求导数,得

$$(6yy'^2+3y^2y'')+(2y+2xy')+(2xy'+x^2y'')+2yy'+(2yy'+2xy'^2+2xyy'')=0. \tag{3}$$

将 $x=1,y=-2,y'(1)=0$ 代入(3)式,得 $9y''=4$,即 $y''=\frac{4}{9}>0$.故 $f(1)=-2$ 为 $f(x)$ 的极小值.]

7. $y(-1)=0$ 为极小值,$y(1)=1$ 为极大值.

[提示:由 $x^2+y^2y'=1-y'$ 得 $(1+y^2)y'=1-x^2$,解该微分方程得

$$y+\frac{y^3}{3}=x-\frac{x^3}{3}+C\quad(C\text{为常数}).$$

而由 $y(2)=0$ 得 $C=\frac{2}{3}$,故函数 $y=y(x)$ 满足

$$y+\frac{y^3}{3}=x-\frac{x^3}{3}+\frac{2}{3}.$$

在 $x^2+y^2y'=1-y'$ 中,令 $y'=0$,得函数 $y(x)$ 的驻点为 $x=\pm1$.将 $x=\pm1$ 代入上式,得

$$y(1)=1,\quad y(-1)=0.$$

等式 $x^2+y^2y'=1-y'$ 两边对 x 求导数,得

$$2x+2yy'^2+y^2y''=-y''.\tag{1}$$

将 $x=-1,y=0,y'=0$ 代入(1)式,得 $y''(-1)=2>0$,故 $y(-1)=0$ 为极小值;将 $x=1,y=1,y'=0$ 代入(1)式,得 $y''(1)=-1<0$,故 $y(1)=1$ 为极大值.]

8. $\frac{\pi}{4}(8\ln2-5)$.

[提示:由 $\frac{\partial f}{\partial y}=2(y+1)$ 得 $f(x,y)=(y+1)^2+c(x)$.再由 $f(y,y)=(y+1)^2-(2-y)\ln y$ 得 $c(x)=-(2-x)\ln x$,所以

$$f(x,y)=(y+1)^2-(2-x)\ln x.$$

又由 $f(x,y)=(y+1)^2-(2-x)\ln x=0$ 得 $y=-1\pm\sqrt{(2-x)\ln x}$,故曲线 $f(x,y)=0$ 关于 $y=-1$ 对称,且其定义域为 $1\leqslant x\leqslant2$.而曲线 $f(x,y)=0$ 与直线 $y=-1$ 的交点为 $(1,-1),(2,-1)$,故 $f(x,y)=0$ 所围图形绕 $y=-1$ 旋转一周所得旋转体的体积为

$$V=\pi\int_1^2(y+1)^2\mathrm{d}x=\pi\int_1^2(2-x)\ln x\mathrm{d}x=-\frac{\pi}{2}\int_1^2\ln x\mathrm{d}(2-x)^2=\frac{\pi}{4}(8\ln2-5).$$

解毕.]

9. $f(u)=\frac{1}{16}\mathrm{e}^{2u}-\frac{1}{16}\mathrm{e}^{-2u}-\frac{u}{4}$.

[提示:设 $u=\mathrm{e}^x\cos y$,则

$$\frac{\partial z}{\partial x}=f'(u)\mathrm{e}^x\cos y,\quad\frac{\partial z}{\partial y}=-f'(u)\mathrm{e}^x\sin y,$$

$$\frac{\partial^2 z}{\partial x^2}=f''(u)\mathrm{e}^{2x}\cos^2y+f'(u)\mathrm{e}^x\cos y,$$

$$\frac{\partial^2 z}{\partial y^2}=f''(u)\mathrm{e}^{2x}\sin^2y-f'(u)\mathrm{e}^x\cos y.$$

由 $\frac{\partial^2 z}{\partial x^2}+\frac{\partial^2 z}{\partial y^2}=(4z+\mathrm{e}^x\cos y)\mathrm{e}^{2x}$ 得 $f''(u)=4f(u)+u$,即 $z''-4z=u$.这是一个自变量为 u、因变量为 z 的二阶常系数非齐次线性微分方程,它对应的齐次线性微分方程的通解为

$$z=f(u)=C_1\mathrm{e}^{2u}+C_2\mathrm{e}^{-2u}\quad(C_1,C_2\text{ 为常数}).$$

微分方程 $z''-4z=u$ 的一个特解可设为 $z^*=Au+B$,代入 $z''-4z=u$ 可求得 $A=-\frac{1}{4}$,$B=0$,故微分方程 $z''-4z=u$ 的特解为 $z^*=-\frac{u}{4}$.因此,微分方程 $f''(u)=4f(u)+u$ 的通解为

$$z = f(u) = C_1 e^{2u} + C_2 e^{-2u} - \frac{u}{4}.$$

由 $f(0) = f'(0) = 0$ 得

$$\begin{cases} C_1 + C_2 = 0, \\ C_1 - C_2 = \dfrac{1}{8}, \end{cases}$$

解得 $C_1 = \frac{1}{16}, C_2 = -\frac{1}{16}$. 所以 $f(u) = \frac{1}{16}e^{2u} - \frac{1}{16}e^{-2u} - \frac{u}{4}$.]

10. $f(0,-1) = -1$ 为极小值.

[提示:已知 $f_{xy}(x,y) = 2(y+1)e^x$. 两边对 y 积分,得

$$f_x(x,y) = 2\left(\frac{1}{2}y^2 + y\right)e^x + \varphi(x) = (y^2 + 2y)e^x + \varphi(x),$$

所以

$$f_x(x,0) = \varphi(x) = (x+1)e^x.$$

故

$$f_x(x,y) = (y^2 + 2y)e^x + (1+x)e^x.$$

将上式两边对 x 积分,得

$$f(x,y) = (y^2 + 2y)e^x + xe^x + \psi(y),$$

所以

$$f(0,y) = (y^2 + 2y) + \psi(y) = y^2 + 2y,$$

得 $\psi(y) = 0$. 故

$$f(x,y) = (y^2 + 2y)e^x + xe^x.$$

由 $f_x(x,y) = 0, f_y(x,y) = 0$, 求得驻点为 $(0,-1)$. 又因

$$A = f_{xx}(0,-1) = 1, \quad B = f_{xy}(0,-1) = 0, \quad C = f_{yy}(0,-1) = 2,$$

于是 $AC - B^2 = 2 > 0$, 故 $f(0,-1) = -1$ 为极小值.]

11. $\left.\dfrac{dy}{dx}\right|_{x=0} = f_u(1,1), \left.\dfrac{d^2y}{dx^2}\right|_{x=0} = f_{uu}(1,1) + f_u(1,1) - f_v(1,1)$.

练习 9.1

1. (1) $\dfrac{dy}{dx} = -\dfrac{x(6z+1)}{2y(3z+1)}, \dfrac{dz}{dx} = \dfrac{x}{3z+1}$;

(2) $\dfrac{dx}{dz} = \dfrac{y-z}{x-y}, \dfrac{dy}{dz} = \dfrac{z-x}{x-y}$;

(3) $\dfrac{\partial u}{\partial x} = \dfrac{\sin v}{e^u(\sin v - \cos v) + 1}, \dfrac{\partial u}{\partial y} = \dfrac{-\cos v}{e^u(\sin v - \cos v) + 1}$,

$\dfrac{\partial v}{\partial x} = \dfrac{\cos v - e^u}{u[e^u(\sin v - \cos v) + 1]}, \dfrac{\partial v}{\partial y} = \dfrac{\sin v + e^u}{u[e^u(\sin v - \cos v) + 1]}$.

2. $\dfrac{\partial u}{\partial x} = \dfrac{-uf'_1(2yvg'_2 - 1) - f'_2 g'_1}{(xf'_1 - 1)(2yvg'_2 - 1) - f'_2 g'_1}, \dfrac{\partial v}{\partial x} = \dfrac{g'_1(xf'_1 + uf'_1 - 1)}{(xf'_1 - 1)(2yvg'_2 - 1) - f'_2 g'_1}$.

练习 9.2

1. 切线:$\dfrac{x-1}{1} = \dfrac{y-1}{2} = \dfrac{z-1}{3}$;法平面:$x + 2y + 3z = 6$.

2. 切线:$\dfrac{x - \left(\frac{\pi}{2} - 1\right)}{1} = \dfrac{y-1}{1} = \dfrac{z - 2\sqrt{2}}{\sqrt{2}}$;法平面:$x + y + \sqrt{2}z = \dfrac{\pi}{2} + 4$.

3. 切线：$\frac{x-1}{16}=\frac{y-1}{9}=\frac{z-1}{-1}$；法平面：$16x+9y-z=24$.

4. $P_1(-1,1,-1)$ 和 $P_2\left(-\frac{1}{3},\frac{1}{9},-\frac{1}{27}\right)$.

练习 9.3

1. 切平面：$x+2y+3z-14=0$；法线：$\frac{x-1}{1}=\frac{y-2}{2}=\frac{z-3}{3}$.

2. 切平面：$4x+2y-z-6=0$；法线：$\frac{x-2}{4}=\frac{y-1}{2}=\frac{z-4}{-1}$.

3. 切平面：$x+2y-4=0$；法线：$\begin{cases}\frac{x-2}{1}=\frac{y-1}{2},\\ z=0.\end{cases}$

4. $x-y+2z=\pm\frac{\sqrt{22}}{2}$.

5. $\frac{3\sqrt{22}}{22}$.

练习 9.4

1. $1+2\sqrt{3}$.
2. 5.
3. $\mathbf{grad}f(0,0,0)=3\boldsymbol{i}-2\boldsymbol{j}-6\boldsymbol{k}$，$\mathbf{grad}f(1,1,1)=6\boldsymbol{i}+3\boldsymbol{j}$.

习　题　9

（A）

1. 切线：$\frac{x-\frac{1}{2}}{1}=\frac{y-2}{-4}=\frac{z-1}{8}$；法平面：$2x-8y+16z-1=0$.

2. 切线：$\frac{x-1}{1}=\frac{y+2}{0}=\frac{z-1}{-1}$；法平面：$x-z=0$.

3. $P(2,-1,-2)$；切平面：$x-2y+z-2=0$；法线：$\frac{x-2}{-1}=\frac{y+1}{2}=\frac{z+2}{-1}$.

4. (1) 切平面：$2x-4y+z+5=0$，法线：$\frac{x+1}{-2}=\frac{y-2}{4}=\frac{z-5}{-1}$；

(2) 切平面：$x-y+2z-\frac{\pi}{2}=0$，法线：$\frac{x-1}{-\frac{1}{2}}=\frac{y-1}{\frac{1}{2}}=\frac{z-\frac{\pi}{4}}{-1}$.

5. $\frac{98}{13}$.

6. $\frac{6}{7}\sqrt{14}$.

7. $\mathbf{grad}f(1,1,1)=\boldsymbol{j}+2\boldsymbol{k}$.

8. $\mathbf{grad}f(1,-1,2)=2\boldsymbol{i}-4\boldsymbol{j}+\boldsymbol{k}$ 的方向是方向导数最大的方向，方向导数的最大值为 $|\mathbf{grad}f|=\sqrt{21}$.

9. 略.

（B）

1. (1) A；　　(2) D.

2. (1) (1,1,1)；　　(2) $2x-y-z=1$.

3. 3.

［提示：已知 $f(x,y)$ 沿着梯度的方向的方向导数最大，且最大值为梯度的模. 而

$$f_x(x,y)=1+y,\quad f_y(x,y)=1+x,$$

故 $\mathbf{grad}f(x,y)=(1+y,1+x)$，其模为 $\sqrt{(1+y)^2+(1+x)^2}$. 于是，此问题转化为求函数

$$g(x,y)=\sqrt{(1+y)^2+(1+x)^2}$$

在约束条件 $C:x^2+y^2+xy=3$ 下的最大值，即为条件极值问题.

为了计算简单，可以转化为求 $d(x,y)=(1+y)^2+(1+x)^2$ 在约束条件 $C:x^2+y^2+xy=3$ 下的最大值.

构造辅助函数：

$$F(x,y,\lambda)=(1+y)^2+(1+x)^2+\lambda(x^2+y^2+xy-3),$$

令其偏导数为 0，得方程组

$$\begin{cases}F_x=2(1+x)+\lambda(2x+y)=0,\\ F_y=2(1+y)+\lambda(2y+x)=0,\\ F_\lambda=x^2+y^2+xy-3=0.\end{cases}$$

由前两个方程消去 λ，得 $(x-y)(x+y-1)=0$，即 $x=y$ 或 $x+y-1=0$. 代入第三个方程，得到可能的极值点为 $(1,1)$，$(-1,-1)$，$(2,-1)$，$(-1,2)$. 又因为

$$d(1,1)=8,\quad d(-1,-1)=0,\quad d(2,-1)=d(-1,2)=9,$$

所以最大值为 $\sqrt{9}=3$.］

练习 10.1

1. (1) $I_1>I_2$；　　(2) $I_1<I_2$；　　(3) $I_1<I_3<I_2$.

2. $\frac{1}{3}\pi a^3$.

3. (1) $0\leqslant I\leqslant 2$；　　(2) $36\pi\leqslant I\leqslant 100\pi$.

练习 10.2

1. (1) 0；　　(2) $\frac{20}{3}$；　　(3) $\frac{\pi^2}{4}$；　　(4) $\frac{1}{24}$；

(5) $\pi-\frac{4}{9}$.

2. (1) $\int_0^1 dx\int_x^1 f(x,y)dy$；　　(2) $\int_0^4 dx\int_{\frac{1}{2}x}^{\sqrt{x}} f(x,y)dy$；

(3) $\int_0^1 dy\int_{e^y}^{e} f(x,y)dx$；　　(4) $\int_0^1 dy\int_{-\sqrt{1-y^2}}^{y-1} f(x,y)dx$；

(5) $\int_0^1 dx\int_x^{2x} f(x,y)dy$.

3. $\frac{7}{2}$.

4. 图略.

(1) $\int_0^{2\pi} d\theta\int_0^a f(r\cos\theta,r\sin\theta)rdr$；　　(2) $\int_{-\frac{\pi}{2}}^{\frac{\pi}{2}} d\theta\int_0^{2\cos\theta} f(r\cos\theta,r\sin\theta)rdr$；

(3) $\int_0^{2\pi} d\theta\int_1^3 f(r\cos\theta,r\sin\theta)rdr$；　　(4) $\int_0^{\frac{\pi}{2}} d\theta\int_0^{(\cos\theta+\sin\theta)^{-1}} f(r\cos\theta,r\sin\theta)rdr$.

5. (1) $\int_0^{\frac{\pi}{2}} d\theta\int_0^{2\cos\theta} r^3dr$，积分值为 $\frac{3}{4}\pi$；　　(2) $\int_0^{\frac{\pi}{4}} d\theta\int_0^{\frac{\sin\theta}{\cos^2\theta}} dr$，积分值为 $\sqrt{2}-1$.

6. (1) $\pi(e-1)$; (2) $\frac{\pi}{4}(2\ln 2-1)$; (3) $\frac{3}{4}\ln 2$.

7. (1) $\frac{9}{4}$; (2) $\frac{\pi^2}{2}$.

8. $\frac{32}{3}\pi$.

练习 10.3

1. $2a^2(\pi-2)$.

2. $\frac{\pi}{6}(37\sqrt{37}-1)$.

3. $\frac{2\pi}{3}(5\sqrt{5}-1)$.

4. $\left(0,\frac{7}{3}\right)$.

5. $\left(0,\frac{3}{8}\right)$.

练习 10.4

1. (1) 55; (2) $\frac{1}{3}$.

2. (1) $\frac{128}{15}$; (2) $\frac{32}{5}\sqrt{2}$.

3. $\frac{1}{364}$.

4. $\frac{1}{48}$.

5. $\frac{32}{3}\pi$.

练习 10.5

1. (1) $\frac{32}{3}\pi$; (2) 14π; (3) $\frac{\pi}{10}$.

2. (1) $\frac{4}{5}\pi$; (2) $\frac{\pi}{8}$.

3. $\left(0,0,\frac{2}{5}a\right)$.

习　题　10

(A)

1. (1) $\int_0^1 dx\int_{x^2}^{x} f(x,y)dy$; (2) $\int_0^1 dy\int_y^{1+\sqrt{1-y^2}} f(x,y)dx$;

(3) $\int_0^1 dy\int_y^{2-y} f(x,y)dx$.

2. (1) 4; (2) $\frac{9}{8}$; (3) $-\frac{20}{3}$;

(4) $\frac{3}{2}+\sin 1+\cos 1-2\sin 2-\cos 2$.

3. (1) $\frac{1}{15}$; (2) $\frac{15}{4}\pi$; (3) $\pi(2\ln(1+a^2)-a)$.

4. 8π.

5. 略.

6. $\frac{1}{2}\left(\ln 2-\frac{5}{8}\right)$.

7. πa^3.

8. (1) $\frac{4}{5}$; (2) $\frac{\pi}{6}$; (3) $\frac{2}{3}\pi(5\sqrt{5}-4)$.

9. (1) $\frac{7\pi}{12}$; (2) $\frac{16\pi}{3}$.

10. (1) $\frac{7}{6}\pi a^4$; (2) $\frac{\pi}{10}$.

11. $\frac{1}{8}$.

(B)

1. (1) D; (2) B; (3) B; (4) D;
(5) B; (6) B.

2. (1) $\frac{\pi}{12}+\frac{\sqrt{3}}{8}$; (2) $\frac{11}{20}$; (3) $\frac{e-1}{2}$; (4) $\frac{1}{4}$.

3. (1) e^2-1; (2) $\frac{2}{3}\pi(e^2+3)$.

4. $\frac{16}{15}$.

[提示:
$$\begin{aligned}\iint_D xy\,d\sigma&=\int_0^{\pi}d\theta\int_0^{1+\cos\theta} r\cos\theta\cdot r\sin\theta\cdot r\,dr\\&=\frac{1}{4}\int_0^{\pi}\sin\theta\cos\theta\,(1+\cos\theta)^4\,d\theta\\&=16\int_0^{\pi}\sin\frac{\theta}{2}\cos\frac{\theta}{2}\left(2\cos^2\frac{\theta}{2}-1\right)\cos^8\frac{\theta}{2}\,d\left(\frac{\theta}{2}\right)\\&=16\int_0^{\frac{\pi}{2}}\sin t\cos t(2\cos^2 t-1)\cos^8 t\,dt\\&=32\int_0^{\frac{\pi}{2}}\sin t\cos^{11}t\,dt-16\int_0^{\frac{\pi}{2}}\sin t\cos^9 t\,dt\\&=\frac{8}{3}-\frac{8}{5}=\frac{16}{15}.\end{aligned}$$
]

5. $\frac{1}{2}$.

6. $\frac{416}{3}$.

7. $-4\ln 2+8-2\pi$.

[提示:
$$\begin{aligned}\int_0^1\frac{f(x)}{\sqrt{x}}dx&=\int_0^1\frac{\int_1^x\frac{\ln(t+1)}{t}dt}{\sqrt{x}}dx=-\int_0^1\frac{1}{\sqrt{x}}\left(\int_x^1\frac{\ln(t+1)}{t}dt\right)dx\\&=-\int_0^1\frac{\ln(t+1)}{t}\left(\int_0^t\frac{1}{\sqrt{x}}dx\right)dt\quad\text{(交换积分次序)}\\&=-2\int_0^1\frac{\ln(t+1)}{t}\sqrt{t}\,dt=-2\int_0^1\frac{\ln(t+1)}{\sqrt{t}}dt\\&=-4\int_0^1\ln(t+1)\,d(\sqrt{t})=-4\left(\sqrt{t}\ln(t+1)\Big|_0^1-\int_0^1\frac{\sqrt{t}}{t+1}dt\right)\\&=-4\ln 2+4\int_0^1\frac{\sqrt{t}}{t+1}dt=-4\ln 2+4\int_0^1\frac{u}{u^2+1}2u\,du\end{aligned}$$

$$= -4\ln 2 + 8\int_0^1 \frac{u^2}{u^2+1}\mathrm{d}u = -4\ln 2 + 8\int_0^1 \left(1 - \frac{1}{u^2+1}\right)\mathrm{d}u$$

$$= -4\ln 2 + 8(u - \arctan u)\Big|_0^1 = -4\ln 2 + 8 - 2\pi.\ \Big]$$

8. (1) 求得曲面 Σ 的方程为 $x^2 + y^2 = (1-z)^2 + z^2$，即

$$\frac{x^2+y^2}{2} - \left(z - \frac{1}{2}\right)^2 = \frac{1}{4}.$$

(2) 设立体 Ω 的体密度为 $\rho(x,y,z) = C$(常数). 由于 Ω 关于 z 轴对称，因此 $\overline{x} = \overline{y} = 0$. 下面用旋转体来求形心的竖坐标 $\overline{z}$. 由于 $x^2 + y^2 = (1-z)^2 + z^2$ 是 yOz 面上的曲线

$$\begin{cases} y^2 = (1-z)^2 + z^2, \\ x = 0 \end{cases}$$

绕 z 轴旋转一周得到，因此过 z 轴上两点 $(0,0,z)$ 和 $(0,0,z+\mathrm{d}z)$ 作垂直于 z 轴的平面来截 $\Omega(0 \leqslant z \leqslant 2, 0 \leqslant z + \mathrm{d}z \leqslant 2)$，所截得薄片的体积为

$$\mathrm{d}v = \pi(x^2+y^2)\mathrm{d}z = \pi[(1-z)^2 + z^2]\mathrm{d}z.$$

该薄片对 xOy 面的静矩元素为

$$\mathrm{d}M_{xOy} = z \cdot C\pi[(1-z)^2 + z^2]\mathrm{d}z,$$

从而

$$M_{xOy} = \int_0^2 C\pi[(1-z)^2 + z^2]z\mathrm{d}z.$$

而立体 Ω 的质量为

$$M = \int_0^2 C\pi[(1-z)^2 + z^2]\mathrm{d}z.$$

故其形心的竖坐标为

$$\overline{z} = \frac{\pi C\int_0^2 z[(1-z)^2 + z^2]\mathrm{d}z}{\pi C\int_0^2 [(1-z)^2 + z^2]\mathrm{d}z} = \frac{\frac{14}{3}}{\frac{10}{3}} = \frac{7}{5}.$$

综上可知，立体 Ω 的形心坐标为 $\left(0,0,\frac{7}{5}\right)$.

9. $-\frac{3}{4}$.

$\Big[$提示：由题意知

$$\iint_D \frac{x\sin(\pi\sqrt{x^2+y^2})}{x+y}\mathrm{d}x\mathrm{d}y = \int_0^{\frac{\pi}{2}} \frac{\cos\theta}{\cos\theta + \sin\theta}\mathrm{d}\theta \int_1^2 \sin(\pi r) r\mathrm{d}r.$$

令 $\theta = \frac{\pi}{2} - t$，则 $\mathrm{d}\theta = -\mathrm{d}t$，于是得

$$\int_0^{\frac{\pi}{2}} \frac{\cos\theta}{\cos\theta + \sin\theta}\mathrm{d}\theta = \int_{\frac{\pi}{2}}^0 \frac{\sin t}{\sin t + \cos t}(-\mathrm{d}t) = \int_0^{\frac{\pi}{2}} \frac{\sin t}{\sin t + \cos t}\mathrm{d}t$$

$$= \int_0^{\frac{\pi}{2}} \frac{\sin\theta}{\cos\theta + \sin\theta}\mathrm{d}\theta.$$

而

$$\int_0^{\frac{\pi}{2}} \frac{\cos\theta}{\cos\theta + \sin\theta}\mathrm{d}\theta + \int_0^{\frac{\pi}{2}} \frac{\sin\theta}{\cos\theta + \sin\theta}\mathrm{d}\theta = \int_0^{\frac{\pi}{2}} \mathrm{d}\theta,$$

故

$$\int_0^{\frac{\pi}{2}} \frac{\cos\theta}{\cos\theta + \sin\theta}\mathrm{d}\theta = \frac{1}{2}\int_0^{\frac{\pi}{2}} \mathrm{d}\theta = \frac{\pi}{4}.$$

又因为

$$\int_1^2 \sin(\pi r) r\mathrm{d}r = -\frac{1}{\pi}\int_1^2 r\mathrm{d}(\cos(\pi r)) = -\frac{1}{\pi}\left(r\cos(\pi r)\Big|_1^2 - \int_1^2 \cos(\pi r)\mathrm{d}r\right) = -\frac{3}{\pi},$$

所以

$$\iint_D \frac{x\sin(\pi\sqrt{x^2+y^2})}{x+y}\mathrm{d}x\mathrm{d}y=-\frac{\pi}{4}\cdot\frac{3}{\pi}=-\frac{3}{4}.\Big]$$

10. $\frac{\pi}{4}-\frac{2}{5}$.

$$\Big[\text{提示：}\iint_D x(x+y)\mathrm{d}x\mathrm{d}y=\iint_D x^2\mathrm{d}x\mathrm{d}y+\iint_D xy\mathrm{d}x\mathrm{d}y=\iint_D x^2\mathrm{d}x\mathrm{d}y$$

$$=\int_{-1}^{1}\mathrm{d}x\int_{x^2}^{\sqrt{2-x^2}}x^2\mathrm{d}y=\int_{-1}^{1}x^2(\sqrt{2-x^2}-x^2)\mathrm{d}x$$

$$=2\int_0^1 x^2(\sqrt{2-x^2}-x^2)\mathrm{d}x=2\int_0^1 x^2\sqrt{2-x^2}\,\mathrm{d}x-\frac{2}{5}$$

$$\overset{x=\sqrt{2}\sin t}{=\!=\!=}2\int_0^{\frac{\pi}{4}}4\sin^2 t\cos^2 t\mathrm{d}t-\frac{2}{5}=2\int_0^{\frac{\pi}{4}}\sin^2 2t\mathrm{d}t-\frac{2}{5}$$

$$\overset{u=2t}{=\!=\!=}\int_0^{\frac{\pi}{2}}\sin^2 u\mathrm{d}u-\frac{2}{5}=\frac{\pi}{4}-\frac{2}{5}.\Big]$$

11. $5\pi+\frac{32}{3}$.

12. $\frac{\pi}{16}(2-\sqrt{2})$.

$$\Big[\text{提示：}\iint_D \frac{y^3}{(1+x^2+y^4)^2}\mathrm{d}x\mathrm{d}y=\int_0^{+\infty}\mathrm{d}x\int_0^{\sqrt{x}}\frac{y^3}{(1+x^2+y^4)^2}\mathrm{d}y$$

$$=-\frac{1}{4}\int_0^{+\infty}\frac{1}{1+x^2+y^4}\Big|_0^{\sqrt{x}}\mathrm{d}x$$

$$=-\frac{1}{4}\int_0^{+\infty}\left(\frac{1}{1+2x^2}-\frac{1}{1+x^2}\right)\mathrm{d}x$$

$$=-\frac{1}{4\sqrt{2}}\arctan\sqrt{2}x\Big|_0^{+\infty}+\frac{1}{4}\arctan x\Big|_0^{+\infty}=\frac{\pi}{16}(2-\sqrt{2}).\Big]$$

练习 11.1

1. $8a$.

2. (1) $2\pi a^{2n+1}$； (2) $\frac{\sqrt{2}}{6}$；

(3) $\frac{1}{12}(5\sqrt{5}+6\sqrt{2}-1)$； (4) $\mathrm{e}^a\left(2+\frac{\pi}{4}a\right)-2$；

(5) $\frac{\sqrt{3}}{2}\left(1-\frac{1}{\mathrm{e}}\right)$； (6) $\frac{1}{2}$.

3. 形心在扇形对称轴上，且距圆心$\frac{a\sin\varphi}{\varphi}$处.

练习 11.2

1. (1) $\frac{8}{5}$； (2) $-\frac{\pi}{2}a^3$； (3) 0； (4) -2π；

(5) $\frac{17}{2}$.

2. (1) $\frac{34}{3}$； (2) 11； (3) 14； (4) $\frac{32}{3}$.

练习 11.3

1. (1) $\frac{1}{30}$； (2) 8.

2. $\frac{1}{2}\left(1-\frac{1}{e}\right)$.

3. (1) $\frac{3}{8}\pi a^2$; (2) 6π.

4. $-\pi$.

5. (1) $\frac{5}{2}$; (2) 2; (3) 5.

6. (1) 12; (2) $\frac{\sin 2}{4}-\frac{7}{6}$.

7. (1) $\frac{1}{2}x^2+2xy+\frac{1}{2}y^2$; (2) x^2y;

(3) $y^2\sin x+x^2\cos y$.

8. (1) $x^3+3x^2y^2+\frac{4}{3}y^3=C$; (2) $9x-x^2y-xy^2-\frac{1}{3}y^3=C$;

(3) $xe^y-y^2=C$; (4) 不是全微分方程.

练习 11.4

1. (1) $\frac{8}{3}\sqrt{3}$; (2) $4\sqrt{61}$; (3) 9; (4) $\frac{64}{15}\sqrt{5}$.

2. (1) $\frac{13}{3}\pi$; (2) $\frac{149}{30}\pi$; (3) $\frac{111}{10}\pi$.

3. (1) $\frac{1+\sqrt{2}}{2}\pi$; (2) 9π.

练习 11.5

1. $\frac{2}{105}\pi R^7$.

2. $\frac{3}{2}\pi$.

3. $\frac{1}{8}$.

练习 11.6

1. (1) $3a^4$; (2) $\frac{12}{5}\pi a^5$; (3) $\frac{2}{5}\pi a^5$.

2. (1) $-\sqrt{3}\pi a^2$; (2) $-2\pi a(a+b)$; (3) -20π.

习 题 11

(A)

1. (1) $\frac{1}{12}(5\sqrt{5}-1)$; (2) $2a^2$;

(3) $\frac{3\sqrt{3}-2\sqrt{2}}{3}$; (4) $-2\pi a^2$;

(5) $-\frac{14}{15}$; (6) $\frac{1}{2}$;

(7) πa^2.

2. (1) $2\pi\arctan\frac{h}{R}$; (2) $-\frac{27}{4}$;

(3) $\pi a(a^2-h^2)$; (4) $\frac{\pi}{2}$;

(5) $-\frac{\pi}{4}h^4$； (6) $2\pi R^3$.

3. $\frac{\pi^2}{4}$.

4. (1) $\ln(1+x^2+y^2)$； (2) $-\cos 2x\sin 3y$；

(3) $x^3y+4x^2y^2-12\mathrm{e}^y+12y\mathrm{e}^y$.

5. (1) 36π； (2) $\frac{3}{2}$； (3) $\frac{1}{3}\pi h^3$.

6. (1) $-\frac{9}{2}$； (2) 9π.

(B)

1. D.

[提示：设 $P=y+\frac{y^3}{6}$，$Q=2x-\frac{x^3}{3}$，则由

$$\int_0^{2\pi}\sin^2\theta\mathrm{d}\theta=\int_0^{2\pi}\frac{1-\cos 2\theta}{2}\mathrm{d}\theta=\pi,\quad \int_0^{2\pi}\cos^2\theta\mathrm{d}\theta=\int_0^{2\pi}\frac{1+\cos 2\theta}{2}\mathrm{d}\theta=\pi,$$

$$\begin{aligned}\int_0^{2\pi}\sin^4\theta\mathrm{d}\theta&=\int_0^{2\pi}\left(\frac{1-\cos 2\theta}{2}\right)^2\mathrm{d}\theta=\frac{1}{4}\int_0^{2\pi}(1-2\cos 2\theta+\cos^2 2\theta)\mathrm{d}\theta\\&=\frac{\pi}{2}+\frac{1}{4}\int_0^{2\pi}\cos^2 2\theta\mathrm{d}\theta=\frac{\pi}{2}+\frac{1}{4}\int_0^{2\pi}\frac{1+\cos 4\theta}{2}\mathrm{d}\theta=\frac{3}{4}\pi.\end{aligned}$$

$$\begin{aligned}\int_0^{2\pi}\cos^4\theta\mathrm{d}\theta&=\int_0^{2\pi}\left(\frac{1+\cos 2\theta}{2}\right)^2\mathrm{d}\theta=\frac{1}{4}\int_0^{2\pi}(1+2\cos 2\theta+\cos^2 2\theta)\mathrm{d}\theta\\&=\frac{\pi}{2}+\frac{1}{4}\int_0^{2\pi}\cos^2 2\theta\mathrm{d}\theta=\frac{\pi}{2}+\frac{1}{4}\int_0^{2\pi}\frac{1+\cos 4\theta}{2}\mathrm{d}\theta=\frac{3}{4}\pi,\end{aligned}$$

得

$$\begin{aligned}I_1&=\int_{L_1}\left(y+\frac{y^3}{6}\right)\mathrm{d}x+\left(2x-\frac{x^3}{3}\right)\mathrm{d}y\\&=\int_0^{2\pi}\left(-\sin^2\theta-\frac{1}{6}\sin^4\theta\right)\mathrm{d}\theta+\int_0^{2\pi}\left(2\cos^2\theta-\frac{1}{3}\cos^4\theta\right)\mathrm{d}\theta\\&=-\pi-\frac{1}{6}\times\frac{3}{4}\pi+2\pi-\frac{1}{3}\times\frac{3}{4}\pi=\frac{5\pi}{8},\end{aligned}$$

$$\begin{aligned}I_2&=\int_{L_2}\left(y+\frac{y^3}{6}\right)\mathrm{d}x+\left(2x-\frac{x^3}{3}\right)\mathrm{d}y\\&=\int_0^{2\pi}\left(-2\sin^2\theta-\frac{2}{3}\sin^4\theta\right)\mathrm{d}\theta+\int_0^{2\pi}\left(4\cos^2\theta-\frac{4}{3}\cos^4\theta\right)\mathrm{d}\theta\\&=-2\pi-\frac{2}{3}\times\frac{3}{4}\pi+4\pi-\frac{4}{3}\times\frac{3}{4}\pi=\frac{4\pi}{8},\end{aligned}$$

$$\begin{aligned}I_3&=\int_{L_3}\left(y+\frac{y^3}{6}\right)\mathrm{d}x+\left(2x-\frac{x^3}{3}\right)\mathrm{d}y\\&=\int_0^{2\pi}\left(-\sqrt{2}\sin^2\theta-\frac{\sqrt{2}}{6}\sin^4\theta+2\sqrt{2}\cos^2\theta-\frac{2\sqrt{2}}{3}\cos^4\theta\right)\mathrm{d}\theta\\&=3\sqrt{2}\pi-2\sqrt{2}\pi-\frac{\sqrt{2}}{6}\pi\times\frac{3}{4}\pi-\frac{2\sqrt{2}}{3}\pi\times\frac{3}{4}\pi=\frac{\sqrt{18}\pi}{8},\end{aligned}$$

$$\begin{aligned}I_4&=\int_{L_4}\left(y+\frac{y^3}{6}\right)\mathrm{d}x+\left(2x-\frac{x^3}{3}\right)\mathrm{d}y\\&=\int_0^{2\pi}\left(-\sqrt{2}\sin^2\theta-\frac{\sqrt{2}}{3}\sin^4\theta+2\sqrt{2}\cos^2\theta-\frac{\sqrt{2}}{3}\cos^4\theta\right)\mathrm{d}\theta\\&=-\sqrt{2}\pi-\frac{\sqrt{2}}{3}\times\frac{3}{4}\pi+2\sqrt{2}\pi-\frac{\sqrt{2}}{3}\times\frac{3}{4}\pi=\frac{\sqrt{32}\pi}{8}.\end{aligned}$$]

2. (1) $\frac{\sqrt{3}}{12}$； (2) π； (3) -1.

3. $\frac{\pi}{2}-4$.

4. (1) $s=\frac{e^2+1}{4}$; (2) $\overline{x}=\frac{3(e^4-2e^2+1)}{4(e^3-7)}$.

[提示:(1) $s=\int_1^e\sqrt{1+y'^2}\,dx=\int_1^e\left(\frac{1}{2}x+\frac{1}{2x}\right)dx=\frac{e^2+1}{4}$.

$$(2)\ \overline{x}=\frac{\int_1^e x\left(\frac{x^2}{4}-\frac{1}{2}\ln x\right)dx}{\int_1^e\left(\frac{x^2}{4}-\frac{1}{2}\ln x\right)dx}=\frac{3(e^4-2e^2+1)}{4(e^3-7)}.\Big]$$

5. $\frac{\sqrt{2}}{2}\pi$.

[提示:由题意假设知,曲线 L 的参数方程为$\begin{cases}x=\cos\theta,\\ y=\sqrt{2}\sin\theta,\\ z=\cos\theta,\end{cases}$其中参数 θ 由$\frac{\pi}{2}$ 到 $-\frac{\pi}{2}$,于是有

$$\begin{aligned}I&=\int_{\frac{\pi}{2}}^{-\frac{\pi}{2}}[-(\sqrt{2}\sin\theta+\cos\theta)\sin\theta+2\sin\theta\cos\theta+(1+\sin^2\theta)\sin\theta]d\theta\\&=\int_{\frac{\pi}{2}}^{-\frac{\pi}{2}}[-\sqrt{2}\ \sin^2\theta+\sin\theta\cos\theta+(1+\sin^2\theta)\sin\theta]d\theta\\&=2\sqrt{2}\int_0^{\frac{\pi}{2}}\sin^2\theta d\theta=\frac{\sqrt{2}}{2}\pi.\Big]\end{aligned}$$

6. 3.

[提示:由$\frac{\partial f(x,y)}{\partial x}=(2x+1)e^{2x-y}$ 两边对 x 积分,得

$$f(x,y)=xe^{2x-y}+\varphi(y).$$

由 $f(0,y)=y+1$ 可知,$\varphi(y)=y+1$,因此 $f(x,y)=xe^{2x-y}+y+1$. 所以

$$\frac{\partial f(x,y)}{\partial x}=-xe^{2x-y}+1,$$

从而

$$I(t)=\int_{L_t}\frac{\partial f(x,y)}{\partial x}dx+\frac{\partial f(x,y)}{\partial x}dy=\int_{L_t}(2x+1)e^{2x-y}dx+(1-xe^{2x-y})dy.$$

设 $P=(2x+1)e^{2x-y}$,$Q=1-xe^{2x-y}$,则有

$$\frac{\partial P}{\partial y}=-(2x+1)e^{2x-y}=\frac{\partial Q}{\partial x}.$$

因此,曲线积分与路径无关. 故

$$\begin{aligned}I(t)&=\int_{L_t}(2x+1)e^{2x-y}dx+(1-xe^{2x-y})dy\\&=\int_0^1(2x+1)e^{2x}dx+\int_0^t(1-e^{2-y})dy=t+e^{2-t}.\end{aligned}$$

因为 $I(t)=t+e^{2-t}$,所以 $I'(t)=1-e^{2-t}$. 令 $I'(t)=0$,可得 $t=2$. 而 $I''(t)=e^{2-t}$,故 $I''(2)=1>2$. 因此,当 $t=2$ 时,有最小值为 $I(2)=2+1=3$.]

7. $\frac{1}{2}$.

[提示:令

$$P=x^2+1,\quad Q=-2y,\quad R=3z,$$

则由高斯公式计算可得

$$I=\iiint_\Omega\left(\frac{\partial P}{\partial x}+\frac{\partial Q}{\partial y}+\frac{\partial R}{\partial z}\right)dxdydz=\iiint_\Omega(2x-2+3)dxdydz$$

$$= \iiint\limits_{\Omega}(2x+1)\mathrm{d}x\mathrm{d}y\mathrm{d}z = \frac{1}{2}.\ ]$$

8.(1) C 在 xOy 面上的投影曲线方程为 $\begin{cases} x^2+y^2=2x, \\ z=0. \end{cases}$

(2) $M = \iint\limits_{S}\mu\mathrm{d}S = \iint\limits_{S}9\sqrt{x^2+y^2+z^2}\,\mathrm{d}S = \iint\limits_{D:x^2+y^2\leqslant 2x} 9\sqrt{2(x^2+y^2)}\cdot\sqrt{1+z_x^2+z_y^2}\,\mathrm{d}x\mathrm{d}y$

$= 18\iint\limits_{D:x^2+y^2\leqslant 2x}\sqrt{x^2+y^2}\,\mathrm{d}x\mathrm{d}y = 18\int_{-\frac{\pi}{2}}^{\frac{\pi}{2}}\mathrm{d}\theta\int_0^{2\cos\theta}r^2\mathrm{d}r = 64.$

练习 12.1

1.(1) 发散; (2) 发散; (3) 收敛于$\frac{1}{2}$.

2.(1) 收敛于$\frac{3}{2}$; (2) 收敛于$\frac{1}{4}$; (3) 发散; (4) 发散;

(5) 发散; (6) 发散.

练习 12.2

1.(1),(3) 发散;(2),(4) 收敛.

2.(1),(4) 发散;(2),(3),(5) 收敛.

3.(1),(3),(4),(5),(6) 收敛;(2) 发散.

练习 12.3

1.(1) 条件收敛. (2) 绝对收敛. (3) 条件收敛. (4) 绝对收敛.

(5) 当 $a>1$ 时,绝对收敛;当 $0<a<1$ 时,发散;当 $a=1$ 时,条件收敛.

2.(1) 条件收敛; (2) 发散.

练习 12.4

1.(1) $[-1,1]$; (2) $[-3,3)$; (3) $(-\infty,+\infty)$; (4) $[-1,1]$;

(5) $(-5,5]$; (6) $(4,6]$.

2.(1) $-\ln(1+x), x\in(-1,1]$; (2) $\frac{1+x}{(1-x)^2}, x\in(-1,1)$.

3. $\sum\limits_{n=1}^{\infty}n(n+1)x^n = \frac{2x}{(1-x)^3}, x\in(-1,1)$; $\sum\limits_{n=1}^{\infty}\frac{n(n+1)}{2^n} = 8$.

练习 12.5

1.(1) $a^x = \sum\limits_{n=0}^{\infty}\frac{(x\ln a)^n}{n!}, x\in(-\infty,+\infty)$;

(2) $\mathrm{e}^{-\frac{x^2}{2}} = 1-\frac{x^2}{2\cdot 1!}+\frac{x^4}{2^2\cdot 2!}-\frac{x^6}{2^3\cdot 3!}+\cdots+(-1)^n\frac{x^{2n}}{2^n\cdot n!}+\cdots, x\in(-\infty,+\infty)$;

(3) $\ln(a+x) = \ln a+\sum\limits_{n=1}^{\infty}(-1)^{n-1}\frac{1}{n}\left(\frac{x}{a}\right)^n, x\in(-a,a]$;

(4) $\cos^2 x = \frac{1}{2}+\sum\limits_{n=0}^{\infty}(-1)^n\frac{(2x)^{2n}}{2(2n)!}, x\in(-\infty,+\infty)$.

2. $\frac{1}{x} = \frac{1}{3}\sum\limits_{n=0}^{\infty}(-1)^n\frac{(x-3)^n}{3^n}, x\in(0,6)$.

3. $\frac{1}{x^2+3x+2} = \sum\limits_{n=0}^{\infty}\left(\frac{1}{2^{n+1}}-\frac{1}{3^{n+1}}\right)(x+4)^n, x\in(-6,-2)$.

练习 12.6

1. (1) $f(x)=\pi^2+1+12\sum_{n=1}^{\infty}\frac{(-1)^n}{n^2}\cos nx, x\in(-\infty,+\infty)$;

(2) $f(x)=\frac{e^{2\pi}-e^{-2\pi}}{\pi}\left[\frac{1}{4}+\sum_{n=1}^{\infty}\frac{(-1)^n}{n^2+4}(2\cos nx-n\sin nx)\right], x\neq(2n+1)\pi, n\in\mathbf{Z}$;

(3) $f(x)=\frac{a-b}{4}\pi+\sum_{n=1}^{\infty}\left\{\frac{[1-(-1)^n](b-a)}{n^2\pi}\cos nx+\frac{(-1)^{n-1}(a+b)}{n}\sin nx\right\}, x\neq(2n+1)\pi, n\in\mathbf{Z}$.

2. (1) $2\sin\frac{x}{3}=\frac{18\sqrt{3}}{\pi}\sum_{n=1}^{\infty}(-1)^{n-1}\frac{n\sin nx}{9n^2-1}, x\in(-\pi,\pi)$;

(2) $$f(x)=\frac{1+\pi-e^{-\pi}}{4}+\frac{1}{\pi}\sum_{n=1}^{\infty}\left\{\frac{1-(-1)^n e^{-\pi}}{1+n^2}\cos nx\right.$$
$$\left.+\left[\frac{-n+(-1)^n n e^{-\pi}}{1+n^2}+\frac{1}{n}(1-(-1)^n)\right]\sin nx\right\}, x\in(-\pi,\pi).$$

3. (1) $f(x)=\frac{11}{12}+\frac{1}{\pi^2}\sum_{n=1}^{\infty}\frac{(-1)^{n+1}}{n^2}\cos 2n\pi x, x\in(-\infty,+\infty)$;

(2) $f(x)=-\frac{1}{2}+\sum_{n=1}^{\infty}\left\{\frac{6}{n^2\pi^2}[1-(-1)^n]\cos\frac{n\pi x}{3}+\frac{6}{n\pi}(-1)^{n+1}\sin\frac{n\pi x}{3}\right\}, x\neq 3(2k+1), k\in\mathbf{Z}$.

习　题　12

(A)

1. (1) 收敛；　(2) 收敛；　(3) 收敛；　(4) 收敛；
(5) 收敛；　(6) 发散；　(7) 发散；　(8) 收敛.

2. 略.

3. (1) 条件收敛；　(2) 绝对收敛；　(3) 发散；　(4) 条件收敛.

4. 当 $|a|\geqslant 1$ 时，发散；当 $|a|<1$ 时，绝对收敛.

5. (1) $[-1,1]$；　(2) $(-2,2)$；　(3) $[-1,1)$；　(4) $\left(\frac{1}{e},e\right)$；
(5) $(-\infty,+\infty)$；　(6) $[1,3]$；　(7) $\left(-\frac{1}{3},\frac{1}{3}\right)$；　(8) $\left(-\frac{1}{\sqrt{2}},\frac{1}{\sqrt{2}}\right)$.

6. (1) $S(x)=\arctan x, x\in[-1,1]$；　(2) $S(x)=\frac{2x}{(1-x^2)^2}, x\in(-1,1)$；

(3) $S(x)=\begin{cases}x+(1-x)\ln(1-x), & -1\leqslant x<1,\\ 1, & x=1;\end{cases}$

(4) $S(x)=\frac{x(3-x)}{(1-x)^3}, x\in(-1,1)$.

7. (1) $\sum_{n=1}^{\infty}\frac{1}{(2n+1)!}x^{2n+1}, x\in(-\infty,+\infty)$;

(2) $\sum_{n=1}^{\infty}\frac{(-1)^{n-1}}{n}x^{n-1}, x\in(-1,0)\cup(0,1]$;

(3) $\frac{1}{2}+\frac{1}{2}x^2+\frac{1\cdot 3}{2\cdot 4}x^4+\cdots+\frac{1\cdot 3\cdot 5\cdot\cdots\cdot(2n-1)}{2\cdot 4\cdot 6\cdot\cdots\cdot(2n)}x^{2n}+\cdots, x\in(-\infty,+\infty)$;

(4) $\sum_{n=0}^{\infty}\left(1-\frac{1}{2^{n+1}}\right)x^n, x\in(-1,1)$.

8. $S(x)=\begin{cases}\frac{2}{x}(e^{\frac{x}{2}}-1), & x\neq 0,\\ 1, & x=0,\end{cases}$　$\sum_{n=0}^{\infty}\frac{2^n}{(n+1)!}=\frac{1}{2}(e^2-1)$.

(B)

1. (1) A； (2) D； (3) D；

(4) C；

[提示：将函数 $f(x)$ 延拓成以 2 为周期的奇函数 $F(x)$，则 $F(x)$ 在一个周期上的表达式为

$$F(x)=\begin{cases}\left|x-\frac{1}{2}\right|, & x\in(0,1),\\ 0, & x=0,\\ -\left|x+\frac{1}{2}\right|, & x\in(-1,0),\end{cases}$$

且由题意知，$F(x)$ 的傅里叶级数的和函数为 $S(x)$. 那么，当 x 是 $F(x)$ 的连续点时，有 $S(x)=F(x)$，故

$$S\left(-\frac{9}{4}\right)=F\left(-\frac{1}{4}\right)=-F\left(\frac{1}{4}\right)=-f\left(\frac{1}{4}\right)=-\frac{1}{4}.]$$

(5) B；

[提示：因为 $\sum\limits_{n=1}^{\infty}a_n$ 条件收敛，所以幂级数 $\sum\limits_{n=1}^{\infty}a_nt^n$ 在 $t=1$ 处收敛. 由阿贝尔定理知，当 $|t|<1$ 时，$\sum\limits_{n=1}^{\infty}a_nt^n$ 绝对收敛；当 $|t|>1$ 时，$\sum\limits_{n=1}^{\infty}a_nt^n$ 发散 $\left(\text{否则} \sum\limits_{n=1}^{\infty}|a_n| \text{收敛}\right)$. 故 $\sum\limits_{n=1}^{\infty}a_n(x-1)^n$ 的收敛半径为 1. 于是 $\lim\limits_{n\to\infty}\left|\frac{a_{n+1}}{a_n}\right|=1$，从而 $\lim\limits_{n\to\infty}\left|\frac{(n+1)a_{n+1}}{na_n}\right|=1$，因此 $\sum\limits_{n=1}^{\infty}na_n(x-1)^n$ 的收敛半径为 1，从而 $(0,2)$ 为其收敛区间. 所以 $x=\sqrt{3}$ 与 $x=3$ 依次为幂级数 $\sum\limits_{n=1}^{\infty}na_n(x-1)^n$ 的收敛点和发散点.]

(6) C；

(7) C.

[提示：因为所给级数的通项可写成

$$\begin{aligned}\sin\frac{1}{n}-k\ln\left(1-\frac{1}{n}\right)&=\frac{1}{n}-\frac{1}{6n^3}+o\left(\frac{1}{n^3}\right)+\frac{k}{n}+\frac{k}{2n^2}+o\left(\frac{1}{n^2}\right)\\&=(1+k)\frac{1}{n}++\frac{k}{2n^2}-\frac{1}{6n^3}+o\left(\frac{1}{n^2}\right),\end{aligned}$$

所以若使该级数收敛，则 $k=-1$.]

2. (1) $f^{(3)}(0)=0$；

[提示：因为

$$f(x)=\frac{1}{1+x^2}=\frac{1}{1-(-x^2)}=\sum_{n=0}^{\infty}(-x^2)^n=\sum_{n=0}^{\infty}(-1)^nx^{2n},$$

所以

$$f^{(3)}(x)=\sum_{n=2}^{\infty}(-1)^n2n(2n-1)(2n-2)x^{2n-3},$$

即 $f^{(3)}(0)=0$.]

(2) $\dfrac{1}{(1+x)^2}$.

3. 设 $u_n=\dfrac{4n^2+4n+3}{2n+1}x^{2n}$，求得 $\lim\limits_{n\to\infty}\left|\dfrac{u_{n+1}}{u_n}\right|=|x|^2$，所以该幂级数的收敛半径为 $R=1$. 而当 $x=\pm1$ 时，

$$\lim_{n\to\infty}u_n=\lim_{n\to\infty}\frac{4n^2+4n+3}{2n+1}=\infty,$$

此时幂级数发散，故该幂级数的收敛为 $(-1,1)$.

又因为

$$\frac{4n^2+4n+3}{2n+1}x^{2n}=\frac{(4n^2+2n)+(2n+1)+2}{2n+1}x^{2n}$$

$$=2nx^{2n}+x^{2n}+\frac{2}{2n+1}x^{2n},$$

所以

$$\sum_{n=0}^{\infty}\frac{4n^2+4n+3}{2n+1}x^{2n}=\sum_{n=0}^{\infty}2nx^{2n}+\sum_{n=0}^{\infty}x^{2n}+\sum_{n=0}^{\infty}\frac{2}{2n+1}x^{2n}.$$

设

$$S_1(x)=\sum_{n=0}^{\infty}2nx^{2n}=2x^2+4x^4+6x^6+\cdots,$$

则当 $x\neq 0$ 时,

$$\frac{1}{x}S_1(x)=2x+4x^3+6x^5+\cdots.$$

上式两边从 0 到 x 积分,得

$$\int_0^x\frac{1}{x}S_1(x)\mathrm{d}x=x^2+x^4+x^6+\cdots=\frac{x^2}{1-x^2}.$$

再对上式求导数、整理,得

$$S_1(x)=\frac{2x^2}{(1-x^2)^2}.$$

又易知

$$S_2(x)=\sum_{n=0}^{\infty}x^{2n}=\frac{1}{1-x^2}.$$

令

$$S_3(x)=\sum_{n=0}^{\infty}\frac{2}{2n+1}x^{2n}=2+\frac{2}{3}x^2+\frac{2}{5}x^4+\cdots,$$

则得

$$xS_3(x)=2x+\frac{2}{3}x^3+\frac{2}{5}x^5+\cdots.$$

上式两边求导数,得

$$(xS_3(x))'=2+2x^2+2x^4+\cdots=\frac{2}{1-x^2}.$$

再对上式两边从 0 到 x 积分、整理,得

$$S_3(x)=\frac{1}{x}\ln\frac{1+x}{1-x}.$$

综上可知,当 $x\neq 0$ 时,

$$\sum_{n=0}^{\infty}\frac{4n^2+4n+3}{2n+1}x^{2n}=S_1(x)+S_2(x)+S_3(x)$$

$$=\frac{1+x^2}{(1-x^2)^2}+\frac{1}{x}\ln\frac{1+x}{1-x}.$$

故原幂级数的和函数为

$$S(x)=\begin{cases}\dfrac{1+x^2}{(1-x^2)^2}+\dfrac{1}{x}\ln\dfrac{1+x}{1-x}, & x\in(-1,1)\text{ 且 }x\neq 0,\\ 3, & x=0.\end{cases}$$

4. 令 $a_n=(n+1)(n+3)$,则

$$\lim_{n\to\infty}\frac{|a_{n+1}|}{|a_n|}=\lim_{n\to\infty}\frac{(n+2)(n+4)}{(n+1)(n+3)}=1,$$

故该幂级数的收敛半径为 $R=1$. 当 $x=\pm 1$ 时,

$$\sum_{n=0}^{\infty}(n+1)(n+3)x^n=\sum_{n=0}^{\infty}(\pm 1)^n(n+1)(n+3),$$

此时级数的一般项的极限不为零,故 $x=\pm 1$ 时幂级数发散.因此原幂级数的收敛域为 $(-1,1)$.

$$\begin{aligned}\sum_{n=0}^{\infty}(n+1)(n+3)x^n &= \sum_{n=0}^{\infty}(n+1)[(n+2)+1]x^n \\ &= \sum_{n=0}^{\infty}(n+1)(n+2)x^n+\sum_{n=0}^{\infty}(n+1)x^n \\ &= \left(\sum_{n=0}^{\infty}x^{n+2}\right)''+\left(\sum_{n=0}^{\infty}x^{n+1}\right)'=\left(\frac{x^2}{1-x}\right)''+\left(\frac{x}{1-x}\right)' \\ &= \left(-x-1+\frac{1}{1-x}\right)''+\left(-1+\frac{1}{1-x}\right)' \\ &= \frac{2}{(1-x)^3}+\frac{1}{(1-x)^2}=\frac{3-x}{(1-x)^3}\quad (x\in(-1,1)).\end{aligned}$$

5. (1) 由 $0<a_n<\frac{\pi}{2}$ 得 $0<a_n=\cos a_n-\cos b_n$. 因为 $y=\cos x$ 在 $\left[0,\frac{\pi}{2}\right]$ 上单调减少,所以 $0<a_n<b_n$.

又因为级数 $\sum\limits_{n=1}^{\infty}b_n$ 收敛,所以级数 $\sum\limits_{n=1}^{\infty}a_n$ 收敛,从而 $\lim\limits_{n\to\infty}a_n=0$.

(2) 易知

$$\begin{aligned}0<\frac{a_n}{b_n}=\frac{\cos a_n-\cos b_n}{b_n}&=\frac{-2\sin\frac{a_n+b_n}{2}\sin\frac{a_n-b_n}{2}}{b_n} \\ &=\frac{2\sin\frac{a_n+b_n}{2}\sin\frac{b_n-a_n}{2}}{b_n}\leqslant\frac{2}{b_n}\cdot\frac{a_n+b_n}{2}\cdot\frac{b_n-a_n}{2} \\ &=\frac{(a_n+b_n)(b_n-a_n)}{b_n+b_n}\leqslant\frac{(a_n+b_n)(b_n-a_n)}{a_n+b_n}=b_n-a_n.\end{aligned}$$

由于级数 $\sum\limits_{n=1}^{\infty}a_n$ 和 $\sum\limits_{n=1}^{\infty}b_n$ 都收敛,因此级数 $\sum\limits_{n=1}^{\infty}\frac{a_n}{b_n}$ 收敛.

6. (1) 因为 $x_{n+1}=f(x_n)$,所以有(ξ 介于 x_n 与 x_{n-1} 之间)

$$|x_{n+1}-x_n|=|f(x_n)-f(x_{n-1})|=|f'(\xi)(x_n-x_{n-1})|<\frac{1}{2}|x_n-x_{n-1}|.$$

由此递推,得 $|x_{n+1}-x_n|<\frac{1}{2^{n-1}}|x_2-x_1|\ (n=2,3,\cdots)$. 由于 $\sum\limits_{n=1}^{\infty}\frac{1}{2^{n-1}}|x_2-x_1|$ 收敛,因此 $\sum\limits_{n=1}^{\infty}(x_{n+1}-x_n)$ 绝对收敛.

(2) 记 $S_n=\sum\limits_{k=1}^{n}(x_{k+1}-x_k)$,则得 $S_n=x_{n+1}-x_1$. 因为级数 $\sum\limits_{n=1}^{\infty}(x_{n+1}-x_n)$ 收敛,所以 $\lim\limits_{n\to\infty}S_n$ 存在. 因此 $\lim\limits_{n\to\infty}x_n$ 存在.

不妨设 $\lim\limits_{n\to\infty}x_n=a$,由于 $f(x)$ 可导,则连续. 因此,对等式 $x_{n+1}=f(x_n)$ 两边取极限,得 $a=f(a)$. 而

$$f(a)-f(0)=f'(\xi)a\quad(\xi\text{ 介于 }0\text{ 与 }a\text{ 之间}),$$

故 $a-1=f'(\xi)a$,解得 $a=\frac{1}{1-f'(\xi)}$. 又由 $0<f'(x)<\frac{1}{2}$,可得 $0<a=\frac{1}{1-f'(\xi)}<2$,即 $0<\lim\limits_{n\to\infty}x_n<2$.

参考文献

[1] 同济大学数学系.高等数学:上册[M].7版.北京:高等教育出版社,2014.
[2] 同济大学数学系.高等数学:下册[M].7版.北京:高等教育出版社,2014.
[3] 赵树嫄.微积分[M].4版.北京:中国人民大学出版社,2016.
[4] 萧树铁,扈志明.微积分:修订版:上[M].北京:清华大学出版社,2008.
[5] 萧树铁,扈志明.微积分:修订版:下[M].北京:清华大学出版社,2008.
[6] 黄立宏.高等数学:上[M].北京:北京大学出版社,2018.
[7] 黄立宏.高等数学:下[M].北京:北京大学出版社,2018.
[8] 林伟初,郭安学.高等数学:经管类:上[M].北京:北京大学出版社,2018.
[9] 林伟初,郭安学.高等数学:经管类:下[M].北京:北京大学出版社,2018.
[10] 吴赣昌.微积分:经管类:上册[M].5版.北京:中国人民大学出版社,2017.
[11] 吴赣昌.微积分:经管类:下册[M].5版.北京:中国人民大学出版社,2017.
[12] 郭运瑞.高等数学[M].成都:西南交通大学出版社,2010.
[13] 朱来义.微积分[M].3版.北京:高等教育出版社,2009.

图书在版编目(CIP)数据

高等数学. 下/赵立军，宋杰，吴奇峰主编. —北京：北京大学出版社，2019.9
ISBN 978-7-301-30679-6

Ⅰ. ①高…　Ⅱ. ①赵…②宋…③吴…　Ⅲ. ①高等数学—高等学校—教材　Ⅳ. ①O13

中国版本图书馆 CIP 数据核字(2019)第 180808 号

书　　名　高等数学（下）
　　　　　　GAODENG SHUXUE (XIA)
著作责任者　赵立军　宋　杰　吴奇峰　主编
责任编辑　曾琬婷
标准书号　ISBN 978-7-301-30679-6
出版发行　北京大学出版社
地　　址　北京市海淀区成府路 205 号　100871
网　　址　http://www.pup.cn
电子信箱　zpup@pup.cn
新浪微博　@北京大学出版社
电　　话　邮购部 010-62752015　发行部 010-62750672　编辑部 010-62754819
印 刷 者　湖南省众鑫印务有限公司
经 销 者　新华书店
　　　　　　787 毫米×1092 毫米　16 开本　12.75 印张　317 千字
　　　　　　2019 年 9 月第 1 版　2022 年 11 月第 4 次印刷
定　　价　42.00 元